Economic Research Institute for ASEAN and East Asia

Tokyo Center for Economic Research

ERIA-TCER Series in Asian Economic Integration,
Vol. 7 ERIA=TCERアジア経済統合叢書第7巻

ASEANの自動車産業

The Automobile and Auto Components Industries in ASEAN

西村英俊・小林英夫　編著

Edited by Hidetoshi Nishimura and Hideo Kobayashi

勁草書房

ERIA=TCER アジア経済統合叢書刊行に当たって

東アジア・ASEAN経済研究センター（Economic Research Institute for ASEAN and East Asia, ERIA）は，東アジア，その中でも特に東南アジア諸国連合（ASEAN）に加盟する国々，における経済発展の実現および経済統合の推進に資する研究および政策提言を実施することを目的として，東アジア16カ国（ASEAN加盟10カ国，日本，中国，韓国，インド，オーストラリア，ニュージーランド）の首脳の合意に基づき2008年にインドネシア・ジャカルタに設立された国際機関である。ERIAでの研究は，「経済統合の深化」「発展格差の是正」「持続的経済発展」を主要な3つの柱として進められている。

東アジア地域は，世界の他の地域と比べると，高成長を達成しているが，諸国間の発展格差が大きく，また，経済成長に不可欠なエネルギー供給における不確実性や質の高い経済成長の実現には欠かせない環境問題の改善など，持続的経済発展の実現にあたって，多くの課題を抱えている。ERIAでの研究は，これらの課題の実態を的確に把握し，課題克服にあたって学術的裏付けのある処方箋を提示することを重視している。

本叢書では，英文で発表されているERIAでの研究の中で，特に注目すべき研究を選び，それらを日本語に翻訳するだけではなく，日本の読者諸氏にとって，取り上げられたテーマを理解するにあたって必要な情報を加えながら執筆された研究成果を刊行する。

なお，本叢書の刊行に当たっては，公益財団法人東京経済研究センター（Tokyo Center for Economic Research, TCER）のご助力を得ている。TCERは，米国の全米経済研究所（National Bureau of Economic Research, NBER），欧州の経済政策研究センター（Centre for Economic Policy Research, CEPR）と並び称される日本における先端的経済学研究の中心であり，本シリーズの内容の充実および研究成果の普及のためにお力をいただくことになっている。

本叢書が日本の読者諸氏にとって，東アジアおよびASEANの経済への関心を高め，知識を深めるだけではなく，同地域における経済発展に対して日本の果たしてきた貢献や果たすべき役割について考える一助となることを期待している。

2016 年 7 月

ERIA チーフエコノミスト　木村福成
ERIA シニア・リサーチ・アドバイザー　浦田秀次郎

目　次

第3章　インドネシアの自動車産業　121

第4章　マレーシアの自動車・自動車部品産業　145

ERIA = TCER アジア経済統合叢書
第７巻

ASEAN の自動車産業

序章　ASEAN 自動車・部品企業の現状と地域統合

西村英俊・小林英夫

はじめに

ASEAN は北米，南米，欧州地域あるいは中国とその生産ネットワークの進化の過程を異にしており，リチャード・ボールドウィン教授（CEPR / ジュネーブ国際研究大学院教授）が主張するセカンドアンバンドリングという産消分業を超えた生産プロセスにおける工程間分業（Baldwin 2011）の進展においては世界で最も進んだ地域とされる。そして，この地域工程間分業の推進のエンジンともなるべき産業の１つが本書で中心的に分析する自動車産業であり，それを支える自動車部品産業の生産ネットワークの力が，その前進に大きく寄与している[1)]。

ASEAN の自動車産業に関してはいくつかの先行研究があるが（西村 2012，デトロイト・トーマツコンサルティング自動車セクター東南アジアセクター 2013），本書の目的は，このような工程間分業がなぜ ASEAN で生じ，発展してきたかについて，その中心的存在である ASEAN の自動車・同部品産業の現状に焦点をあて，かつその将来展望を提示することとにある。

1)　ERIA は 2010 年の第５回東アジアサミットにアジア総合開発計画を提出しサミット首脳から高い評価を得たが（2010 年 10 月 30 日　ハノイ　ベトナム　第５回東アジアサミット議長声明パラグラフ 13），その計画に含まれる 695 のプロジェクトの優先付けの基本となったのは，この地域の有する生産ネットワークをいかに拡大，高度化していくかという問題意識であった。本総合開発計画は，空間経済学の考えを基本においてアジア経済研究所と ERIA が開発した経済地理シミュレーション分析を行い本計画の実現が各国の経済成長に貢献する数値を予測したが，本書でもその研究成果を反映させている。Geographical simulation analysis for logistic enhancement in East Asia ERIA research project report 2009-7-2.

その際，ASEAN の自動車・同部品産業が ASEAN の地域統合にとっていかなる意味と役割を有しているのか，という視点からこれを検討することを試みる。先行研究を見ると，ASEAN の地域統合を産業政策や国際貿易，FTA などから分析を行った研究は，注目すべき成果が多く出されている（木村 2003，木村・石川 2007，浦田・日本経済研究センター 2009）。しかし，裾野が広い自動車・同部品産業が持つ国民経済や地域経済に与える影響の大きさや雇用への寄与という視点を考慮すると（小林・丸川 2007），そして ASEAN 各国が自国の機軸産業に自動車・同部品産業を位置付けてその成長に全力を傾けていることを加味して考えると，ASEAN の地域統合を考える際に自動車・同部品産業の重要性は無視できない。また 1980 年代以降 BBC，AICO スキームや AFTA による ASEAN 域内国際分業の進展を考慮に入れ（青木 2001，石川・清水・助川 2009，2013），かつその中軸に位置付けられていた産業の 1 つが自動車・同部品産業であったこと，そして 2015 年以降 ASEAN 内（LCMV 諸国は 2018 年）での部品・完成車輸入関税が撤廃されることをも考慮すれば，自動車・同部品産業と ASEAN 地域統合の連動性は，ことさら重い意味を有しているといわざるをえない（Kobayashi, Jin, and Schröder 2015 pp. 268-291）。本書は，ASEAN 内の自動車・同部品産業の実態の検討と ASEAN 内の交易を通じて，その統合との関連を検討し，東アジア諸国と ASEAN との望ましい経済連携の姿を追求するものである。

1. ASEAN 自動車・同部品産業の位置と特徴

1.1 ASEAN のモータリゼーション

一般的に「大衆車の価格が 1 人当たり国民所得の 2 倍程度の水準になるとモータリゼーションが進展する」といわれ「1 人当たり国民所得が 2,000 ドルないし 3,000 ドル以上になるとモータリゼーション期を迎える」ともいわれている。図 1 は 2014 年における ASEAN の 1 人当たり GDP である。

シンガポールが 5 万 6,285 ドルと他国を一頭地抜く高さを示し，以下ブルネイ（4 万 980 ドル），マレーシア（1 万 1,307 ドル），タイ（5,977 ドル），インドネシア（3,492 ドル），フィリピン（2,873 ドル）の順となっている。1 人当たり

図1　ASEAN諸国の1人当たりの名目GDP（2014年）

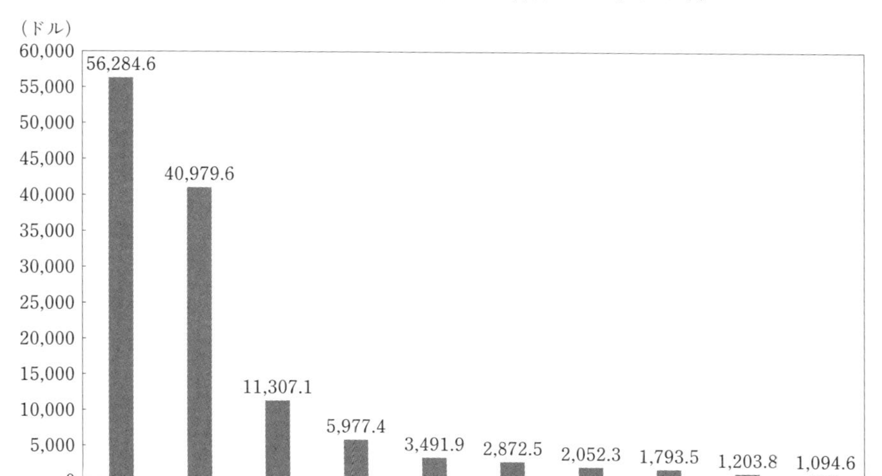

出所：World Bank.

GDPが2,000ドルから3,000ドルというと，シンガポールはすでに1978年の段階でこのラインに達しているし，マレーシアも1992年には到達している。2014年段階で，タイもインドネシアもフィリピン，ベトナムもこのラインに達するかもしくは超えている。

ところが，ラオス（1,794ドル），ミャンマー（1,204ドル），カンボジア（1,095ドル）は依然としてこのラインには達していない。しかし，2010年以降ASEAN諸国の工業化が急速に進行している折から，フィリピンやベトナムでは急速な1人当たりGDPの上昇とともにモータリゼーションの広がりが生まれる可能性は高い。さらにラオス，カンボジア，そして2011年以降西側陣営に門戸を開いたミャンマーもこれら先行各国をキャッチアップする動きを強めることは間違いない。事実，2010年から2030年までの20年間のASEANの予想年平均成長率は5.6%で，世界平均成長率3.6%を大きく上回るのである（西村・小林・浦田2016）。

そしてASEANでは，急速な工業化にともない都市富裕層，中間層の拡大が生まれるとともに，都市部を中心に彼等の家電・情報機器・二輪車・四輪車と

図２　ASEAN 所得階層変化予測

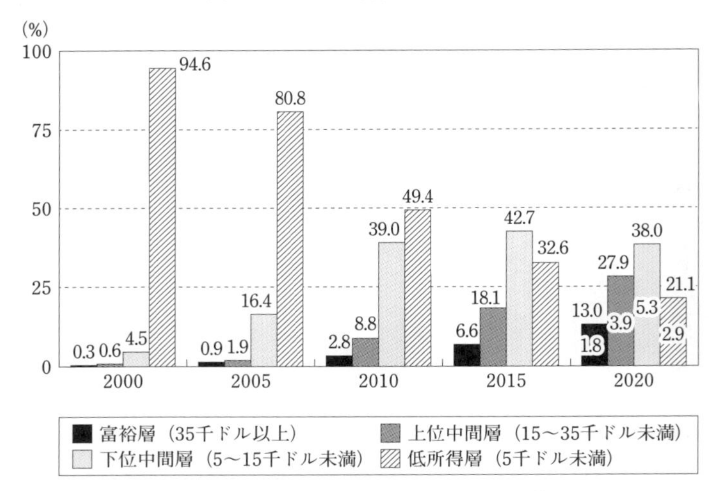

備考：世帯可処分所得別の家計人口。各所得層の家計比率×人口で算出。
　　　2015年，2020年はEuromonitor推計。2020年の棒グラフ上の数値は人数（億人）。
資料：Euromonitor International 2011から作成。
出所：経済産業省「第三章我が国経済の新しい海外展開に向けて～世界経済危機（の余波）と震災ショックを乗り越えるために～」（http://www.meti.go.jp/report/tsuhaku2011/2011honbun/html/i3110000.html）より。

いった耐久消費財へのさらなる需要増加が生まれることが予想されるのである。

経済産業省のASEANの所得階層変化予測（対象はシンガポール，タイ，インドネシア，マレーシア，フィリピン，ベトナムの6ヵ国，図２参照）によれば，2000年に94.6％を占めていた低所得者層（年間所得5,000ドル未満）は，2010年には約半分の49.4％にまで減少し，2020年には21.1％，つまり全体の4分の1以下に減るだろうというのである。逆に富裕層（35,000ドル以上）は2000年に0.3％，つまり全体の1％に満たなかったのが，2010年には2.8％に，そして2020年には13.0％，ごくおおざっぱに言えば全体の1割以上を占めることとなると予測する。これと関連して，下位中間層（5,000～15,000ドル未満）も2000年の4.5％が2020年には38.0％に，上位中間層（15,000～35,000ドル未満）も0.6％から27.9％へとそれぞれ増加するだろうというのである。むろん，ASEAN 6ヵ国の中でも2010年から2015年の間に共通して低所得者層が減るにしても，その分インドネシア，フィリピン，ベトナムでは下位中間層が増加し，同時期にタイやインドネシアでは上位中間層が大きく成長するだろうと予想されている。また2015年から2020年にはインドネシアで上位中間層が7,000万人に達し，マレーシアでは上位中間層が2,000万人を超えるだろうと予測しているのである。いま仮に乗用車の価格を1万ドルと仮定すれば，5,000ドル以上の下位中間層以上がその購買対象者となるわけで，ASEANでの車需要は，急速に高まる可能性が高い。

もっともASEANでの1人当たりGDPとモータリゼーションの関連を見る場合，シンガポールではGDPの上昇と乗用車普及率とが必ずしも一致しないことに留意しておく必要がある。1,000人当たりの自動車保有台数を見れば，トップのブルネイが510人，第2位のマレーシアが361人で，以下タイ（206人），シンガポール（149人），インドネシア（69人），フィリピン（30人），ベトナム（23人），カンボジア（21人），ミャンマー（7人）と続いている（World Bank）。シンガポールを除けば，1人当たりGDPとASEANでの自動車普及率はほぼ相関関係を持っているといえる。シンガポールが例外なのは，“Clean and Green City”を世界に謳うシンガポール政府は，環境配慮の視点から自動車取得に厳しい税法上の措置を施して自動車購入権（COE：Certification of Entitlement）の発行数の調整で車両数を厳格に制限しているからである。またバスや地下鉄などの公共機関が発達しているので，国民も政府のこうした政策に不便を感じていない点もあずかって大きい。

1.2 ASEAN工業化の歩みと自動車産業政策

ところで，われわれは序章の冒頭で，ASEANが，他地域と異なり，生産プロセスにおける工程間分業の進展において世界で最も進んだ地域であり，それを推進したのが，自動車・部品産業であると述べた。ではなぜそうなのか。ASEANの自動車産業の発展が，ASEAN各国政府の産業奨励政策と深く連動していることを考慮すれば，われわれはまずその過程を見ることから考察を始めねばならない。ASEANといえども各国でそれぞれ工業化の程度や政策の相違があるとはいえ，大きく見れば，この間に3つの段階を経て今日にいたっている。ここでは，図3にしたがって，ASEAN全体の自動車生産政策の流れとそれと照応した部品企業の対応をこの地域を代表する日系部品企業のデンソー

図３　デンソーのアジア事業展開

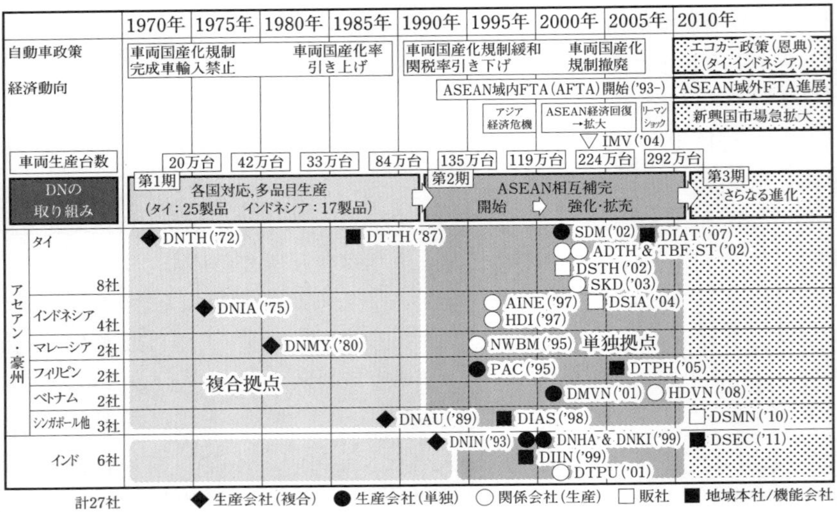

1970年　1975年　1980年　1985年　1990年　1995年　2000年　2005年　2010年
自動車政策　車両国産化規制　完成車輸入禁止　車両国産化率引き上げ　車両国産化規制緩和　関税率引き下げ　車両国産化規制撤廃　エコカー政策（恩典）（タイ・インドネシア）
経済動向　ASEAN域内FTA（AFTA）開始（'93-）　ASEAN域外FTA進展　アジア経済危機　ASEAN経済回復→拡大　リーマンショック　新興国市場急拡大　IMV（'04）
車両生産台数　20万台　42万台　33万台　84万台　135万台　119万台　224万台　292万台
DNの取り組み　第1期　各国対応,多品目生産（タイ：25製品　インドネシア：17製品）　第2期　ASEAN相互補完　開始　強化・拡充　第3期　さらなる進化
アセアン・豪州
タイ　8社　DNTH（'72）　DTTH（'87）　SDM（'02）　DIAT（'07）　ADTH & TBF ST（'02）　DSTH（'02）　SKD（'03）
インドネシア　4社　DNIA（'75）　AINE（'97）　HDI（'97）　DSIA（'04）
マレーシア　2社　DNMY（'80）　NWBM（'95）　単独拠点
フィリピン　2社　PAC（'95）　DTPH（'05）
ベトナム　2社　複合拠点　DMVN（'01）　HDVN（'08）
シンガポール他　3社　DNAU（'89）　DIAS（'98）　DSMN（'10）
インド　6社　DNIN（'93）　DNHA & DNKI（'99）　DSEC（'11）　DIIN（'99）　DTPU（'01）
計27社　◆生産会社（複合）　●生産会社（単独）　○関係会社（生産）　□販社　■地域本社/機能会社

出所：デンソー資料。

を事例に見てみることとしよう。

ASEAN の自動車政策は大きくは３つの時期に区分される。まず，第１期は1960 年代から 1980 年代末までである。この時期は，車両国産化規制，車両国産化率引き上げ，完成車輸入禁止を内容とする輸入代替化政策の展開によって，自動車産業の育成を図っていく時期である。つまり，自動車産業に本格的な国産化規制政策が実施される時期だが，タイに代表される主要 ASEAN 各国は，1960 年代にそれに先行する自動車産業勃興期を持つ。戦後独立を達成した主要 ASEAN 各国は，工業化政策を開始するなかで，自動車産業へのインセンティブ供与が図られていった。自動車産業に即して言えば，それまで先進国から完成車を輸入してきた自動車を国産化するために投資奨励法を改正して，租税免除などの特典を付して先進各国から自動車組立企業を呼び込み，部品の輸入税の低減を図って自国での生産を促進したのである。主要 ASEAN でも各国で事情が異なるが，おおむね 1960 年代は，自動車産業勃興期だったといってよかろう。

これを踏まえて 1970 年代から 1980 年代いっぱいまで，主要 ASEAN 各国では自動車産業の国産化が推進されていった。まずは，自動車産業では国産車生産を維持発展させるために輸入完成車に対する関税率が高められ，極端な場合には完全禁止措置がとられた。また，国産車生産を守るために必要であれば新規組立工場の設立も禁止された。さらに1970年段階に入ると部品の輸入税は逆に高められ，ASEAN各国での自国部品の使用が奨励されるか，義務付けられた。ASEANの多くの国々では，国産化義務部品が指定され，年とともにその対象は拡大していった。したがって，部品企業はASEAN各国で高まる部品国産化率の上昇に対しては現地生産への切り替えでこれに応じたため，ASEAN各国への部品企業の進出が積極化した。特に積極的だったのは日系部品企業で，図3のデンソーの事例で明らかなように，タイ，インドネシア，マレーシアへの拠点形成が見られたのである。

第2期は1990年代以降2010年までで，ASEAN各国が国産化規制緩和に向かう時期である。自由化・国際化の時期に該当する。第1期の国産化第一主義は流れを変えて自由化・国際化の動きが主流となり，従来の国内産業保護政策は転じて自由競争段階へと変わっていくのである。したがって，外資の投資が急増し，これまでの完成車輸入禁止や新規組立工場の設立禁止は撤廃され，部品の輸入税は低められた。1980年代半ばからセカンドアンバンドリングが顕著になってきたといわれるのは，まさにプラザ合意以降の円高による日本企業の国際展開において，欧米のようにローカルコンテント法により自国の部品を強制的に使用することを前提に企業の進出を求めるというのではなく，先述した自由化・国際化の流れと呼応して，ASEANにおいては企業の自主性を尊重したいろいろな形での進出を受け入れたことに由来するといえよう。そしてASEAN各国での競争の激化に伴い，部品生産の特化と技術力の向上に努め始めたのである。これに照応してASEAN各国に進出していた日系部品企業も，ASEAN内での国際分業体制を整備し始めた。デンソーの事例で言えば，生産拠点がほぼASEAN各国で立ち上げられ，部品ごとの生産の集中と分散が進められ，販売拠点も整備された。また，ASEANでは，後述するように1980年代後半から工程間分業を効率的に進めることにつながるBBCやAICOスキームが具体化され1990年代にそれがAFTAに引き継がれ，国際分業体制が整備されるに伴い，それへの対応が急速に進展した。

第3期は，2010年以降のことで，国産化規制の緩和が，AFTA域内のみならずFTA交渉の進展に伴い，域外にも広がり，かつ域内でもさらなる進化を遂げる時期である。1997年のアジア通貨危機を経るなかで，内需に輸出を加えた市場の拡大に照応して急速に生産を拡大しながら，ASEAN各国は，規制緩和を推し進める一方で，タイやインドネシアを中心にエコカーへの優遇措置を通じて自動車産業の国際競争力を強化する方策を希求して，開発力の強化に努めると同時に，自国部品産業のレベル向上に努め始めているのである。この動きは2010年代以降継続，進化しCLM（カンボジア，ラオス，ミャンマー）諸国にまで拡大している動きであるといえよう。

1.3　ASEAN自動車生産・販売動向

図4に依拠してASEANの自動車生産の推移を見ておこう。ASEAN主要自動車生産5ヵ国（タイ，インドネシア，マレーシア，ベトナム，フィリピン）の2010年から2014年の生産動向を見れば図4のとおりである。タイが2011年の東日本大震災やタイでの洪水の影響で生産を減じたあと2012年以降生産を回

図4　ASEAN自動車生産動向

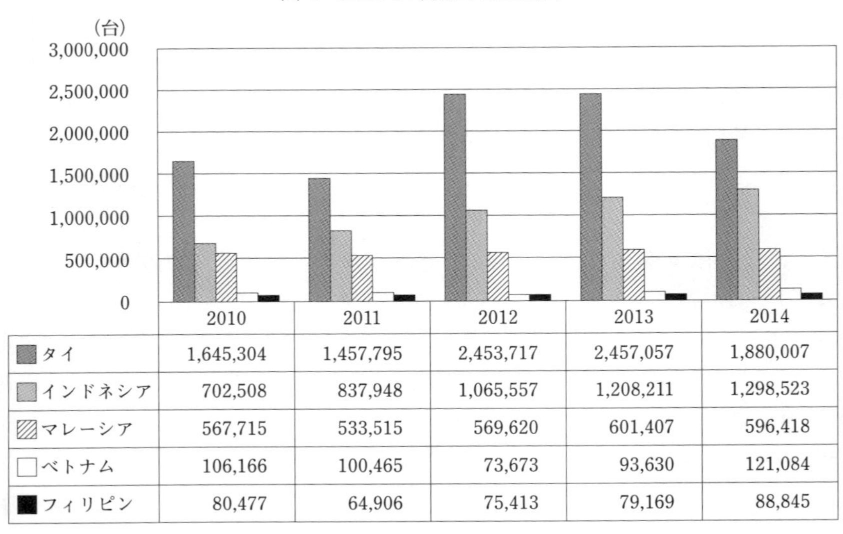

	2010	2011	2012	2013	2014
タイ	1,645,304	1,457,795	2,453,717	2,457,057	1,880,007
インドネシア	702,508	837,948	1,065,557	1,208,211	1,298,523
マレーシア	567,715	533,515	569,620	601,407	596,418
ベトナム	106,166	100,465	73,673	93,630	121,084
フィリピン	80,477	64,906	75,413	79,169	88,845

出所：『FOURINアジア自動車調査月報』98号，2015年2月。

復し2013年には245.7万台に達した。翌2014年には，自動車購買への政府補助の打ち切りや政情不安・景気後退も相まって188万台へと減少した。しかし，ASEANではトップの自動車生産を記録していることは変わりない。インドネシアは，2010年にマレーシアを抜いてASEAN第2の自動車生産国の地位を確保した後は順調に生産を伸ばし2014年には129.9万台まで増やし，第1位のタイとの差を58.1万台まで詰めてきた。第3位のマレーシアは50万台から60万台のラインを保持しているが，この間タイには水をあけられ，しかも第3位だったインドネシアに2010年には抜かれて第3位に転落した。これら3ヵ国と比較するとフィリピンとベトナムは10万台前後を上下し，2014年以降好景気を反映して生産は上向いているが他の3ヵ国との較差は大きい。

他方，図5で国内販売台数を見ると2011年までは，タイ，インドネシア，マレーシアは60万台から80万台のラインで3ヵ国は互いに競い合って拡大を遂げてきていた。ところが，2012年以降マレーシアがほぼ横ばいなのに比してタイとインドネシアが抜け出る形で販売を伸ばし，インドネシアは，国内市場の広さを生かして2013年にはタイと10万台の差まで詰め，2014年にはタイを抜いて国内販売ではASEAN第1位に躍り出た。他方，フィリピン，ベトナム，シンガポール，ブルネイは，先行する3ヵ国とは大きく水をあけられ

図５　ASEAN自動車販売動向

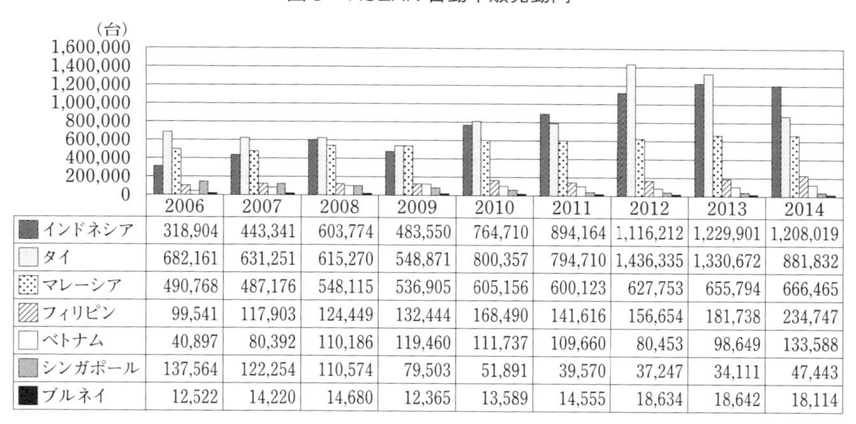

	2006	2007	2008	2009	2010	2011	2012	2013	2014
インドネシア	318,904	443,341	603,774	483,550	764,710	894,164	1,116,212	1,229,901	1,208,019
タイ	682,161	631,251	615,270	548,871	800,357	794,710	1,436,335	1,330,672	881,832
マレーシア	490,768	487,176	548,115	536,905	605,156	600,123	627,753	655,794	666,465
フィリピン	99,541	117,903	124,449	132,444	168,490	141,616	156,654	181,738	234,747
ベトナム	40,897	80,392	110,186	119,460	111,737	109,660	80,453	98,649	133,588
シンガポール	137,564	122,254	110,574	79,503	51,891	39,570	37,247	34,111	47,443
ブルネイ	12,522	14,220	14,680	12,365	13,589	14,555	18,634	18,642	18,114

出所：図4と同じ。

ていたが，フィリピンとベトナムは2014年には国内景気の上昇と相まって23.4万台，13.4万台とそれぞれ販売台数を増加させていている。2014年にシンガポールは微増，ブルネイは微減にとどまっている。

1.4　ASEAN 各国自動車生産・販売動向

1.4.1　全体的特徴

さて，以上がASEANでの自動車の生産，販売推移だが，各国別状況は次項で述べるとして，ここではASEAN各国の自動車の生産・販売状況の特徴をもう少し詳しく見ておこう。まず，生産状況だが，そもそも自動車は2万点とも3万点ともいわれる部品から構成されている。これらの部品をアセンブリーラインで装着することで1台の完成車ができあがる。そのアセンブリーラインも大きくは，ワイヤーハーネス，トリム類，コックピット，ペダル，電装品，ランプなどの艤装組立工程とアクスル，排気系，エンジンなどのパワープラント，ホイールアセンブリーなどのシャーシ組立工程に2分される。そしてこれらラインに部品を納入する少数のTier1メーカー（一次部品メーカー）とそこに部品を納入するTier2メーカー，そしてそのTier2メーカーに部品を供給するTier3メーカーという順で階層をなし，地域的に同心円を描きながら完成車メーカーを頂点とするピラミッド型のすそ野の広い部品供給システムを形作っているのである。

自動車先進国の場合には，そういったピラミッド型の産業集積地が複数見られるのが普通である。アジアでも日本であれば，名古屋を中心にした東海地区，関東の神奈川地区や栃木地区，広島を中心とした中国地区など，また韓国であれば南東部の蔚山地区やソウルに近い牙山地区，中国であれば東北の長春地区や北京・天津地区，広東省の広州地区などがそれに該当しよう。

しかしASEANの場合は，やや事情が異なることをまず指摘しておかなければならない。ASEANの場合には，こうした完成車メーカーを頂点とするピラミッド型の産業集積を形成しているのは，タイ，インドネシア，マレーシア，フィリピン，ベトナムの5ヵ国である。なかでもタイの産業集積は最もぶ厚く，後述するようにタイのTier1，Tier2・3メーカー数はインドネシア，フィリピンと比較すると，日本ほどではないにしても，ASEANの他国と比較すると数段ぶ厚い部品集積を有していることがわかる。タイが ASEAN で圧倒的競争力を有する所以である。タイ，インドネシア，マレーシア，フィリピン，ベトナムと比較すると他の ASEAN 諸国のブルネイ，シンガポール，ラオス，カンボジア，ミャンマーは 2015 年時点で完成車メーカーを頂点としたピラミッド型の産業集積を形成できてはいない。これらの国々の中で，ブルネイ，シンガポールは自動車産業にむかないので除くとして，他のラオス，カンボジア，ミャンマーは，今後，タイの周辺国としての地理的条件を生かして，タイ自動車産業のサプライチェーンの一翼に組み込まれる形での自動車部品基地としての道を進むか，それとも完成車メーカーを頂点とする独自のピラミッド型産業集積を構築する道を進むかの岐路に立っているといえよう。この点は，現在 ASEAN で進行している AEC2018 との関連で ASEAN 統合が一層進むなかで大きな問題となっているが，この点は項を改めて後述することとしたい。

では，ASEAN の自動車販売状況の特徴はどうであろうか。ASEAN 自動車販売市場の最大の特徴は，日系完成車メーカーが圧倒的なシェアを握っているということである。表 1 に見るように 2014 年の日系メーカーの ASEAN でのシェアは 89.0％に達している。中でも ASEAN 最大の市場であるタイとインドネシアでの日系メーカーの比率は 90％以上に達する高さである。反面，マレーシアやフィリピン，ベトナムなどでは欧米韓や現地企業といった日系企業以外の自動車メーカーが徐々にシェアを増やしてきていることがわかる。

その意味では，成長著しい ASEAN 市場は，今後日欧米韓中印をまじえた三つ巴，四つ巴の自動車競争市場に転化していくことは間違いない。守る日本と攻める欧米韓中印のしのぎを削る厳しい攻防戦が展開される可能性が非常に高いのである。タイやインドネシアでの市場競争に加えて，フィリピン，ベトナム，カンボジア，ラオスでの攻防戦が新に展開される可能性も無視できない。そうした中にあっては，後述する AFTA や FTA が決定的な役割を演ずることになることは間違いない。

1.4.2 ASEAN の各国別自動車販売状況

(1) タイ

ASEAN の自動車販売の中心国であるタイは，2014 年に生産で 188 万台，

表1　ASEAN 国別主要ブランド別自動車販売台数・比率（2014 年）

	タイ	インドネシア	マレーシア	フィリピン	ベトナム	合計
トヨタ	327,027	399,342	103,636	87,012	41,165	958,182
ホンダ	106,482	159,146	77,495	9,467	6,492	359,082
日産	59,220	54,308	45,058	5,626	1,522	165,734
三菱	62,885	85,607	14,322	37,150	2,302	202,266
マツダ	34,326	9,231	11,382	2,412	9,420	66,771
いすゞ	160,286	28,278	12,368	9,730	3,766	214,428
スズキ	20,183	154,923	4,000	4,640	4,386	188,132
ダイハツ（プロドゥア）	0	185,226	196,786	0	0	382,012
主要日本車計	770,409	1,076,061	465,047	156,037	69,053	2,536,607
主要日本車計比率	91.7%	96.8%	75.9%	76.3%	62.5%	89.0%
GM	25,799	10,741	1,673	760	5,126	44,099
フォード	38,087	12,008	13,938	18,036	13,988	96,057
現代・起亜	4,764	11,321	16,580	29,549	22,396	84,610
VW	476	1,082	8,916	N/A	N/A	10,474
プロトン（マレーシア）	466	523	115,783	0	0	116,772
主要外資車計	69,592	35,675	156,890	48,345	41,510	352,012
主要外資車計比率	8.3%	3.2%	24.1%	23.7%	37.5%	11.0%

注：1）ダイハツは同社マレーシア合弁のプロドゥアを含む。
　　2）マレーシア並びにフィリピンの GM 台数は 2013 年データ。
出所：『FOURIN アジア自動車調査月報』98 号，2015 年 2 月。
マークラインズ「自動車販売台数速報 ベトナム 2014 年」。http://www.marklines.com/ja/statistics/flash_sales/salesfig_vietnam_2014
NNA.ASIA「スズキ，プロトン提携で自社ブランド販売は終了へ［車両］」，2015 年 6 月 17 日。http://news.nna.jp/free/news/20150617myr005A.html
GAIKINDO "Domestic Auto Market by Brand (2013-2014)". http://www.gaikindo.or.id/domestic-auto-market-by-brand-2013-2014/
マークラインズ「自動車販売台数速報 マレーシア 2013 年」。http://www.marklines.com/ja/statistics/flash_sales/salesfig_malaysia_2013
INQUIRE.NET "Chevrolet Philippines Posts Record Early 2014 Sales". http://business.inquirer.net/166046/chevrolet-philippines-posts-record-early-2014-sales
Motioncars "Chevrolet Philippines Posts Record Early 2014 Sales?" http://motioncars.inquirer.net/34671/who-sold-the-most-cars-in-ph-in-2014

国内販売で 88.2 万台，輸出で 112.8 万台を記録した（マークラインズ自動車販売台数速報タイ 2014）。このうち日系企業が占める販売比率を見れば，92.0％と圧倒的比率を見せており，中でもトヨタは 32.7 万台で全体の 37.0％，いすゞが 16.0 万台で 18.2％，両社合計で 48.7 万台，55.2％と半分以上を占めているのである。

タイを代表する車種はピックアップトラックである。タイでは道路事情やバス代わりの交通機関として「ピックアップトラック」の人気が高かった。政府も部品生産に関するインセンティブの付与や購入者への物品税の減税，燃料費補助でピックアップトラックの生産モデル化に努めてきた。これにこたえて日系のトヨタ，いすゞ，日産，マツダの各社はタイでのピックアップトラックに注力し，競争を繰り広げてきた。さらに最近タイ政府は，「第2のプロダクト・チャンピオン」として環境に留意した小型エコカーに注目し，ピックアップトラックと同様の法人税や機械設備関連輸入税の免除などのインセンティブを与えている。また購入者に対してもエコカーの物品税を普通乗用車で30％から17％へと引き下げた。各社は，高まる購買意欲にこたえるために，環境車の投入を急いでいる。タイ政府は，環境車対策を積極的に進めており，2007年から始まった第1期エコカー計画に続いて2014年4月から第2期エコカー計画を実施しており，第1期の日系5社（トヨタ，いすゞ，ホンダ，三菱，日産）に加えて第2期では新たにマツダ，GM，フォード，VWが参加し，中国系の上海汽車が地元タイの財閥企業のチャロン・ポカパン（CP）と合弁会社を設立し，自動車販売を開始した。タイ市場は激戦地域に変わり始めている（「タイ小型車10社で激戦，生産誘致第2弾に名乗り，VW，初の工場検討，日本車優位に欧米勢挑む」『日本経済新聞』2014年4月3日）。

タイは，2014年に生産台数の60.0％，つまり半分以上を輸出しているが，ピックアップトラックを中心にしてタイの生産車をASEANや中東，オーストラリア，さらには欧州向けに輸出しており，日産や三菱は，タイに生産移管した小型車を日本に輸出している。部品に関してはタイは，長年の政府の誘致政策によりASEAN随一の分厚い部品企業の産業集積を誇る。もっとも近年では，労賃の高騰により，労働集約部門のミャンマー，カンボジア，ラオスへの移転が見られ始めており，タイでの技術の高度化が求められている。

⑵　インドネシア

インドネシアの2014年の自動車生産は129.9万台，国内販売は120.8万台，国内販売および輸入分を差し引いた輸出は20.2万台程度で，国内販売はASEANでトップだが，輸出はさほど多くはない。2014年はインドネシア経済の減速で前年比1.8％減を記録したが，2.5億人の人口を抱える人口に裏付けられた内需は今後一層伸びることが予想される（マークラインズ自動車販売台数速報インドネシア 2014)。タイ同様インドネシアでも日系企業が占める販売比率は 97.0% と圧倒的比率を見せており，中でもトヨタは 39.9 万台で全体の 33.0%，ダイハツが 18.5 万台で 15.3%，両社合計で 58.4 万台，48.3% と半分近くを占めているのである。

インドネシア市場の特徴は，国内販売が主流で，輸出比率は少なかったということであるが，2013 年以降輸出が増加を始めている。インドネシアではタイ同様所得の増加にしたがって四輪車を購入する消費者が増加している。特に排気量が 1,500cc 以下の小型車が人気で，種類別にはハッチバック，セダンタイプの車や家族の多いインドネシア市場に照応して MPV（多目的車両）車が主流となってきている。各社そろって小型から中型の MPV 車を市場に投入している。

またタイほどではないが 2002 年からはトヨタなどが輸出を開始しており，内需，輸出あわせて 2018 年には 150 万台に達するだろうといわれており，中国，インドに次ぐアジア第 3 の人口大国の内需に裏打ちされて，タイを抜いて ASEAN 第 1 の自動車生産国になる可能性は非常に高い。

(3)　マレーシア

マレーシアは，2014 年に生産で 59.6 万台，国内販売で 66.6 万台を記録した（マークラインズ自動車販売台数速報マレーシア 2014)。輸出は微小に過ぎない。マレーシア市場の特徴は，2,972 万人（2013 年）という少ない人口でありながら ASEAN では唯一の国産車メーカー（プロトン，プロドゥア）を擁して自動車普及を進めたことにある。プロトンは，1983 年の設立以来政府の手厚い保護政策の中で国内シェアは拡大したが，市場開放が進むなかで国際競争力を失っていった。そこで 1993 年には新たにダイハツが 51% を握るプロドゥアが設立され，小型車を主体にその生産を展開し，品質が優れていることから 2006 年にはプロトンを抜いて第 1 位に躍り出た。

その結果 2014 年にはプロドゥアが 19.7 万台で 29.3%，プロトンが 11.6 万台で 17.4% と両社を合して 31.2 万台，46.7% を占めているのである。このうち日系をはじめとする外資系企業が占める販売比率は 53.3% である。外資系企業ではプロドゥア，プロトンに次ぎトヨタが第 3 位を占めており，販売台数は 10.4 万台，国内シェアは 15.3% を占める。以下はホンダが 7.7 万台で第 4 位，日産が 4.5 万台となった。

車種は，プロトンは中型セダンの「プレヴェサガ」「ペルソナ」「インスピラ」，プロドゥアは小型「マイヴィ」「ビヴァ」「アルザ」などの小型車を販売している。「インスピラ」は三菱ミラージュのリバッジモデルであるし，「マイヴィ」は，ダイハツの「ブーン」，トヨタの「パッソ」をベースとした小型ハッチバック車である。

⑷　フィリピン

フィリピンは，2014 年に生産で 8.9 万台，国内販売で 27.0 万台を記録し，販売台数は過去最高を記録した（Asean Automotive Federation 2014 Statistics）。IT 産業が下支えをし，海外労働者からの送金がそれを後押しする形で自動車の販売台数を押し上げたのである。

このうち日系企業が占める販売比率を見れば，76.3％と圧倒的比率を見せており，中でもトヨタは 8.7 万台で全体の 39.1％，三菱が 3.7 万台で 16.6％，両社合計で 12.4 万台，55.7％と半分以上を占めているのである。フィリピン市場では，各社共にコンパクトカーや小型もしくは中型の MPV 車，SUV（スポーツ用多目的車）車など幅広いラインアップを展開している。またフィリピンでは国内販売と輸入の割合は 3 対 7 で輸入比率が高い。全体的に日系メーカー車の人気が高く，現地生産モデルに加えてタイやインドネシアで展開している低価格の低燃費車の輸入も増加している。もっとも 2010 年以降は韓国系メーカーが台頭しており，2014 年で現代が 2.3 万台，8.5％でトヨタ，三菱に次いで第 3 位の位置を占め，起亜が，フォード，いすゞ，ホンダに次いで 0.8 万台で 5.0％で，現代・起亜を合すると 2.9 万台，13.5％を占め，首位を行く日系メーカーと激しい競争を展開している。

フィリピン政府は，2014 年 10 月「自動車産業ロードマップ（Philippines Automotive Manufacturing industry（PAMI）Roadmap）」を提示して，2022 年までに自動車生産 22 万台を目指すとしている。もっとも現状の生産能力の中でこの課題を達成するには国内需要だけでなく輸出も念頭に入れる必要があるが，「現地調達率が平均 2 割強と低く，タイ製車両と比較して製造コストが 15％程度割高になる。サプライチェーンの育成が進んでいないことがこの背後にあるため，DTI（フィリピン貿易産業省）が掲げる数値目標の達成は極めて難しい状況」だ（『FOURIN アジア自動車調査月報』97 号，2015 年 1 月，p.22）という主張が強くある。事実，2012 年にはフォードがフィリピン工場を三菱自動車に売却して，生産拠点をタイに移転させたという事実もあり，今後のフィリピン政府の助成のあり方が注目される。

⑸　ベトナム

ベトナムは，2014 年に生産で 12.1 万台，国内販売で 13.4 万台を記録した（マークラインズ自動車販売台数速報ベトナム 2014）。ベトナムもフィリピン同様自動車販売台数を伸ばし 2015 年には 2009 年以降で最高の販売台数を記録し，引き続き増加すると予想されている。経済成長に加え，これまでは自動車登録税の大幅値上げなど税法上の不利が響いて車両の取得費用がタイの約 1.5 倍になっている。たとえば，トヨタの「カローラ」の車両価格をタイとベトナムで比較すると同一モデルでベトナム生産車の価格はタイのそれの 1.5 倍である（「Toyota Motor Thailand」，「Toyota Motor Vietnam」ホームページ）。ただ，2013 年から大都市での自動車登録税が引き下げられた結果，販売台数が大幅に増加したのである。ここでは日系のトヨタと韓国の起亜がシェアを激しく争っている。トヨタが 4.1 万台，25.9％で第 1 位を占め，起亜と合弁のチュオンハイが 3.3 万台，20.8％で第 2 位を占め，トヨタを激しく追い上げているからである。ベトナム自動車産業の問題点は，自動車登録税問題に見られるように自動車育成を進める工商省と税制を所管する財務省の間で政策調整が難しいことや自動車産業を下支えする部品産業の発展が脆弱なこと，道路整備が不十分なことなどが挙げられる。「AEC2018」問題では，2018 年にはベトナムの完成車・部品関税がなくなるためタイやインドネシアからの製品輸入攻勢が強まることが予想される反面 2015 年 10 月に妥結した TPP によりベトナムからの対米・対メキシコ向け自動車部品輸出に拍車がかかることが予想されるため，今後の展望は予断を許さない状況である。

⑹　シンガポール，ブルネイ

以上が完成車メーカーを擁する各国の動向だが，以下それを持たない各国の動向を見ておこう。まずシンガポールだが，同国では前述したように自動車購入権（COE）の発行数を調整することで車両数を制限しているが，2006 年以降縮小していた市場は，2014 年には上昇に転じて 4.3 万台に増加した。1 つは，

2014 年に期限切れを迎える自動車所有権証書が多かったこと，商用車の早期買い換えに対する優遇措置が働いたからである（『FOURIN アジア自動車調査月報』90 号，2015 年 3 月，p.28）。シンガポール市場は，日欧がシェアを分け合っている。トヨタが 0.9 万台で 21.5％で第 1 位を占め，次いでメルセデスベンツが 0.5 万台，11.9％で第 2 位を占めている。第 3 位が日産で僅差で 0.5 万台，第 4 位が BMW で 0.3 万台，7.4％である。メルセデスベンツが第 2 位に上るように，日欧米の高級車への志向が強い市場である。

他方ブルネイだが，2014 年の販売台数は 1.8 万台で，前年と比較すると 3％ほど減少した。自動車ローンの引き締めがその主な理由であった（『FOURIN アジア自動車調査月報』100 号，2015 年 4 月，p.20）。トヨタのシェアが 0.4 万台，20.7％で第 1 位を占め，起亜が 0.3 万台，14.2％で第 2 位，以下僅差で現代，スズキ，日産，三菱，VW と続いている。日韓両国企業が競争しているが，これらの企業のほかに欧米や中国，マレーシア，インドの企業 25 社がひしめいてこの狭い市場で競争を繰り広げている。トヨタの「ヴィオス」，スズキの「スイフト」，日産の「アルティマ」と起亜の「ソレント」が混在して走行しているというのが現実である。

⑺ CLM（カンボジア，ラオス，ミャンマー）諸国

まず，CLM 諸国の自動車販売台数を見ておこう。2015 年時点だがカンボジアが約 0.6 万台でラオスが約 1.4 万台，ミャンマーが約 0.2 万台という状況（「OICA 2006-2015 SALES STATISTICS」）で，いずれも規模的にみれば極小である。しかし，ラオスでは 2012 年に中古車の輸入が禁止されたが，他のカンボジアとミャンマーでは中古車が主流のため，これを加味した自動車販売台数は，上記の数値よりははるかに大きい。中古車では日本車の人気が高い。

上記 3 ヵ国のうち，ラオスでは韓国勢が圧倒的存在感を持つ。特に韓国人でラオスで手広く事業を行うコーラオ（KOLAO）の活動が目立つ。コーラオは，1997 年に韓国人のオ・セオンが設立した会社で当初は韓国中古車の販売を行ってきたが，2012 年に中古車販売が禁止されたのちは韓国の現代・起亜車の販売と現地組み立てに転換し，自動車ローンも手広く行い，自動車教習所も経営するなかでラオスでトップシェアを獲得した。ビエンチャンに 8 階建てのビルを所有している。日系重工機メーカーも入居しているが，本国韓国の現代，サ

ムスン，そして KOTRA，中国の HUAWEI がオフィスを構えている。同本社の1階と2階には現代と起亜の大型ショールームが併設されている。

カンボジアの自動車販売は中古車が大多数を占めている。特に，左ハンドルのアメリカ製日本車の中古車が人気である。しかし，2014 年以降では新車市場も拡大傾向にあり，日系，韓国系，欧米系メーカーが販売店を続々と開設している。他方，カンボジア富裕層が好む「超高級車」はカンボジア華人貿易商が営む個人販売店で販売されている。多くの販売モデルは中古車同様，アメリカからの輸入で，トヨタ，メルセデスベンツ，BMW やアウディなどのモデルが販売されている。

ミャンマーは日本からの中古車が 90％以上を占めるが，新車市場も伸びつつある。新車市場にいち早く進出したのが起亜のほかに現代，欧米メーカーのフォード，シボレーやメルセデスベンツで，商用車部門ではダイムラーである。一方，日系自動車メーカーは中古車整備拠点を中心にした販売店をようやく新車販売拠点を兼ね備えた店舗に改装している段階であった（2014 年 1 月時点）。トヨタは豊田通商を通じて新車を販売し，三菱，マツダ，日産が販売店を設立した（『米フォード，ミャンマーにディーラー開設　日本勢に対抗』，ロイター，2013 年）。欧米中韓が先行し日系がそれを追いかける形でモータリゼーションの準備が進行しているというのがミャンマーの現状である。

1.5　日本自動車部品産業の ASEAN 展開

1.5.1　全体的特徴

日系完成車メーカーがその生産拠点をアジアに展開するなかで，それを下支えする日系部品メーカーのアジア展開も積極化した。ASEAN 地域への日系部品企業の海外展開は，表 2 に見るように，まず 1960 年代以降タイを中心に部品企業の進出が開始された。そして 1970 年代以降になるとタイに加えてインドネシア，マレーシアへと海外展開が広がり，1985 年以降その件数は急増した。

たしかに日系部品メーカーの ASEAN 進出は，1965 年以前から始まってはいたが，それが 1 つの頂点に達するのは 1986 年から 1990 年までで，この 5 年間でその件数は 65 件に達し，その半数近い 32 件はタイへのそれであった。1986 年以降の日系部品企業の ASEAN 進出の背後には，日本での 1985 年以降

表２　日系部品企業の年度別 ASEAN 進出件数

国名	~1965	1966 ~70	1971 ~75	1976 ~80	1981 ~85	1986 ~90	1991 ~95	1996 ~00	2001 ~05	2006 ~10	2011 ~13
タイ	6	5	9	4	4	32	9	37	42	18	12
マレーシア	0	1	2	4	9	12	1	0	-4	-1	6
インドネシア	1	0	6	8	3	11	8	20	12	8	34
フィリピン	0	0	1	1	1	9	2	17	2	-2	3
シンガポール	0	0	3	6	0	1	1	1	-1	-4	0
ベトナム	N/A	N/A	N/A	N/A	N/A	N/A	N/A	9	7	17	9
合計	7	6	21	23	17	65	21	84	58	36	64

出所：日本自動車部品工業会統計資料による。

の円高と ASEAN 各国の車両国産化率引き上げ政策への対応が現地部品生産の増加要請となって表れた結果だった。しかも 1980 年代後半から日系部品メーカーの対 ASEAN 技術移転が本格化する。

1994 年時点での日本自動車部品工業会所属の会員企業の対 ASEAN 生産および技術供与品目数を見れば，総品目数 434 件のうち 43% に該当する 187 件がタイに，23% に該当する 100 件がインドネシアに，同じく 23% に該当する 98 件がマレーシアに集中し，フィリピンとシンガポールには各々 30 件，19 件にすぎなかった。しかも供与内容を見れば，タイ，インドネシアにはエンジン部品，駆動系，伝動系，操縦系といった安全保安と関わる高度技術が供与されたのに対し，マレーシアにはさほどでもない車体関係技術が供与された（日本自動車部品工業会『月刊自動車部品』第 41 巻第 3 号，1995 年 3 月，pp.13-15)。タイにエンジン技術供与が集中したのは，タイ政府が高いエンジン国産化率を要請し，1996 年までに BOI（タイ投資委員会）方式で 60%，MOI（工業省）方式で 45% までの国産化率を義務付けていたからである。タイ政府は，国産化規制を十二分に活用して海外の技術導入を図り，1990 年代以降積極化し始めた ASEAN 内貿易自由化の流れの中で ASEAN 随一の技術集積で競争に勝ち抜く戦略へと進んだのである。

1990 年代以降日系部品メーカーの ASEAN 進出は変化を見せ始める。1996 年以降に見られる顕著な変化は，タイと並んでインドネシアそしてフィリピン，ベトナムへの進出が増加することと，逆にマレーシア進出の激減である。明らかに流れは変わり始める。それまでの輸入代替工業化から輸出志向工業化への転換に伴い，車両国産化規制は緩和され，さらには撤廃される方向へと動き，関税率の引き下げが押し進められ，ASEAN 共同市場実現への道が積極的に押し進められるからである。これまでは同一製品でも ASEAN 各国に生産拠点を持っていたが，ASEAN 共同市場化＝関税ゼロ化が押し進められると得意製品を集中生産し ASEAN 各地に配分する生産体制の再編成が始まったのである。2000 年から 2010 年までのマレーシア，シンガポールからの拠点の撤収，ベトナムなどの新たな拠点の拡大はそれを物語る。

そして 2010 年以降は東日本大震災やタイでの洪水の影響を受けてタイへの一極集中を避けてインドネシアへの進出が加速化すること，そしてタイでの労賃高騰からタイ周辺のカンボジアへの地域工程間分業が進み始めたのである。

1.5.2　ASEAN 自動車部品産業集積の特徴

以上，ASEAN 各国での自動車・同部品産業の動きを見てみたが，ここでは，ASEAN 各国での自動車・同部品産業の産業集積の特徴を概観しておこう。

自動車産業がピラミッド型の産業構造を持つ裾野の広い産業であることはすでに指摘した。この産業集積の厚さが，そのまま当該国での自動車産業の競争力の強さを示す指標となるのである。

この視点から，まず日本の産業集積の姿を見ておこう。図 6 (1)に見るように，日本の場合には完成車メーカー 14 社を頂点に Tier1 サプライヤー約 800 社，Tier2 サプライヤー約 4,000 社，そして Tier3 サプライヤー約 20,000 社から構成されている。この規模と広がり，裾野の広さはアジア随一であるだけでなく，欧米先進工業国と比較してもトップクラスの産業集積度を誇っている。ここでは，これとの比較で ASEAN 各国の状況を見てみることとしよう。

ASEAN で最も産業集積が進んでいるタイの場合には，図 6 (2)のようにトップ 12 社を支える Tier1 サプライヤーは約 635 社を数えている。数としては日本の約 80％の規模となっている。それが Tier2 サプライヤーとなると約 600 社程度で日本の 4,000 社と比較すると約 15％にすぎない。さらに Tier3 となるとタイの場合には 1,000 社前後だが，日本の場合には 20,000 社で，日本の 5％程度と圧倒的な差を作り出すこととなる。これらの部品企業の技術レベルを見れば日本の場合には，Tier3 にいたるまでが完成車メーカーの設計意図に基づいて自ら製品の設計・開発を行い，完成車メーカーの承認を得る「承認図方式」で，彼ら独自の技術をもって研究開発にあたれる能力を具備している。ところが，タイの場合には，Tier1 サプライヤーの中にはタイのローカル企業を含めて「承認図方式」で対応できる企業が多いが，Tier2 サプライヤーレベルになるとタイのローカル企業で「承認図方式」がとれる企業は少なく，多くは完成車メーカーや Tier1 サプライヤーが提供した図面通りの製品を作る「貸与図方式」となる。

図 6 (1)　日本自動車・部品産業組織イメージ・ピラミッド

会社数(社)
完成車メーカー　14
Tier1サプライヤー　800　ユニット，機能部品，内装品，外装品など
Tier2サプライヤー　4,000　単一部品，プレス，金型，鋳造部品，鍛造部品など
Tier3サプライヤー　20,000　金属部品，樹脂製品など

図 6 (2)　タイ自動車・部品産業組織イメージ・ピラミッド

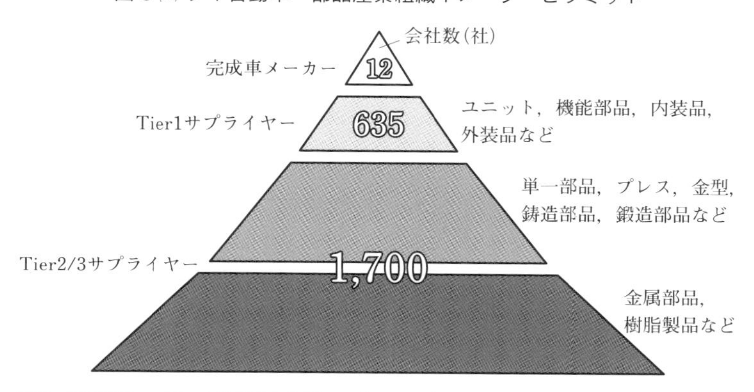

出所：『FOURIN アジア自動車調査月報』55 号，2011 年 7 月より作成。

図 6 (3)　インドネシア自動車・部品産業組織イメージ・ピラミッド

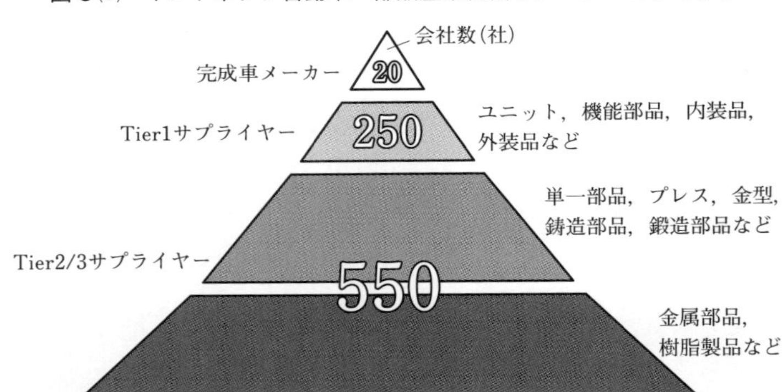

出所：『FOURIN アジア自動車調査月報』66 号，2012 年 6 月より作成。

インドネシアとなるとさらにその層は薄くなる。図 6 (3)のように Tier1 サプライヤーはタイの 635 社に対して 250 社と約 40％の比率だし，Tier2，Tier3 サプライヤーとなるとタイの 1,700 社に対して 550 社にすぎず，約 30％程度しか存在しない。しかも，インドネシアの場合には Tier2，Tier 3 サプライヤーにいたるまでの大半が「貸与図方式」で，技術的にはいまだに未発達のサプライヤーが多いのが現状である。

2.　自動車・同部品産業と ASEAN 地域統合

2.1　「集団的外資依存輸出志向工業化」への政策転換と BBC，AICO スキーム

ASEAN への部品企業の進出を考えるとき，ASEAN 統一関税協定のメリットを忘れるべきではなかろう。ASEAN 各国は 1980 年代後半に入り域内経済協力のシステムを急速に具体化させた。そのきっかけとなったのが 1987 年の第 3 回 ASEAN 首脳会議と「マニラ宣言」による域内協力の合意であった。これは，ASEAN 諸国の「集団的輸入代替重化学工業化戦略」から「集団的外資依存輸出志向工業化戦略」への転換（石川・清水・助川 2009，2013）でもあった。その背後には中国の勃興と世界経済のフレームの変更があった。中国は，

鄧小平の指導下で急速な改革開放政策を進め目覚ましい経済成長を続けていたし，1989 年には APEC，1990 年代には NAFTA，EU が現実のものとなるなかで，世界は大きく「ブロック形成」へと動いていた。

こうした域内交易の促進は，ASEAN 内の自動車企業と部品企業にも大きな刺激を与えた。関税率を低めることで，ASEAN 相互の国際分業を積極化させる計画が進み始めたのである。当初は，各国が高付加価値部品の生産の担当を希望したために足並みがそろわなかったが，1988 年 10 月にこれに積極的だったマレーシア，フィリピン，タイがまとまる形で ASEAN 内の合意が成立した。これが BBC（Brand to Brand Complementation）スキームと称されるもので，自動車生産メーカーに関する限り同一ブランドで ASEAN 内の複数国が合意すれば，関税を通常の 50％に下げることで域内の相互融通が実施できるというものであった。同スキーム発足当初から三菱自工はこれを利用した部品流通を開始し，トヨタも 1989 年 11 月に認可を受け，日産も 1990 年 8 月に認可を受け，ホンダも 1995 年 8 月にはこのスキームの活用を開始した。

図 7 は，トヨタの BBC スキーム活用例であるが，タイ（ディーゼルエンジンなど），フィリピン（トランスミッションなど），インドネシア（ガソリンエンジンなど），マレーシア（ステアリングなど）を 4 極にして各部品生産拠点を相互に結んだ供給体制を推し進めたのである。

このような活動が，世界に先駆けて ASEAN だけで行われたことに，現在この地域が世界で最も進んだ工程間分業を実現していることの淵源があると考

図 7　トヨタ，アジアにおける現地調達への取り組み（BBC スキーム）

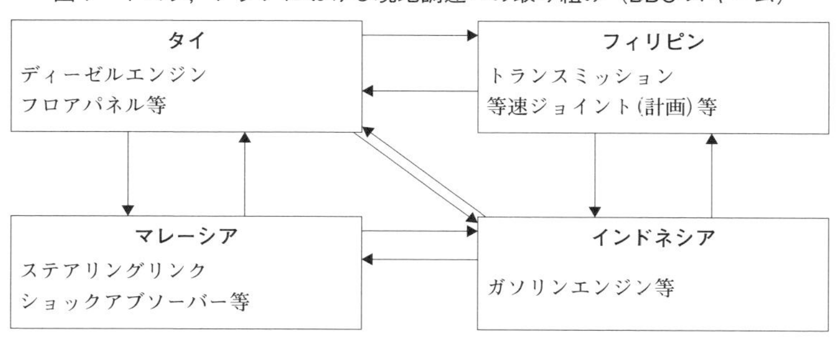

出所：『FOURIN 自動車調査月報』130 号，1996 年 6 月。

えられる。

ASEAN 内の経済協力は，1990 年代半ばからはさらに一歩進んで AICO（ASEAN Industrial Cooperation）スキームに進んでいった。これは 1995 年 12 月の ASEAN 経済大臣会合で合意に達したもので，輸入関税率をさらに低く 0 ～ 5%程度に抑え，逆にその適応範囲を自動車部品から製造業全体へと拡大したのである。デンソーの事例を図８に示しておこう。デンソーは，自動車メーカーではないので，BBC スキームを活用することはできなかったが，製造業全体にその適応範囲が拡大した AICO スキームに関しては ASEAN 内に複数の生産拠点を有するため，その活用が可能であった。デンソーの場合には，図８に見るように，シンガポールを総括会社に，タイ，マレーシア，インドネシア，フィリピンにそれぞれデンソーの部品生産拠点を配置して，AICO スキームを活用することで，ASEAN 内での部品相互補完体制を作り上げようとしたのである。タイではスターター，オルテネーターなど，インドネシアではコンプレッサー，プラグなど，マレーシアではエンジン部品やアンプ，ワイパーなど，フィリピンではコンピュータなどを生産してシンガポールの統括会社の指令で ASEAN 4 ヵ国間で相互補完関係を展開し，低コスト実現にまい進

図８　デンソーの ASEAN 相互補完（AICO）

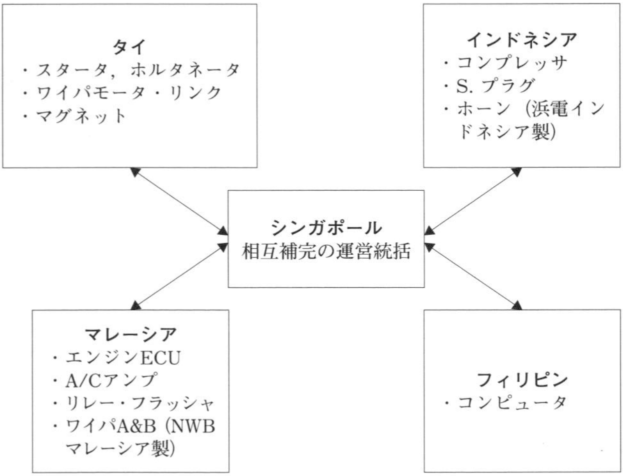

出所：デンソー資料。

したのである。しかしながら，この AICO スキームは 1996 年 11 月からスタートして 1997 年に実施される予定であったが，アジア通貨危機のなかで大きな打撃を受けたのである。

2.2 「ASEAN 経済共同体（AEC）」への道

アジア通貨危機で AICO は打撃を受けたものの，ASEAN 経済統合の動きそのものは中断しなかった。アジア通貨危機発生から半年後の 1997 年 12 月に，クアラルンプールで非公式 ASEAN 首脳会議が開催され，「ASEAN Vision 2020」が採択された。ここで，ASEAN 各国はアジア通貨危機が ASEAN にとって予想できなかった大きな困難であることを認識しつつも，従来から推進している域内自由化，域内市場統合を推進していくことを確認した。客観的に見れば，アジア通貨危機は，域内自由化，域内市場統合を進め，ASEAN 統合を達成しようとする ASEAN の強い決意を示すことにつながり，ASEAN の自立を覚醒させたともいえる。

以上の背景のもとに，2003 年 10 月インドネシアにおいて第 9 回 ASEAN サミットが開催された。スカルノ大統領の娘に当たるメガワティ大統領のもとで開催されたこのサミットでは，前回の「Bali-Concord I（バリ協和宣言 1)」に続いて「Declaration of ASEAN Concord II（Bali-Concord II，バリ協和宣言 II)」が採択された。そして首脳声明においては「ASEAN Vision 2020」の目的を達成するための，より高度な整合性のとれた一致した努力の重要性が指摘され，2010 年までに「ASEAN 安全保障共同体（ASC)」，「ASEAN 経済共同体（AEC)」，「ASEAN 社会文化共同体（ASCC)」からなる ASEAN 共同体を形成することが宣言された。前年に中国が 2020 年に全面的小康社会を建設するということを決定したことに遅れること 1 年であった。「ASEAN 経済共同体（AEC)」については，2003 年 9 月に開催された第 35 回 ASEAN 経済大臣会合共同声明において，セカンドアンバンドリングの持つ力，すなわち地域生産ネットワークが ASEAN の経済共同体の本質的要素であるということが明記されていた。加えて第 9 回 ASEAN サミット首脳声明では，ASEAN 経済共同体が目指すものは，単一市場というだけでなく単一生産基地である，ということが同等の重要性で記述されていた。アジア通貨危機により，世界の多くはこの地域の生産は回復が困難なほどのダメージを長期にわたって受けるであろうと予測した。しかしそれは現実ではなく ASEAN の生産ネットワークは強靭で早期に回復し，力強く復活を遂げつつあった。ASEAN の首脳は「Vision 2020」の決意を支持し，この地域が世界で最も進んだ工程間分業を可能とする生産ネットワークの場であり，それをさらに進化させるという強い決意を示したのである。

2.3　ERIA（Economic Research Institute for ASEAN and East Asia）の設立と活動

アジア通貨危機後，中国はめざましい成長を遂げ，インドもまた成長を加速化し始めた。新興工業国家（BRICs）の躍進である。これらの成長を目の当たりにして，2007 年 1 月にフィリピンのセブ島で開催された第 12 回 ASEAN サミットは ASC，AEC，ASCC の 3 つの共同体の完成を 5 年早めることを決定した。日本もまた 2006 年 4 月に当時の二階俊博経済産業大臣は「グローバル経済戦略」を発表し，その中で「東アジア版 OECD 構想」を提唱した。

そのような背景のもとに 2007 年 11 月，シンガポールにおいて開催された第 13 回 ASEAN サミットにおいて ASEAN 憲章が正式に調印された。同憲章では，2015 年までに ASEAN をグローバルコミュニティに対して高度に競争的で十分に統合された単一市場と単一生産基地へと変革させていくために必要なロードマップとして機能する AEC ブループリントを完成させること，そのための AEC スコアカードメカニズムを開発することが要請され，ASEAN 経済大臣に，それを通じて進捗をモニターしフォローアップすることが求められた。

ASEAN 経済大臣のこのような努力を契機にして，第 13 回 ASEAN サミットに引き続き開催された第 3 回東アジアサミットにおける福田康夫総理の ERIA 設立提案により ERIA の設立が 16 ヵ国の首脳のあいだで正式に合意された。日本の協力を得て，ASEAN の首脳たちは，2015 年の経済共同体の完成をめざして，ASEAN 事務局を強化するための知的エンジンとして ERIA は位置付けられた。ASEAN サミットも，年 2 回行うようになった。具体的には，各国が経済共同体を形成するために必要なあらゆる措置を 4 つの時期に分け，それを ASEAN 事務局がスコアカードでチェックするという方式が創設された。各国から実施状況が報告されて，ASEAN 事務総長が総括的にチェックし，それを首脳に提言するという形が採用された。また，ASEAN 事務局には新たに国際機関としての法人格が与えられた。ERIA は，まさに ASEAN 経済共同体を完成させるための組織として当初から期待された。ASEAN 事務局が行う，いわば，コンプライアンス型のスコアカードに加えて，ASEAN 経済大臣は，ERIA に対し分析型のスコアカードの開発と，それによる現状分析，問題点の摘出，政策提言を求めた。そして，ERIA はそれに答えて 2012 年の第 21 回 ASEAN サミットに，AEC ブループリントの全面的な中間評価を提出し，サミット首脳に政策提言を行った。その最も重要な点は，2015 年までに絶対にやらなければいけない中核的なものと，それ以外を分けたことである。2015 年までにやるべきことの 1 つとして ERIA が挙げたのが，RCEP（Regional Comprehensive Economic Partnership，東アジア地域包括的経済連携）の交渉を終えることであった。RCEP と ASEAN 経済共同体は，もともとは関係のない 2015 年以降の話であるが，それを ERIA はこの報告書の中で AEC 措置と位置付け，しかも 2015 年までに交渉を終わらせるべき優先政策と明確に提言した。それがサミットで受け入れられた。

2.4　ASEAN 内自動車部品産業のセカンドアンバンドリング

2.4.1　セカンドアンバンドリング

序章の冒頭で，ASEAN は他の地域とその生産ネットワークの進化の過程を異にしており，セカンドアンバンドリングという産消分業を超えた生産プロセスにおける工程間分業の進展においては世界で最も進んだ地域だと指摘した。リチャード・ボールドウィン教授が指摘するセカンドアンバンドリング（第 2 の分散立地），つまり「生産プロセスのフラグメンテーションを通じた工程間分業」が生まれ，その影響がタイやインドネシア周辺諸国に波及し始めているのである。「セカンドアンバンドリング」とは，生産プロセスあるいはタスクが複数の生産ブロックにフラグメント（基片化）され，それが適地に分散立地され，物理的インフラと制度的インフラの改善と情報・通信革命の進展とがあいまって，ネットワーク上を通じて最適にセットアップされ，つながっていく生産形態の現象のことである。したがって，適地に分散立地されるためには，それを可能とする諸条件の整備が重要となる。

AEC の実現は，この工程間分業を国境を越えて推進することとなった。例をタイの自動車生産に関して言えば，まず完成車メーカーは随伴部品メーカーからの部品供給を受けて車の組み立てを行う。やがて労賃高騰とともにプロダクションブロックごとに分解が生じ，ここはフィリピン，ここは中国，ここはラオスといったように，工程間分業が情報革命を背景に進化発展し，それらがネットワークでリンクして最終アッセンブルを行うという単なるグローバルサプライチェーンをはるかに超えたものとなっていく。その際，RCEP は工程間分業をさらに高度に発展させることによりコネクティビティを高める機能を持っている。要するに，生産行為の累積により原産地を決定するような共同体思想を持っている。こうして ASEAN が主体となってそれぞれの国の制度がつながって，国を越えてプロダクションブロックがつながり，その結果もたらされるサービスをリンクさせることとなる。そのためには，サービスリンクコストをどうやって下げていくかが一番大事である。タイの自動車産業は，こうしたサプライチェーンの連鎖の中で ASEAN 内外の部品企業を包摂してそのすそ野を広げているのである。

2.4.2　タイプラスワンの動き

2010 年以降タイでの労賃高騰に伴い，タイプラスワンの動きが積極化しているが，それはセカンドアンバンドリング（第 2 の分散立地）の動きそのものである。タイの隣国である CLM（カンボジア，ラオス，ミャンマー）諸国の自動車部品産業でその動きを見てみよう。

まず，カンボジアであるが，タイの部品企業は，労働集約的工程を切り分けてタイの国境近いカンボジアの西部のポイペトやコッコンの経済特別区の分工場に振り分けている。ワイヤーハーネスや電子部品の組立工程などがそれである。ラオスでも同様な動きが見られる。ここでもタイ国境に近いビエンチャンやサバナケートの経済特別区にやはりワイヤーハーネスや電子部品の一部の労働集約的工程を切り分けて分工場に移している。ミャンマーも同様である。タイ国境に近いティラワ工業団地も企業誘致につとめており，タイの部品企業の進出も考えられる。

3．自動車メーカーのASEAN戦略

3.1　ASEAN戦略の企業別類型

では世界の自動車メーカーはASEAN市場でいかなる位置を占め，いかなる戦略を展開しているのか。ASEAN市場では依然として日本メーカーが大きなシェアを有している。一方で，近年では韓国やドイツ勢もASEANに進出してきている。ここでは(1)現地に工場を有するメーカー，(2)現地企業に生産委託するメーカー，(3)現地地場メーカーの3種類に分類しながら述べていくこととしよう。

3.1.1　現地に自社組立工場を有するメーカー

ASEANで自社展開戦略をとっているのはトヨタ，ダイハツ，ホンダ，三菱，日産，スズキ，いすゞ，GM，マツダ，フォードの10社である。

(1)　トヨタ

まず，トヨタを取り上げよう。トヨタはASEAN市場の中では圧倒的なシェアを有する日本メーカーである。表1に見るようにASEANの販売台数95.8万余台。タイ32.7万台，インドネシア39.9万台，マレーシア10.4万台と主要国を抑え，フィリピン，ベトナムでもシェアトップを占めている。同社は1962年のタイ進出，1964年のピックアップトラックの前身にあたるボンネット型トラック「スタウト」の組立生産を皮切りに，フィリピン，マレーシア，インドネシア，ベトナムとASEANの自動車販売主要5ヵ国すべてに進出を図ってきた。トヨタは当初は，日本で販売されているセダンの「コロナ」「カローラ」等のモデルをベースとした車種展開を図ってきたが，次第に東南アジアの消費者が好むデザインや現地の過酷な環境に適合した現地向けの車づくりを開始した。また，トヨタはASEANを新興国向け車両の一大生産基地と位置付け，AFTAを有効活用した部品相互補完体制を築き，IMVプロジェクトを進めている。IMVとはInnovative Multipurpose Vehicle（「革新的国際多目的車」）という意味である。トヨタはこのIMVにおいて，プラットフォームやトランスミッションを統一化し，ピックアップトラックであればタイ，SUV

(Sport Utility Vihicle，スポーツ用多目的車）と MPV（Multi Purpose Vihicle，多目的車＝ミニバン）であればインドネシアと棲み分けを図った生産を行ってきた（トヨタ自動車ホームページ「トヨタ自動車 75 年史（地域別活動　アジア）」）．

車種別で言うと，トヨタはセダン，SUV，ピックアップトラックまで幅広いラインナップ展開を行っており，セダンの「カローラ」，「ヴィオス」，「カムリ」や SUV の「フォーチュナー」，ピックアップトラックの「ハイラックス」が ASEAN 市場での売れ筋商品となっている。国別に見ると，トヨタはタイにおいてハイブリッド車の現地生産（ハイブリッドコンポーネントは日本から輸出）も行っており，「プリウス」や「カムリハイブリッド」も販売している。

(2)　ダイハツ

ダイハツは，軽自動車の製造・販売を得意とし，小型車づくりのノウハウが豊富だが，それを生かした，低燃費で簡便なモデルがインドネシアでは好調である。表 1 に見るように，ダイハツはインドネシアとマレーシアに拠点を集中しているが，インドネシアの販売台数が 18.5 万台でトヨタに次ぐ販売台数を誇っている。これにマレーシアのプロドゥアの 19.7 万台を入れると 38 万台規模となる。

販売車種については，同じモデルをトヨタとダイハツの両ブランドで展開しており，小型 MPV の「トヨタ・アバンザ」（ダイハツでは「セニア」）や LCGC 適合車の小型ハッチバック車「トヨタ・アギア「（ダイハツでは「アイラ」）が人気である。また，ダイハツは 1992 年にマレーシアの国営企業でプロトンと並ぶプロドゥアと組んで，小型ハッチバック車「マイヴィ」を販売し，市場シェアを高めることに成功した。

(3)　ホンダ

ホンダは，ASEAN 地域においては，二輪車事業で築いたブランド力を基礎に，ほぼ満遍なく各国市場を押さえている。表 1 に見るようにトヨタ同様インドネシア 15.9 万台，タイ 10.6 万台，マレーシア 7.7 万台に続いてフィリピン，ベトナムでもシェアをとりにいっている。

今日では ASEAN の小型戦略車「ブリオ」から，「ジャズ」（「フィット」），セダンの「ブリオアメイズ」，「シティ」，「シビック」，「アコード」や SUV「CR-V」，日本から輸入の上級 MPV 車「オデッセイ」などを市場に投入し，これらの車種が幅広い層の人気を獲得している。2014 年以降ホンダは ASEAN 域内における R&D を加速させており，「ブリオ」に並ぶ第 2 の現地開発車として，同車ベースの MPV「モビリオ」を 2014 年にインドネシア，タイに投入した。その結果，特に MPV が人気のインドネシアにおいて，日系各社の MPV 販売競争に拍車をかける存在となっている。

⑷　三菱

三菱は，1960 年から ASEAN での進出を図っている。同社は SUV「パジェロ」など大型で悪路走行性の高い車づくりが得意なメーカーであったことから，2005 年にピックアップトラック「トライトン」，トライトンベースの SUV「パジェロスポーツ」などを ASEAN 地域で投入している。2014 年の ASEAN 販売台数は，表 1 に見るようにインドネシアの 8.6 万台余を筆頭にタイ 6.3 万台余，フィリピン 3.7 万台，マレーシア 1.4 万台，ベトナム 2,000 台余となっている。インドネシア，タイに次いでフィリピンに強いのが三菱の特徴である。

また三菱自動車にとって ASEAN は，域内販売のみではなく，輸出拠点としての役割が強くなってきている。特にタイは，三菱自動車の重要な輸出製造拠点の 1 つで，日本で三菱が生産する乗用車（軽自動車を除く）よりも多くのモデルをタイ工場で生産，輸出している。2012 年に三菱は小型車「ミラージュ」を投入し，日本向けモデルを含めタイで生産している。また，同社は ASEAN 域内での生産拠点拡充にも意欲的で，フィリピンでは老朽化した既存の工場を閉鎖し，フォード撤退後の工場を改装して新たに 2015 年から生産を開始した。インドネシアでは，同国で売れ筋の MPV を生産し，近隣諸国へ輸出するための工場を建設し 2017 年の稼働をめざしている。

⑸　日産

日産はタイとインドネシアを主要な生産拠点と位置付け，自社生産を行っている。また，それ以外の ASEAN 諸国では，CKD 委託生産の形を導入し，ASEAN の地場企業（後述）を用いた戦略を行っている。表 1 によれば，タイで 5.9 万台，インドネシアで 5.4 万台，マレーシアで 4.5 万台を中心に ASEAN で販売シェアを維持している。マレーシアやベトナムでの販売には，マレーシアの地場企業のタンチョンが大きくかかわっている。

販売車種は小型車「マーチ」，セダンの「サニー」，「シルフィ」，「ティアナ」，

SUV「エクストレイル」や「ジューク」，ピックアップトラック「ナバラ」を販売している。日産は他の日系自動車各社と同様に，タイを生産輸出拠点として位置付け，小型車「マーチ」を ASEAN 諸国や日本向けに輸出している。また，同社は 2014 年タイに新工場を開設し，新型ピックアップトラック「NP300 ナバラ」の生産を開始し，タイ国内のピックアップトラックの販売競争に参加するとともに，輸出にも力を入れている。加えて，日産は日系企業のなかでは手早くミャンマーへの進出を決めた。生産はマレーシアのタンチョンが行い，2015 年から「サニー」を販売する。

⑹　スズキ

スズキは，表 1 に見るようにインドネシアに拠点を置いて 15.5 万台の販売実績を有し，他は大きな販売シェアは有していない。スズキは今日，ASEAN 事業を同社の主力市場であるインドと並ぶ成長事業と位置付けている。当初，スズキはインドネシアやベトナムでの四輪車生産に限っていたが，2012 年からタイで「スイフト」の生産を開始した。今後，同社はタイで小型車「セレリオ」を生産し，そこから輸出する計画がある。また，ミャンマー・ヤンゴン郊外の新設工業団地，ティラワ経済特区での工場建設を決定，新工場建設に着手した。なお，スズキはダイハツ同様，小型車の生産・販売が得意な企業であり，インドに代表される新興国での経験も深いことから，MPV 車「エルティガ」などが人気車種となっている。

⑺　いすゞ

いすゞは，日本においてはトラックに代表される商用車メーカーで，一般消費者にとっては，いすゞブランド車は馴染みが薄い。しかし表 1 に見るようにいすゞはタイの 16.0 万台を筆頭にインドネシアの 2.8 万台，マレーシアの 1.2 万台，以下数千台規模でフィリピン，ベトナムが続く販売実績を持っている。ASEAN 市場においていすゞは，ピックアップトラック，並びに，同モデルをベースにした SUV が人気であり，いすゞブランドは乗用車ブランドとしての側面もある。

いすゞの ASEAN 展開の歴史を見ていくと，1969 年にタイで現地組立子会社を設立し，その後も 1983 年にインドネシアでエンジン組立会社を設立した後，1990 年代にかけてフィリピン，マレーシア，ベトナムへ進出した。

現在，いすゞにとってASEAN最大の市場かつ生産拠点となっているのがタイである。タイではピックアップトラック「D-MAX」をアジア，中東，欧州，アフリカ地域に輸出している。さらに，同車はピックアップトラックのシャーシ，エンジンをベースにしたSUV「MU-7」をタイで生産し，ASEAN各国で販売している。タイ以外の状況を見ると，今後，いすゞはインドネシアを新興国向けトラックの生産基地と位置付け商用車需要の増加が見込まれる同国のみならず，インドネシアを輸出拠点として活用していく方針を掲げている。

⑻　GM

GMは日系各社と比較すると販売台数は多くはないが，それでもいすゞとアライアンスを組んでASEAN展開をしている。表1に見るように，GMは，タイで2.6万台，インドネシアで1万台強，ベトナムで5,000台強，フィリピンで1,000台弱といった販売展開を見せている。

GMのASEAN展開にとって，商品の生産・開発・販売で欠かすことのできない存在が，同社と深い関係にあるいすゞである（Sankei Biz，2014年9月27日）。GMは1971年にいすゞと資本提携を開始した。GMはかねてから，いすゞのディーゼルエンジンと商用車開発技術に着目し，いすゞをGMの一ブランドとして位置付け，ASEANのみならずアメリカや欧州でもGMアライアンスを活用した世界戦略を築いてきた。特に，このような動きの中で顕著な動きを見せてきたのが，両社によるピックアップトラック，SUVの開発であった。2000年にGMは，インドネシアでいすゞと共同開発した初のグローバル市場向け戦略車「パンサー」の生産・販売を開始し，2002年には同じく両社の共同開発車で，いすゞのASEAN，グローバル看板車種「D-MAX」の生産・販売を開始した（いすゞプレスリリース，2002年5月16日）。

ところが，2006年になるとGMの経営状況が悪化し，GMはいすゞ株を売却し，30年以上にわたる両社の関係は終焉を迎えると思われた。だが，GMといすゞは資本関係が途絶えたのちも，今日において両社は以前よりも高度な技術・生産開発協力を推進している。その理由としては，GMといすゞがともに新興国での販売に力を入れていることが最も大きく，開発においても最新モデルのいすゞ「D-MAX」はタイの現地R&DセンターでGMとの共同開発が行われた（『日本経済新聞』2010年3月26日）。

以上のように，GM といすゞの思惑が重なり，GM はピックアップトラックと SUV をそれぞれシボレーブランドの「コロラド」と「トレイルブレイザー」として ASEAN をはじめとする新興国で販売している（いすゞ自動車ホームページ）。

(9)　マツダ

マツダもいすゞと同様に，アメリカ大手自動車メーカーとの資本提携によって同社の ASEAN における存在感を大きなものにしてきた。表 1 によれば，タイが 3.4 万台余，マレーシアが 1.1 万台余で以下ベトナム，フィリピンに販売実績を有している。

マツダは，フォードが同社の株式の 25% を取得した 1997 年より以前の 1975 年にマツダ単独による現地生産をタイで開始した。その後，マツダの ASEAN 進出は，フォードとの資本関係を生かした展開という形をとり，両社は 1998 年に共同出資でタイにピックアップトラック工場を開設した。また，2004 年にはフォードが 100% 出資するフィリピン工場（フォードが 2013 年にフィリピンから撤退し，同時にマツダ車の生産も終了）でマツダ車の生産を開始した。しかし，フォードの経営不振を受け，同車はマツダへの資本を 2008 年と 2010 年に徐々に減らしていくと，マツダの ASEAN 進出にも若干の変化が見られるようになる。2013 年には，タイにマツダが 100% 出資する新トランスミッション工場を起工し，2015 年には，マツダの新型トランスミッション「スカイアクティブ・テクノロジー」を採用した生産が始まった。また，マレーシアとベトナムでは，それぞれ現地組立メーカーのイノコムとチュオンハイ（後述）に車両生産を委託している（マツダニュースリリース，1998 年 7 月 1 日，http://www.mazda.com/jp/publicity/release/1998/9807/980701.2.html，同上「マツダ，タイの新トランスミッション工場で量産開始」2015 年 1 月 13 日，http://www.mazda.com/jp/publicity/release/2015/201501/150113a.html）。

マツダとフォードの車種展開を見ていくと，かつては両社共通プラットフォームを活用した車種展開が特徴であった。特に，ピックアップトラックの開発は，新興国での販売を強めたい両社にとって相乗効果が大きく，生産においてもタイのマツダとフォードが出資した工場でマツダ「BT-50」とフォード「レンジャー」として，デザインや仕様が変更されたのち ASEAN で販売されている。また，小型車のフォード「フィエスタ」とマツダ「マツダ 2」（デミオ）を同じ工場で生産し，ASEAN 域内やオーストラリアへ輸出している。ちなみに，「マツダ 2」は通常は小型ハッチバック車だが，アジア地域では座席部分とトランクスペースが分かれているセダンタイプが好まれており，「マツダ 2 セダン」が存在する。しかし，両社の資本関係が薄まっていくにつれ，マツダは燃費性能に優れたエンジンを搭載し，より走行性能を高めたシャシーを採用した独自の「スカイアクティブ・テクノロジー」搭載車を ASEAN に投入している。これは，マツダが他の日本メーカーに対抗したプレミアムブランド化をめざしている証であり，ASEAN においても従来の日本車にない独創性を求める顧客層をターゲットにしていると思われる。よって，あえて現地専用車を自社では生産せず，日本や欧米で発売される「マツダ 3」をタイで，マレーシアでは SUV「CX-5」を生産している。ベトナムの工場では地場のチュオンハイに生産委託し，これらの車種などを CKD 生産している（Truong Hai 社資料，2014 年 4 月）。

⑽　フォード

フォードは表 1 に見るように，タイの 3.8 万台余を筆頭にインドネシア，マレーシア，フィリピン，ベトナムにそれぞれ 1 万台を超える販売実績を記録している。

フォードはピックアップトラック「レンジャー」および同車の派生 SUV「エベレスト」を除いて，自社技術を満載したラインナップを充実させている。特に，タイで生産される小型車「フィエスタ」や中型ハッチバック車「フォーカス」にはヨーロッパフォードの技術が盛り込まれている。なお，SUV「エベレスト」の新モデル投入にあたっては，オーストラリアで設計・開発が行われた（Response「フォード，エベレスト 新型を発表…アジア重視の SUV」2014 年 11 月，http://response.jp/article/2014/11/28/238463.html）。

3.1.2　現地企業に生産委託するメーカー（現代，マツダ，日産，中国，欧州企業）

韓国の現代・起亜は，表 1 に見るように ASEAN での総販売台数は約 8 万台余にすぎず，日系が強いタイ，インドネシアの最大 2 市場では依然として存在感が薄い。しかし，総売上台数の 61％をフィリピンとベトナムが占めるなど，これから本格的なモータリゼーションを迎えると思われる国々において，販売台数を急速に伸ばしており，今後の韓国勢の成長が注目される。現代・起亜は，小型車から中型車ラインナップが豊富で，現代の小型セダン「アバンテ」や起亜「モーニング」「ピカント」，SUV 現代「サンタフェ」等の人気が高い。生産面においては，現代・起亜は自社工場を建設するのではなく，地場メーカーへの委託生産や FTA を活用した韓国からの輸入車販売が多い。委託の面では，特にベトナムで地場のチュオンハイが生産する起亜「ピカント」がベトナムで小型車シェア第 1 位を獲得した。また，現代・起亜はラオス，カンボジアやミャンマーへの参入にも積極的である。特に，ラオスでは，トヨタを押えて現代がシェア第 1 位の座を射止めた。カンボジアではタイ国境に近いコッコン経済特区において，カンボジアで初めての本格的な自動車生産（CKD）を開始している。

マツダはベトナム中部のダナンのチュオンハイ工場で CKD 生産を開始し（詳しくは 3.1.3 の(4)参照），日産も同じダナンのタンチョン工場とミャンマー工場で CKD 生産を開始した（詳しくは 3.1.3 の(3)参照）。

ASEAN の自動車市場は，依然として日本メーカーの人気が高く，日本車の独占場となっているが，2014 年以降，徐々に中国車の存在感が増しつつある。これまで中国車は小型トラックやバンなどの商用車を中心として，ミャンマー，カンボジアやラオスなどの新興 ASEAN 諸国で人気を博してきたが，今日ではタイやマレーシアでも中国メーカーによる市場開拓が進んでいる。

乗用車，商用車の動きを見てみると，中国大手自動車メーカービッグ 5 社（第一汽車，東風汽車，上海汽車，奇瑞汽車，長安汽車）に，新興メーカーの長城汽車を加えた 6 社のうち，上海，長安，奇瑞，長城の 4 社が ASEAN での事業展開に積極的である。

上海汽車は，もともとイギリスの老舗自動車ブランドで，上海汽車傘下の南京汽車が買収した MG ブランドを利用し，タイで乗用車「MG6」の生産・販売を 2014 年から開始した。タイでの生産において上海汽車は，同国を代表する財閥のチャロン・ポカパングループ（通称，CP グループ）と同国中部ラヨーンで工場を建設し，乗用車生産を開始した。ちなみに，CP グループは食料品や化学品事業に強みを持ち，2014 年には伊藤忠商事と資本提携を開始した。

タイで生産されたMGブランド車は，タイ国内での販売に限らず，他のASEAN諸国にも将来的に輸出が行われる見込みである。したがって，タイ国内で新規に乗用車生産を開始したことは，両社の新たなビジネスに対する思惑が一致したと考えられ，ASEAN企業と中国企業が日本，韓国自動車メーカーとの本格的な競争時代に入ったことを象徴する出来事である（NNA.ASIA, 2014年6月6日，「上汽集団がタイ合弁工場を稼働，ＭＧ生産へ」，http://news.nna.jp/free/news/20140606cny019A.html）。

長安汽車は，2011年からマレーシアで同国の財閥，ベルジャヤと共同で小型ピックアップトラックの生産を行っている。販売者車種は１モデルに限られているが，マレーシアメーカーや他外資メーカーの多くは小型商用車を生産しておらず，長安汽車は中国でのビジネス経験をASEANでも活かしていくと思われる（AsiaX，2011年11月25日，「長安汽車のピックアップトラック，マレーシア組立を開始」，http://www.asiax.biz/news/2011/11/25-081451.php））。

また奇瑞汽車は，もともと「チェリー」ブランドとして，日本の軽自動車とほぼ同サイズの小型車のチェリー「QQ」を中国国内外で生産・販売し，中国の民間自動車メーカーの中で最も成功したともいわれている。よって，同社はASEANでの自動車販売にも積極的で，ミャンマー（CKD生産），マレーシア（現地企業アラドと合弁でCKD生産），インドネシアに工場を保有している。これらの中で，ミャンマーでは奇瑞汽車の「QQ」を同社がミャンマー第二工業省と合弁で，現地名「ミャンマーミニ」として現地生産・販売している。また，マレーシアでは既存の現地企業との合弁工場に加え，自社生産を検討している。また，奇瑞汽車はフィリピンでもCKD用の新工場建設を計画している（NNA.ASIA，2012年6月25日，「奇瑞汽車が新3S店開業，自社工場計画も進める」，http://news.nna.jp.edgesuite.net/free/news/20120625myr007A_lead.html，新華網，2014年3月29日，「奇瑞汽車がフィリピンに組み立て工場計画　総工費１億ドル」，http://jp.xinhuanet.com/2014-03/29/c_133222872.htm）。

長城汽車はSUV，ピックアップトラックを主力商品とし，いまや中国以外のアフリカ地域や欧州地域でのCKD生産に注力する，大手中国自動車メーカーである。むろん，同社の海外展開にとって，ASEANは今後最も重要な市場の１つである。現在，長城汽車はマレーシア，インドネシア，ベトナムとフィリピンに工場を開設している。なお，同社は 2015 年を目途にタイでも工場を建設予定だったが，同国の政治的混乱による自動車販売台数の減少などの理由から，現地生産工場の建設を延期している。一方で，長城汽車はマレーシア工場での EEV（Energy Efficient Vehicle，エネルギー効率車）生産をめざしている。2014 年 4 月に，長城汽車のマレーシア合弁相手先であるゴー・オートモビル・マニュファクチャリングは，同国政府から EEV 生産に関する承認を受けている。生産は同国ケダ州にて行われる予定で，生産車種は低燃費 SUV になる見込みである（マレーシアナビ，2014 年 4 月 10 日，「初の EEV 製造免許，無名の GAM が取得　中国長城汽車と提携，ケダ州に工場」，http://www.malaysia-navi.jp/news/?mode=d&i=3091，マレーシアナビ，2014 年 7 月 15 日，「低燃費自動車生産，新たな 4 件の申請を検討中＝通産相」，http://www.malaysia-navi.jp/news/?mode=d&i=3436）。

また，これら 4 社以外の中国メーカーも，小型・中型トラックを中心に ASEAN での販売活路を広げている。今日，タイやインドネシア，マレーシアでは日本メーカーのトラックや韓国メーカーの小中型トラック・バスを目にする機会が多くなっている。そして，ミャンマー，カンボジアやラオスでは，中古車の小中型トラックは日本製が目立っているが，新車の小中型トラックは現代と起亜のトラック・バスが多くなっており，これらに加え第一汽車，東風汽車，安徽江淮汽車（JAC）や福田（FOTON）製のトラックを目にする機会が増えた。

続いて，欧州勢を見ていこう。ASEAN 市場においても，特にドイツ車等の欧州車は，富裕層から大変な人気を博しており，混沌とした東南アジアの街中を颯爽と走り抜ける高級欧州車を目にする機会が増えてきた。欧州車の販売台数はさほど多くはない。表 1 を見る限り，VW がマレーシアを中心に ASEAN 合計で 1 万台強を販売しているにすぎない。販売台数としてはわずかだが，高級車メーカーとして知られるメルセデスベンツ（ダイムラー AG）と BMW は，それぞれ ASEAN 域内に CKD 生産拠点を構えている。メルセデスベンツ（ダイムラー AG）は，地場企業（コングリマット）と合弁事業を立ち上げており，マレーシアで DRB ハイコムと，タイではトンブリーグループと主力セダン「C クラス」や「E クラス」の CKD 生産を行っている。また同社はベトナムとインドネシアにも自社工場を有している。BMWもタイで主力セダンの「3シリーズ」,「5シリーズ」,「7シリーズ」とSUV「X1」,「X3」およびMINIブランドのSUV「カントリーマン」を生産している。また同社は，メルセデスベンツと同様にマレーシアとインドネシアにおいて，それぞれイノコムとGaya Motorの現地組立企業に「3シリーズ」と「5シリーズ」の生産委託を行っている（Daimler AG, DRB-Hicom, Thonburi Automotive, BMWホームページ）。

VWも2010年以降ASEANでの事業展開を急速に強めている。同社は2012年，マレーシアでDRBハイコムと事業提携を行い，主力セダン「パサート」の生産を開始し，現在では「ポロセダン」,「ジェッタ」とハッチバック「ポロ」を生産している。将来的にはマレーシアで生産されたVW車がASEAN域内に輸出される予定もある。インドネシアにおいて同社は，現地組立企業インドモービルの工場でハッチバック「ゴルフ」とゴルフベースのMPV「トゥーラン」の生産を行っている。またVWは，インドネシアでの生産を増強させるために，ジャカルタ近郊に60haの工場用地を取得し，3年以内の生産開始をめざしている。同様にVWの高級ブランドであるアウディ車に関しても，2011年1月にインドモービルによってセダン「A4」と「A6」の生産が始まった。

ASEAN最大の自動車生産拠点であるタイでのVWの動きも活発化してきている。VWは，タイにおける第2期エコカープログラムの参加を表明しており，2019年までにバンコク郊外のレムチャバン港近くに新規工場を建設することを2014年9月に独紙が報じている（NNA.ASIA, 2013年2月6日,「独VWが4年以内に新工場稼働，年産10万台」, http://news.nna.jp.edgesuite.net/free/news/20130206idr004A.html, NNA.ASIA, 2014年6月10日,「VW，現地生産モデルのアジア輸出を計画」, http://news.nna.jp.edgesuite.net/free/news/20140610myr006A.html, VWグループホームページ,『日本経済新聞』2014年9月2日,「VW，タイに初の工場建設へ独紙報道」, http://www.nikkei.com/article/DGXLASGM02H07_S4A900C1EAF000/）。

ドイツ勢以外では，フランスのPSAとルノーがASEANに生産拠点を構えている。PSAはASEAN市場においてプジョーブランドを展開している。現在，プジョー車はマレーシアとベトナムで生産が行われている（インドネシアでの生産は中止されている模様）。マレーシアでは，地場自動車生産メーカーのナザが 2006 年から小型車「206」の生産を開始し，その後は「207」などの主力モデルをマレーシア市場に投入している。また，2012 年 5 月には，プジョーの新興国向けセダン「408」の国内販売が始まり，同時に，PSA とナザは同モデルを ASEAN や他新興国への輸出を強化するとしている。ベトナムでは，チュオンハイが 2013 年 12 月から「408」の CKD 生産を開始した（autosurvey.jp，2010 年 12 月 7 日，「ナザとプジョーが提携強化，「408」を生産へ」，http://autosurvey.jp/index.php?section=news&action=view&id=2033）。

ルノーは 2004 年，マレーシアにおいて，ルノー日産アライアンスを活かし，日産と古くからのつながりがあったタンチョンでの CKD 生産委託を開始した。現在，タンチョンは，ルノーのセダン「フルエンス」を 2014 年 5 月から生産し，マレーシア国内で販売している。因みに，マレーシアで生産されている「フルエンス」は，これまたルノーが，同社傘下で韓国のルノーサムスンが開発したモデルである。また，フルエンス以外にも，欧州から輸入したルノーの主力モデル「メガーヌ」などもマレーシアで販売されている（タンチョンモーター，ルノーグループホームページ）。

3.1.3　主要現地地場メーカー

(1)　プロトン

マレーシアは ASEAN 内では唯一といえる国産車ブランドを有しており，1983 年にはプロトン社が，続いて 1993 年にはプロドゥアが国産車の生産を開始した。両社とも，主要コンポーネンツの多くは，それぞれ三菱およびダイハツの技術援助を受けている。

まず，プロトンだが，その設立は，前述したように 1983 年である。プロトンの設立の背後にはいくつかの理由が伏在していた。1 つは，これが当時のマハティール首相の「ルックイースト」政策の重工業化政策の 1 つで，すそ野が広い自動車産業にはマレー人を経済的に優遇する「ブミプトラ政策」が付随していたことである。設立当初は，マレーシアの重工業を担う公的機関の HCOM 社が 70％，三菱連合（三菱自動車・三菱商事）が 30％の株を取得し，技術面では三菱自動車が多くの部分を負っていた。政府の支援も手伝って，マレーシアでのシェアは，1986 年には 74％にのぼり，プロドゥアが参入する 1994 年までは 65％の高いシェアを保持してきた。ところが，2000 年代以降は，AFTA の影響もあり，積極的に外資導入を行ったタイやインドネシアとの競争劣位のなかで市場開放を進めたこともあって急速にシェアを落とし始め 2010 年には 50％を切る状況までになった。経営も 2005 年までに三菱連合との資本関係を切り，三菱に代わって VW，GM，プジョーと提携交渉を行うも成功せず，現在もホンダや日産に提携先を求めるなど混迷が続いている。2014 年にマハティール元首相を会長に迎えてテコ入れを図っている。プロトンのラインナップは小型ハッチバック「サトリアオネ」，小・中型セダン「プレヴェサガ」，「ペルソナ」や三菱「ランサー」のリバッジ版「インスピラ」，MPV「イグゾラ」などである（プロトンホームページより）。

(2)　プロドゥア

プロドゥアは 1993 年にマレーシア第 2 の国産車メーカーとして日本の小型車メーカーのダイハツと提携して設立された。株式比率はマレーシア政府系が 68％で，残りはダイハツ（25％），三井関係（7％）が占めている。同社は，マレーシアで一番の人気を誇る小型ハッチバック車「マイヴィ」を中心に，インドネシアにもダイハツ「シリオン」として輸出されている。そして，2014 年発売の新型車「アジア」は，マレーシア政府が主導してきたエコカー政策である EEV（エネルギー効率車）に適合する初の車として，プロドゥアが，インドネシアで販売するダイハツ「アイラ」（同車は，インドネシアにおいては LCGC 適応車）をベースにマレーシア向けに使用を変更した後，同国で生産・販売を開始した（ダイハツプレスインフォメーション「ダイハツ，マレーシアで新型国民車「アジア（AXIA）」の販売を開始」，2014 年 9 月 16 日）。

(3)　タンチョン

タンチョンモーター（以下，タンチョン）はマレーシアの華人系財閥で，日産車を中心とした組立生産・販売を行う自動車ディストリビューターである。タンチョンの歴史は，1957 年にマレーシアにおける日産・ダットサン車の販売ディストリビュートから始まり，1974 年にはクアラルンプール証券取引所に上場後，法人化され現在に至っている。法人化翌々年の 1976 年にタンチョンは日産ブランド乗用車 CKD 生産を，1977 年には日産ディーゼルのトラックの CKD 生産を開始し，1994 年には日産のバンタイプ車の輸出を手がけ，ルノー日産アライアンス後の 2004 年にはルノー社の CKD 生産も開始した。この間，1983 年にプロトン社が設立されるまでは，マレーシア自動車市場で独占的地位を確立していたが，プロトン社設立以降は，同社がマレーシア市場を独占する形で，タンチョンは市場シェアを落とした。2013 年のマレーシアでの同社のシェアは約 7%だが，同社は日産，UDトラックス（旧日産ディーゼル）ブランド車の他に，2012 年 12 月からは富士重工業（スバル），2014 年 1 月には三菱の SUV 車の CKD 生産をマレーシアで開始した。同時に，同社はスバル車の ASEAN 販売統括会社「Motor Image 社」を保有し，ASEAN における多国籍自動車ディストリビューターとなっている。タンチョンのマレーシア国内工場はスランゴール州スレンダ工場およびクアラルンプール市北部スカンブッド工場の 2 ヵ所である。また，同社はスランゴール州内シャアラムに土地を取得し，第三工場の建設を予定している。近年，タンチョンはベトナムをはじめ，カンボジア，ラオス，ミャンマーなどの CLMV 諸国における生産・販売に力を入れている。ベトナムでは，販売店と現地 CKD 生産工場を設立し，2010 年に日産ベトナム社の株式 74%取得し，現地生産車（小型車「サニー」）の販売の他に，タイや日本からのディストリビューター業務にも携わっている。また，ベトナム以外はラオス，カンボジアで日産ブランド車販売独占権を獲得，ミャンマーでは，2015 年から同国バゴー管区内のタンチョン工場で小型車「サニー」の CKD 生産および日産車販売ライセンスをミャンマー投資委員会から取得し，稼働準備を開始している（タンチョンモーターホームページ，タンチョンモーター提供，2014 年 2 月)。

(4)　チュオンハイ

ベトナムでは国営企業のチュオンハイオート（以下，チュオンハイ）が挙げられる。1997 年にベトナムのドンナイ省ビエンホアで設立された。同社は，乗用車，トラック，バスなどの商用車の組立，生産，部品ロジステックスを手掛け，ベトナム全土 70 ヵ所以上に販売サービス拠点を持ち，従業員 7,000 余名を有するベトナムを代表する企業である。2014 年上半期には，トヨタの 30.6%を抜いて 32.5%のシェアを占めてトップに立った。2001 年に起亜製のバスのCKD生産を，2003年にはベトナム中部のダナンに生産拠点を確立し，CKD生産で韓国の起亜，日本のマツダ，フランスのプジョー車を組み立てている。CKD生産のために作業員訓練所，CKD部品受け入れ専用の港湾埠頭を備えている。従業員4,000人で，起亜は小型車「モーニング」，MPV車「カレン」，SUV「ソレント」を，マツダは，2011年に「マツダ2」のCKD生産を開始し，引き続いて「マツダ3」，「CX-5」の生産を開始した。SUV「CX-5」には，マツダの最新低燃費技術「スカイアクティブ・テクノロジー」を搭載している。プジョーは，2013年には中型セダン「408」の生産を開始したが，この「408」はプジョーが中国やロシア，アルゼンチン，マレーシアなどの新興国市場向けに開発したモデルで，ベトナムにおけるCKD生産においても，フランス本国製部品のほかに，中国製部品も用いられていると思われる。このほか，トラック・バスでは，チューライ工場で，THACO「Aumark」等，自社ブランドトラックを中国・福田（FOTON）から技術援助を受け生産している。このほかに韓国・現代，起亜ブランドのトラックをCKD生産し，ベトナム国内で販売している。また，現代の主力大型バス「Universe」等を，現代の主要部品を利用しつつ「現代」と「THACO」の両ブランドロゴを付けたCKD車の生産を行っている（チュオンハイ（THACO）ホームページ，チュオンハイ広報誌『AUTO THACO』，2014年）。

このほか，小規模ではあるが，ASEAN各地域でCKD生産を実施している地場企業を取り上げておくこととしよう。

インドネシアではインドモービルを挙げることができよう。創立は1976年で，ジャカルタに本社を持って，乗用車，2輪車の生産と販売をなす。スズキ，日産，VWと合弁でCKD生産を実施している（『FOURINアジア自動車調査月報』105号，2015年9月，pp.20-21）。

フィリピンの場合には，アヤラ，リザール，コロンビアの3企業を挙げることができよう。アヤラはフィリピンを代表する財閥の1つだが，自動車部門にも進出し，ユチェンコ財閥傘下のリーザル商業銀行とともにラグナ州にあるいすゞおよびホンダ工場に出資している。また，コロンビアは，マニラとラグナ州にそれぞれ工場を有しCKDで韓国の起亜の小型トラックや大宇バスのバス生産，UDトラックや中国の江淮汽車の小型トラックの生産を行っている（同上，pp.24-25）。

カンボジアのタイ国境に近いコッコンでは，韓国の現代自動車代理店の KH モーターとカンボジアの財閥企業のリー・ヨン・パット・グループ合弁のカムコ・モーターが稼働している。操業は 2011 年 1 月で資本金は 1,000 万米ドルで工場従業員は 28 名である。現代自動車の SUV の「サンタフェ」やバンタイプの商用車「H-1」などを CKD 生産している。部品はタイ経由で納入している。

ミャンマーでは国営企業のミャンマーオートモービルアンドディーゼルと財閥企業のセルゲプンアソシエート（SPA）を挙げておこう。前者はインド企業のタタと組んでトラック生産に乗り出すといわれ，後者は日野と組んでトラック事業に乗り出す計画である（『FOURIN アジア自動車調査月報』90 号，2014 年 6 月，p.27）。

3.2　ASEAN 戦略の生産システム別類型

3.2.1　2 つの生産システム類型

「AEC2015」の進展とともに，とりわけ CLMV（カンボジア，ラオス，ミャンマー，ベトナム）諸国が統合スキームに包摂されるに伴い，これに照応する形で，ASEAN 内に 2 つの異なる生産システムが生み出されてくることとなった。それは完全一貫生産システム（第 1 類型）と CKD ベースの生産システム（第 2 類型）の 2 類型である。第 1 類型は前節の 3.1.1 のメーカーの大半と 3.1.3 のプロトン，プロドゥアなど，つまり自社展開戦略をとる企業や，国民車構想を進めてきた企業が中心で，以下のような特徴を持っている。つまり，高いマーケットシェアに裏付けられた量産台数をもとに，ピラミッド型の部品産業集積に裏付けられた重層的サプライチェーンを持ち，したがって，現地調達率が高く，研究開発拠点を有している。これに対して第 2 類型の CKD ベースの生産システムは，3.1.2 および 3.1.3 の大半，つまり外資委託生産メーカーやプロトンやプロドゥアを除く地場企業に見られるものだが，以下のような特徴を有する。つまり，限定されたセグメントの車生産をめざし，CKD 生産をめざす。現地調達率は著しく低く，研究開発拠点は有していない。ただし，価格決定権を持つ地場のアッセンブラー（完成車組立企業）による販売が可能である点である（詳しくは，Kobayashi, Jin, and Schröder 2015, pp.268-291を参照されたい）。もっとも部品産業集積を持たないASEAN企業や第1類型企業でも生産量が少ない地域や国でシェアの維持やマーテイングの必要からコスト負担を回避するために漸次的もしくは長期的戦略として採用する企業は数多いし，セグメントによってはこの第1類型と第2類型の中間をいく企業も少なくない。こうした企業は「AEC 2015」を活用して，後発企業でありながら特定の価格帯に狙いを定め，それを拡張していく新興国市場戦略を展開し始めているのである。

3.2.2　変型第1類型

典型的な第1類型の企業群に関しては，すでに3.1.1で論じたので，ここではトヨタのIMVに焦点を当てながらこの変型第1類型について見てみることとしたい。IMVプロジェクトの最大の特徴は，ASEAN域内分業と現地調達を大幅に拡大し，多くの部品をタイとASEAN各国から調達し，コスト削減と投資効果の極大化を志向する点にある。タイとインドネシアを生産拠点に主要部品をタイ，インドネシアのみならずASEAN各国からAECスキームを活用して事実上無関税で調達し，生産コストの削減を図るのである（石川・朽木・清水2015，第12章第4節）。

タイではIMVのピックアップトラック「ハイラックス」を，インドネシアでは，IMVのSUV「フォーチュナー」を生産しているが，両車ともに車体プラットフォームは共通である。しかもAECやFTAを活用して国および車種別に生産した完成車の輸出も積極的に展開するのである。「ハイラックス」はタイから他のASEAN諸国や中東，欧州，オーストラリアに，「フォーチュナー」はインドネシアから他のASEAN諸国やインドに輸出される。ASEANには1960年代から進出し生産した実績を有する日系企業の強みを十二分に活用した戦略であるといえよう。

3.2.3　第2類型

変型第1類型は，あくまでも第1類型をAECスキームを活用してサプライチェーンをASEAN内に拡大していったものだが，第2類型は，CKD生産を軸にASEAN市場特性を十分に利用して自社の販売網を活用して自動車生産を行い，域内販売を拡大していくものである。3.1.3 の(4)で紹介したようなインドモービル（インドネシア），タンチョン（マレーシア），チュオンハイ（ベトナム），コロンビア（フィリピン），カムコ・モーター（カンボジア）などの戦略がそれだが，彼らの特徴は，出自が生産というより販売であり，したがって強固な販売ネットワークを持ち，地場政府との結合も強く，完全一貫生産システム（第1類型）企業とは違った強みをもってこの第1類型企業を利用していく戦略を持っている。しかも，2015 年 10 月に基本合意に達した TPP の該当国としてタンチョンが拠点とするマレーシアとチュオンハイが拠点とするベトナムが含まれており，完成車及び部品の北米輸出の可能性も一層広がることが予想されるのである。生産部門は第1類型企業に依存しながらもグローバル化の波に乗った第2類型企業の持つ意味は今後一層拡大することが予想される。

3.3　TPP と ASEAN 部品産業の変化

いま1つ ASEAN の自動車産業に大きな影響を与える可能性があるのは 2015 年 10 月に大筋合意を見た TPP（Trans-Pacific Strategic Economic Partnership Agreement，環太平洋戦略的経済連携協定）である。これは，加盟 12 ヵ国（ASEAN での加盟国はベトナム，マレーシア，ブルネイの3ヵ国）間での物品，投資，サービスの自由化を進める内容となっていることである。特に知的財産，国有企業，電子取引などで新しいルール構築が盛り込まれている点が注目される。自動車産業に即して見れば，この TPP には工業製品の 100％関税撤廃が盛り込まれており，これまで日本が FTA を締結していなかったアメリカに対しても工業製品の 100％関税撤廃が実現した。これにより日本は事実上の FTA をアメリカとの間で締結したこととなり，対米自動車部品輸出は，米韓 FTA で生じた韓国企業との競争上の劣後の解消が可能となる。加えて部品企業にとって重要なのは，原産地証明に関し付加価値基準に完全累積制度を導入したことであろう。一般的に，各国は，原産地証明制度に従い，製品の付加価値の一定割合が当該国・当該地域内で生まれたことを証明しない限り，TPP で定めた特恵税率を受けることはできない。一般には，累積制度は，域内で原産地規則を満たした部品のみが対象となる。しかし TPP で採用された完全累積制度は，部品自体が原産地規則を満たさない場合でも，TPP 加盟国で当該部品に加えられた付加価値は足し上げができるのである。例えば，TPP 内での自動車部品の原産地規則は付加価値基準で 45％である。そこで，ある自動車部品メーカーが国内で基幹部品を生産したと仮定する。その付加価値が 25％だとする。この自動車部品メーカーはベトナムで同製品の組立を行いアメリカに輸出しているとする。いま，仮にベトナムでの付加価値が 25％だと仮定すれば，従来の規則ではベトナムからの対米輸出は 25％で原産地規則の条件を満たしていないが，TPP では日本の基幹部品の付加価値の 25％が加算されるので 50％となり，原産地証明を満たすこととなるのである。つまり，日本企業にとって，ASEAN 内にあって，TPP に加盟している国々の場合には，この完全累積制度を活用したサプライチェーンの展開が可能となり，当該国の部品企業にとって有利な条件が展開されるのである。その意味では，TPP に加盟したベトナム，マレーシアの自動車部品企業には新たな優位条件が加味されたといえるし，未加盟のタイやインドネシアも早晩 TPP に加盟する動きが出ることも予想される。

おわりに

以上，本章においては，ASEAN の地域統合に果たす自動車・同部品産業の位置と役割に関して論じた。ASEAN は 1980 年代以降 BBC，AICO そして AFTA と積み重ねられてきた地域域内相互部品調達構造の歴史的蓄積のもとで，自動車部品相互互換関係が作られてきている。こうした状況を踏まえれば，ASEAN 内での地域統合と自動車部品産業の関係はすこぶる大きいものといわねばならない。ここでは，そうした ASEAN 地域統合と自動車・同部品産業の相関関係に関する鳥瞰図を図示した。以下第 1 章自動車・自動車部品と地域統合（木村福成・浦田秀次郎）では本書分析の基本となる理論的枠組みとして電機産業との対比で，自動車部品産業の特徴とその発展経路を 2 次元のフラグメンテーション理論を踏まえて分析する。そして ASEAN 地域が製造業での第 2 のアンバンドリングの進展地域であるが，自動車産業ではその周辺地域に及ぼす影響が大で，政策介入の余地が大きいと結論付ける。

第 2 章タイの自動車・部品産業（黒岩郁雄・Paritud Bhandhubanyoug・山田康

博）は，タイの自動車産業の発展と現状の課題に焦点を当て，タイの自動車政策，産業集積，ASEAN 内のネットワーク，タイの自動車企業の発展経緯と現状に言及する。そして将来展望として，中所得国の罠から離脱するためにも自動車産業の高付加価値化，環境対応，ASEAN でのハブ機能の強化が必要だと結んでいる。

第 3 章インドネシアの自動車産業（磯野生茂）は，インドネシア自動車産業の躍進の秘密，ジャカルタ周辺の産業集積の進行状況と ASEAN 経済統合の連鎖，交通渋滞の予測とその対応に言及する。交通渋滞緩和策の提言には経済地理シミュレーションモデルが使われる。

第 4 章マレーシアの自動車・自動車部品産業（穴沢眞）は，国民車プロジェクトを追求したマレーシア政府の自動車政策とプロトン，プロドゥア両国民車メーカーの動きとその政策の変更，後退過程を追跡し，国民車比率の急落の実情を指摘する。産業集積，車両輸出入動向を加味して厳しいマレーシア自動車産業の将来像を予測する。

第 5 章フィリピンの自動車・同部品産業（福永佳史）は，相対的に狭小な自動車市場で，トヨタを筆頭とする各社の市場動向と自動車部品貿易構造を検討し，特定部品（手動トランスミッション，ワイヤーハーネス，スピードメーター）の国際供給地域拠点として位置付けられたフィリピンの位置を確定している。そして 2015 年に発表された「包括的自動車産業再興戦略プログラム」の制定経緯とその内容を詳細に紹介し，ASEAN 経済共同体の中のフィリピン自動車産業の位置を考察する。

第 6 章ベトナムの自動車・部品産業（金英善）は，相対的に脆弱な部品産業の上に多くの弱小セットメーカーを抱えるベトナム自動車産業の歴史と現状を跡付け，そうした市場特性のなかで企業活動を展開している自動車企業と部品企業の分析を試みる。そして人口 9,000 万人を数える潜在的大市場の今後の課題と「AEC2018」への対応を追う。

第 7 章ラオスにおける自動車部品産業の現状と課題（小林英夫）は，セットメーカーを持たないラオスがタイプラスワンの自動車部品生産地としていかに生きているのかを，経済特区を中心に分析しながらその実態を究明している。そして，狭小な市場でありながらも CKD による現地生産で市場のマジョリテイ獲得を狙う韓国系現地企業KOLAOの「後発企業の新興国市場優位戦略」の展開過程を追う。

第8章カンボジア自動車産業の現状と課題（小林英夫）は，カンボジアを「工業化初発段階国」と位置付け，「経済特区」という「点在型工業拠点」の拡張で工業化を図る戦略が，カンボジアに適応された場合，国民国家統合の方向，「ASEAN求心」へのベクトルではなく，隣国タイとベトナムの経済圏に分断・包摂されていく動きの可能性を指摘し，経済特区のなかの自動車部品企業がこの可能性とどうかかわるかを分析している。

第9章ミャンマーの自動車・自動車産業（高原正樹）は，2011年以降民政下で中古車輸入緩和と相まって日本ブランド中古車が増えるなかで同国の自動車産業を概観すると同時に新車市場獲得の動きの活発化のなかで，スズキ自動車，日系部品企業のアスモの動きを追う。そしてスズキの入居も予定されているティラワ経済特区の動きや「AEC2018」との関連でミャンマー自動車産業の将来を予測する。

第10章ASEAN地場自動車部品サプライヤー育成に向けた課題―タイ・ベトナム企業アンケート調査の結果から―」（植木靖）は，ASEANに進出したTier1日系企業の実態を紹介するとともに，この地域でTier2を構成する地場企業の実態をアンケート調査をもとにTier1との比較で分析する。ベトナムと比較しタイの部品企業は歴史が長く，外資の役割が大であるという特徴があるが，プロセス改善，プロダクト改善，内部資源形成，企業間技術支援いずれをとっても，Ter1には大差がないが，Tier2ではタイがベトナムに比して高い。ベトナムのTier2企業の全般的底上げが求められるというのが現状である。

以上，ごく簡単に本書の各章の概観を紹介した。

付記：本章作成過程で，TPP問題などで，安橋正人（エコノミスト）をはじめERIA関係者から支援を受けた。厚く感謝したい。

◆参考文献

青木健編著（2001）『AFTA：ASEAN自由貿易地域ASEAN経済統合の実情と展望』ジェトロ。

石川幸一・清水一史・助川成也編（2009）『ASEAN経済共同体　東アジア統合

の核となりうるか』ジェトロ。
石川幸一・清水一史・助川成也編（2013）『ASEAN 経済共同体と日本　巨大統合市場の誕生』文眞堂。
石川幸一・朽木昭文・清水一史（2015）『現代 ASEAN 経済論』文眞堂。
浦田秀次郎・日本経済研究センター編著（2009）『アジア太平洋巨大市場戦略：日本は APEC をどう生かせるか』日本経済新聞出版社。
大阪市立大学経済研究所編（1996）『アジアイントロ貿易の構造と変化』東京大学出版会。
木村福成・大久保敏弘・安藤光代・松浦寿幸・早川和伸（2016）『東アジア生産ネットワークと経済統合』慶應義塾大学出版会。
木村福成（2003）「国際貿易理論の新たな潮流と東アジア」『開発金融研究所報』14。
木村福成・石川幸一編著（2007）『南進する中国と ASEAN への影響』ジェトロ。
小林英夫・丸川知雄編著（2007）『地域振興における自動車・同部品産業の役割』社会評論社。
小林英夫（2010）『アジア自動車市場の変化と日本企業の課題』社会評論社。
佐藤百合（2011）『経済大国インドネシア』中央公論新社。
デトロイト・トーマツコンサルティング自動車セクター東南アジアセクター編（2013）『自動車産業 ASEAN 攻略　勝ち組に向けた５つの戦略』日経 BP 社。
西村英俊（2014）「東アジア経済統合と進むべき ASEAN の道」『アジア太平洋討究』第 22 号。
マークラインズ「自動車販売台数速報 タイ 2014 年」マークラインズホームページ，2015 年 1 月 22 日，https://www.marklines.com/ja/statistics/flash_sales/salesfig_thailand_2014。
山影進（1991）『ASEAN―シンボルからシステムへ』東京大学出版会。
山影進編（2012）『新しい ASEAN―地域共同体とアジアの中心性を目指して』アジア経済研究所。
AAF "*Asean Automotive Federation 2014 Statisitics*" ASEAN AUTOMOTIVE FEDERATION HP, http://www.asean-autofed.com/files/AAF_Statistics_2014.pdf。
Baldwin, Richard (2011) "21stCentury Regionalism: Filling the Gap between 21St Century Trade and 20th Century Trade Rules", Center for Economic Policy Research/Policy Insight No.56 (May), http//www.cept.org.
Kobayashi, H., Jin, Y., and Schröder, M. (2015) "ASEAN Economic Community

and the regional automotive industry: impact of ASEAN economic integration on two types of automotive production in Southeast Asia," *International Journal of Automotive Technology and Management*, Vol. 15, No. 3, Special Issue on: GERPISA 2014 'Old and New Spaces of Automotive Industry Towards a New Balance', pp. 268-291.

OICA *"2005-2015 Sales Statistics"* OICA HP, http://www.oica.net/wp-content/uploads//total-sales-20151.pdf

TOYOTA THAILAND *"Products"* TOYOTA MOTOR THAILAND HP, http://www.toyota.co.th/en/index.php。

TOYOTA VIETNAM *"Giá xe"* TOYOTA MOTOR VIETNAM HP, http://www.toyota.com.vn/cong-cu-ho-tro/bang-gia#view_table。

第1章　自動車・自動車部品と経済統合

木村福成・浦田秀次郎

はじめに

自動車産業は，電気・電子産業と並んで，ASEANおよび東アジア諸国の工業化において中心的役割を果たしてきた産業である。自動車，電気・電子とも多国籍企業によって牽引され，現代の製造業を代表する存在でもある。ASEANおよび東アジアは製造業における国際的生産ネットワークが最も発達した地域として知られるが，その中でも特に自動車と電気・電子は複雑かつ洗練された工程間・タスク間国際分業が進んだ業種である。しかし，電気・電子が分散立地を極限まで推し進める一方，自動車は集積を好むなど，両産業における企業内・企業間分業の形態は異なっている点が多く，事業展開に伴う国際的生産ネットワークの用い方も大きく違っている。投資を受け入れる側のASEAN諸国の産業振興戦略も，de factoとde jureの経済統合が進むなか，両極端ともいうべきものであった。

本章では，2次元のフラグメンテーション理論を踏まえ，特にASEANにおける自動車産業の発展経路の解釈を試みる。

1. 2次元のフラグメンテーションと自動車産業

はじめに，生産ネットワークがいかに形成され機能するのかについて，フラグメンテーション理論のおさらいをしておこう。

フラグメンテーション理論は，産業単位ではなく，生産工程やタスクを単位

図 1.1　フラグメーション理論：生産ブロックとサービス・リンク

フラグメンテーション以前

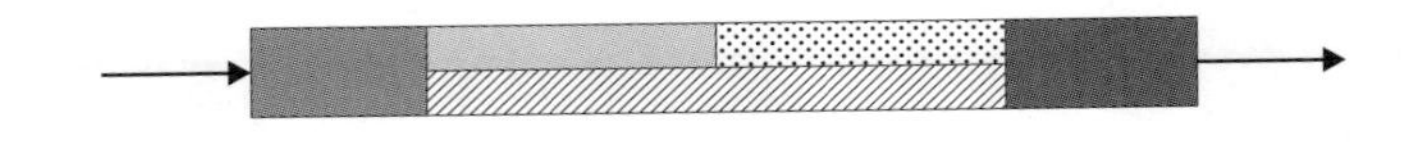

フラグメンテーション後

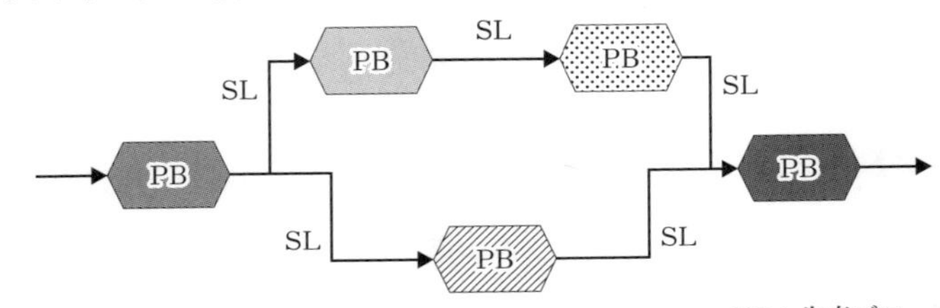

PB：生産ブロック
SL：サービス・リンク

とする国際・地域間分業を説明する理論である（Jones and Kierzkowski 1990）。各国・地域の立地の優位性を利用するために生産工程・タスクを生産ブロックに分け，分散して立地させることを，生産のフラグメンテーションと呼ぶ（図 1.1 参照）。ここでは，生産ブロック内で生まれる生産コストの削減と，離れた生産ブロックを結ぶためのサービス・リンク・コストとが，トレードオフの関係にある。企業は，サンク・コストとしてのネットワーク・セットアップ・コストを勘案しつつ，生産のフラグメンテーションを行うかどうかを決定する。東アジアのように発展段階の異なる国・地域が比較的近接している場合，賃金水準やインフラ整備状況，政策環境の違いなどによって，生産ブロック内の生産コストの削減の余地が生まれる。しかしその際に，サービス・リンク・コストとネットワーク・セットアップ・コストが十分に低くなっていないと，生産のフラグメンテーションは起こらない。新興国・発展途上国であっても，国際的生産ネットワークに参加している国とそうでない国とははっきりと分かれてしまう。したがって，伝統的な比較優位理論のように各国の技術水準や生産要素賦存だけでは生産工程・タスク単位の国際分業を説明できないことになる。

Kimura and Ando (2005) は，生産の分散立地と産業集積形成を同時に説明するため，フラグメンテーションの概念を2次元に拡張した。第1の次元は，以前からフラグメンテーション理論が想定していた地理的距離の次元のフラグメンテーションである。新たに導入した第2の次元が，ディスインテグレーション，すなわち生産ブロックを企業内にとどめるか企業の外にアウトソースするかという意味でのフラグメンテーションである。企業の境界を越えたところに，下請，OEM (original equipment manufacturing)，EMS (electronics manufacturing services) 企業，インターネット・オークションなどさまざまな形態のアウトソーシングが存在する。企業は，企業内分業と企業間分業を使い分けながら，生産ネットワークを設計・展開している。ディスインテグレーションの次元のサービス・リンク・コストにあたる部分が企業間取引費用である。これは地理的距離にセンシティブであり，したがって，長距離の取引は企業内取引，短距離の取引は企業間取引となる傾向が強い。特に，取引の片側が中小企業や途上国の地場企業の場合には，取引相手の開拓や品質・納期管理の都合上，ほとんど間違いなく1～2時間内の距離の取引となる。短距離で行われる企業間分業は，産業集積を生み出す1つの力となる。それが，アメリカとメキシコの間のような越境生産共有 (cross-border production sharing) の段階を超えて，東アジアで生産の分散立地と産業集積形成が同時に起こってくる要因となった（図1.2参照）。

企業は，さまざまな距離の取引を組み合わせて，生産ネットワークを展開している。表1.1は取引距離を4つに分類してその典型的なパターンをまとめたものである (Kimura 2009)。取引の第1層は産業集積内の取引である。この地理的範囲では，リードタイムを2時間半以内，トリップ長を100km以内とする真の意味でのジャスト＝イン＝タイムの体系を組むことが可能であり，取引頻度も高く，主たる輸送モードはトラックである。第2層はメコン地域あるいはASEAN全体といったサブ地域内の取引である。ここでは，トリップ長は100kmから1,500km，多くの取引は国境を越えるので少なくとも1日程度のリードタイムが必要となるが，まだ時間にセンシティブな取引が行われる。輸送モードは，地理的条件と取引の性格によって，トラック，船舶，飛行機と多様であり，マルチモーダルであることが重要となる。第3層は地域，たとえば

図 1.2　生産のフラグメーション：アメリカ＝メキシコと東アジア

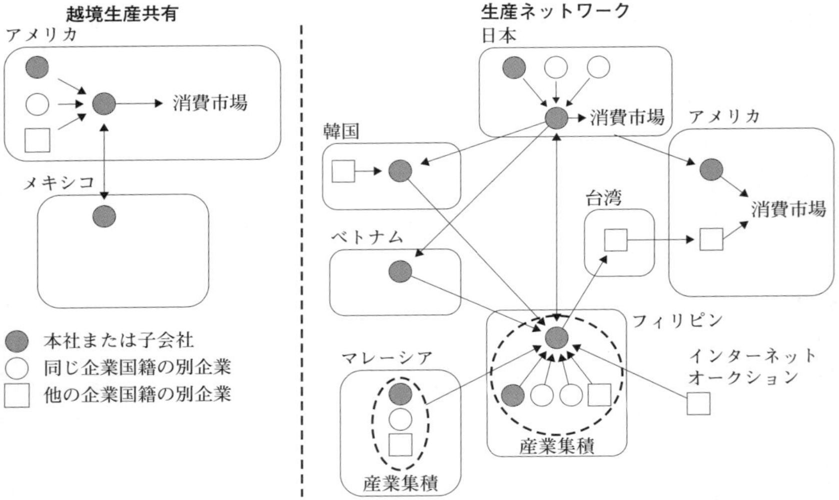

出所：Ando and Kimura（2010）

東アジア大の取引である。ここでは 1,500km から 6,000km のトリップ長となり，時間にセンシティブな取引はかなり難しくなる。コンテナ船を用いた輸送が主となり，飛行機がそれを補完する。第 4 層は世界全体にわたる取引である。この層では，2 週間～2 ヵ月程度のリードタイムを見た取引が中心となる。企業はこれら 4 層の取引を，取引の性格に合わせて組み合わせ，生産ネットワークを形成している。

表 1.1　生産ネットワークにおける 4 層の取引

	第 1 層（産業集積内）	第 2 層（サブ地域内）	第 3 層（地域内）	第 4 層（世界大）
リードタイム	2.5 時間以内	1 ～ 7 日	1 ～ 2 週間	2 週間～ 2 ヶ月
取引頻度	1 日 1 回以上	週 1 回以上	週 1 回	週 1 回以下
輸送モード	トラック	トラック／船／飛行機	船／飛行機	船・飛行機
トリップ長	100km 以内	100-1,500km	1,500-6,000km	6,000km 以上

出所：Kimura（2009）に若干修正を加えた。

表1.2は生産ネットワーク内の取引のどのような要素が取引距離を決定しているかを描いたものである。地理的距離の次元のフラグメンテーションでは，ネットワーク・セットアップ・コスト，サービス・リンク・コスト，立地の優位性が生産ネットワーク構築の可否に関わってくる。取引の性質として，ネットワーク・セットアップ・コストが低い，サービス・リンク・コストが高い，立地の優位性の重要度が低い，という場合には，トリップ長の短い第1層などが選択される可能性が高い。逆に，ネットワーク・セットアップ・コストが高い，サービス・リンク・コストが低い，立地の優位性が重要，という時には，トリップ長のより長い取引が選択される。一方，ディスインテグレーションの次元のフラグメンテーションについては，企業間取引では近距離，企業内取引では長距離の取引が用いられる。企業間取引の場合には，取引相手との信頼度が低い，あるいは力関係が釣り合っていないと，第1層などトリップ長の短い取引となりやすい。企業間インターフェースのアーキテクチャーで言えば，インテグラル型では第1層，モジュラーではより長距離の取引となりうる。

この分析枠組みを用いると，電気・電子産業と自動車産業の立地・取引パターンの違いが明確になる。電気・電子，とりわけ電子産業の場合，部品・中間財の多くは小さく軽量でサービス・リンク・コストが低く，特に半導体などの場合にはプラント・レベルの規模の経済性が大きく，大きな競争力のある企

表1.2　4層の取引の決定要因

	第1層	第2層	第3層	第4層
〈地理的距離の次元のフラグメーション〉				
ネットワーク・セットアップ・コスト	小 ←		→ 大	
サービス・リンク・コスト（例：輸送費）	大 ←			→ 小
立地の優位性（例：賃金，規模の経済性）	小 ←	→ 大		
〈ディスインテグレーションの次元のフラグメンテーション〉				
企業内 vs. 企業間	企業間 ←		→ 企業内	
企業間取引の場合の親密度				
信頼性	弱 ←	→ 強		
力関係	不均衡 ←	→ 均衡		
企業間インターフェースのアーキテクチャー				
モジュラー型 vs. インテグラル型	インテグラル ←	→ モジュラー		

出所：Kimura（2009）に若干修正を加えた。

業同士の分業が盛んで，企業間のインターフェースもモジュラーであることが多いため，第2層以降の国境を越えた取引の生産ネットワークに占める部分が大きくなる。それに対し自動車産業では，比較的嵩張る部品・中間財が多くサービス・リンク・コストが高い，中小の部品生産者が多いため取引の信頼性が低く上流・下流の力関係がアンバランス，企業間のインターフェースはインテグラル型が多いという性格から，生産ネットワークの大半が1つの産業集積の中で行われる第1層の取引によって構成されることになる。

2. セカンドアンバンドリングとASEAN自動車産業の形成

自動車産業についての産業集積の1つの典型例はバンコク首都圏である。図1.3は，バンコク首都圏における工業団地の配置を示したものである。たとえばトヨタは，この産業集積内に3つの組立工場を持っている。そこで用いる部品・中間財の約8割は半径100km以内に立地する部品製造業者によって高い頻度でジャスト＝イン＝タイムに供給されており，トヨタの持つほとんどの部品・中間財在庫は2時間以内の生産に対応した量に絞り込まれている。第1層の取引を中心とする生産体制が組まれていることがわかる。

ただし，産業集積は短期間に一気にできあがるものではない。集積形成には時間がかかる。一般に工業化の初期段階にある発展途上国では，自動車産業を支えるような企業の集積が存在していない。これは明らかに自動車産業育成のためには不利な条件である。にもかかわらず一部の発展途上国においては集積が形成されてきたわけで，そこにはどのような市場インセンティブが働き，またどのような政策がとられてきたのかが問題となってくる。

図1.4は，空間経済学の示唆する集積と分散のメカニズムを示したものである。コアとペリフェリーの間の貿易費用が軽減されると，経済活動や人口がコアに引きつけられる集積力と，コアから逆にペリフェリーに向かおうとする分散力の両方が生み出される。集積力は，集積内での垂直的企業間分業の容易さや市場への近接性などに動機付けられて，経済活動や人口がペリフェリーからコアへと集まる方向に働く。一方，分散力は，コアにおける賃金上昇，地代高騰，交通渋滞，公害問題などの混雑効果を回避するため，またペリフェリーに

図 1.3　バンコク首都圏の産業集積

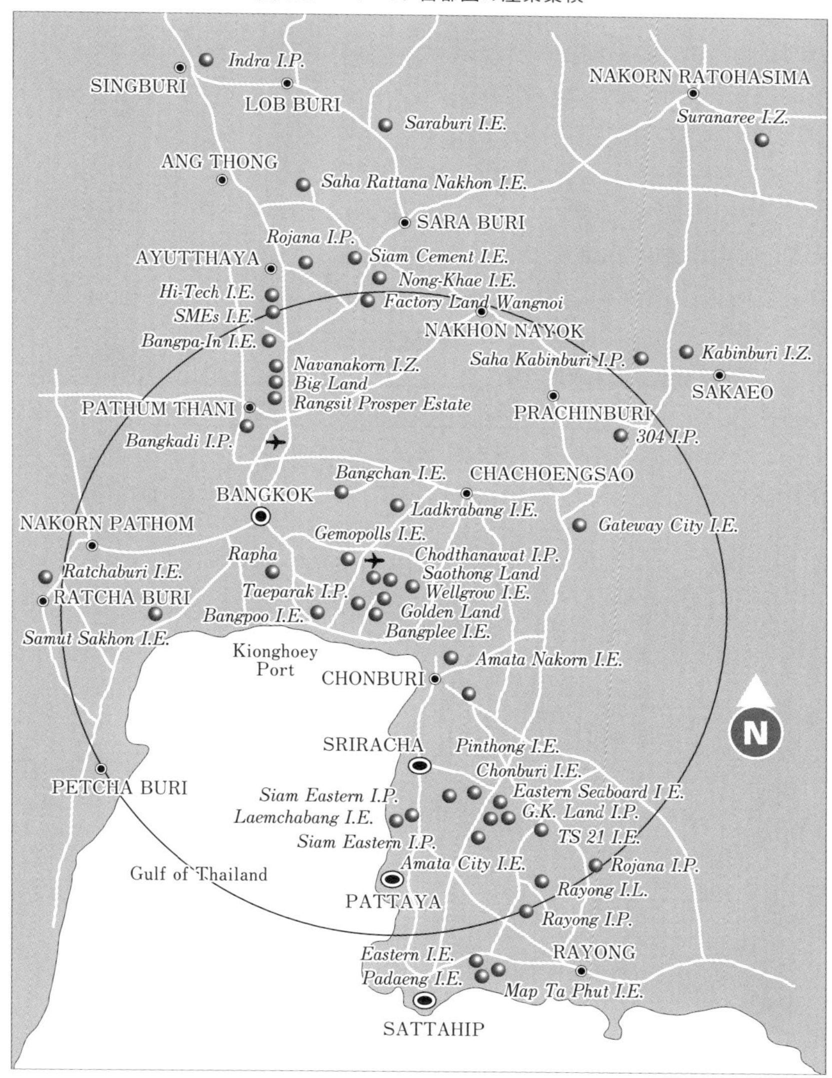

注：半径 100km の円を描いてある。元となる地図の出所は Board of Investment, Thailand。
出所：ERIA（2010）。

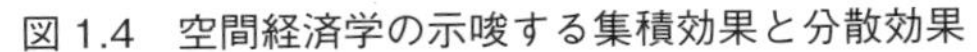

図 1.4　空間経済学の示唆する集積効果と分散効果

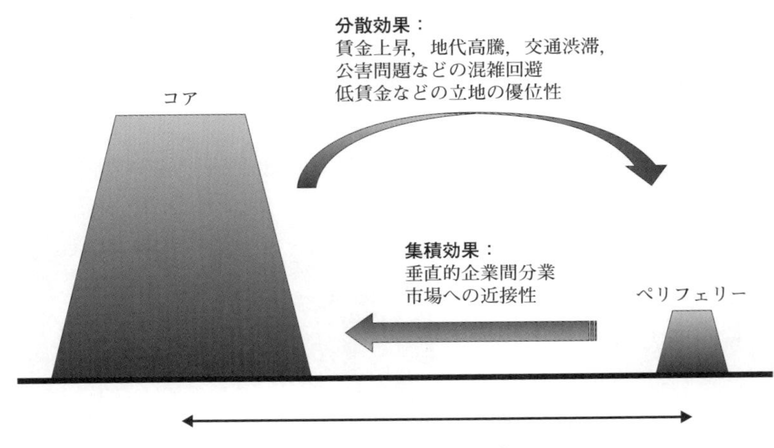

おける低賃金などの立地の優位性を利用するため，コアからペリフェリーに向かって経済活動が移動する方向に作用する。発展途上国が自動車産業を誘致するということは，ペリフェリー側が産業集積になろうとするということと解釈できる。そのためには何が必要となってくるだろうか。

本来，自動車産業は，上流から下流までの生産を１つの産業集積の中で完結する性格を有している。特に部品・中間財については，ジャスト＝イン＝タイムと同期化が求められるため，集積内での供給が基本である。長距離の取引が可能なのは，輸送が比較的楽なもの，プラント・レベルの規模の経済性が大きいもの，大手の部品製造業者によって生産されるものに限られる。一方，完成車の輸送はそれほど困難ではない。特に大市場向け出荷であれば自動車専用船による大量輸送が可能で，船への積み卸しは自走で行えるので梱包も不要である。部品・中間財と違って完成車については厳密なジャスト＝イン＝タイムは必要でなく，若干の在庫を置いておくことは許容される。したがって，多くの場合，長距離輸送もそれほど大きなコストにならない。コンプリート・ノックダウンは，梱包費等を考えれば，完成車輸入よりも確実に高くつく。貿易障壁もなく，産業集積も形成されていないのであれば，既存の集積で生産して完成車を輸出するのが自然である。

しかしそれでもアセンブラーが新興国・発展途上国に進出しようとするのは，その国の将来の市場としての潜在力を織り込んでいるためと考えられる。自動車産業は伝統的に，関税その他の国境措置による保護主義的政策や，安全・環境基準等のさまざまな非貿易措置の脅威にさらされてきた。そのため，十分な市場規模に成長すると見込まれる国であれば，その国の中で生産する体制を整えておきたいとのインセンティブが働く。販売網を張り巡らせてブランド・イメージを確立するには時間がかかる。現時点での市場規模がプラント・レベルの最小効率規模（minimal scale of efficiency）をクリアできないとしても，競争相手よりも先に市場を押さえるために進出しておこうとの思惑が働きうる。生産がその国の中で行われているということは，さまざまな形の優遇政策を得る可能性を高め，また消費者に対しても大きな宣伝効果を持つものとなりうる。

バンコク首都圏を含むこれまで発展途上国で形成された自動車産業の集積を見ると，いったん一定規模の集積が形成されてしまえば十分な国際競争力を持ちうることがわかる。問題は，将来的にどの程度の市場規模を期待できるか，集積形成に至るまでの間にどれだけのコストを負担しなければならないかである。将来の市場規模については，人口規模はどれほどか，モータリゼーションが始まるといわれる1人当たり所得3,000ドルの閾値をいつ超えるか，輸出市場に食い込んでいく可能性がどれだけあるか，逆に経済統合が進む近隣諸国からの輸入可能性がどこまであるかといったことが，検討事項となる。

集積の形成過程におけるコストの問題は，生産ネットワークあるいはセカンドアンバンドリングの時代に入って，大きく状況が変わってきた。以前は，ブラジルに典型的に見られるように，高い貿易障壁に囲まれた途上国内に集積を形成しようといういわゆる輸入代替型工業化戦略がとられてきた。これには，自国企業を直接育てようという国民車構想を採用する場合と，多国籍企業を誘致して国内生産を迅速に拡大しようと意図する場合の2種類が存在した。しかしいずれの場合も，集積形成にいたるコストはきわめて大きいというのが得られた結論であった。生産のフラグメンテーションが可能となって以降，生産ネットワークを用いて，まだ集積内で生産できない部品・中間財は輸入で補うという企業戦略がとられるようになった。最終的には集積を中心とした生産体制をめざすわけだが，そこに至る過程では国際的生産ネットワークを積極的に使って集積形成をサポートするという戦略である。外からの支援は部品・中間財にとどまらない。セカンドアンバンドリング（Baldwin 2011a）で強調されるように，タスク単位の国際分業も行われる。途上国側に置かれた拠点は，まずは組立に特化したタスクを与えられ，その他のタスクは多国籍企業の本国によって担われる。本社機能，R&D，世界大のマーケティングなどの機能は，しばらくの間は本国に残っていることになる。このような戦略においては，ホスト国の政策も，現地調達率の上昇をめざしながらも足りない部品・中間財の輸入は許容していくという，以前とは全く異なるものとなっていく。

さらに，経済統合とグローバリゼーションが進んでいけば外からの部品・中間財の供給も楽になっていくわけで，今後，バンコク首都圏に見られるようなフルサイズの集積形成が本当に必要なのかも，議論の対象となっていくかもしれない。実際，欧米大手メーカーなどが中東欧において構築している生産ネットワークは，トリップ長が数百キロに及ぶ取引によって接続されており，集積というには広すぎる地理的範囲で展開されている。ASEANにおいても，韓国メーカー等によって，ノックダウン方式に近い規模の小さな組立プラントを建設する動きも出てきている。世界大で車種数を減らし，部品を共通化していけば，厳密な意味でのジャスト＝イン＝タイムを要求されない状況を作り出すことも可能かもしれない。この点も，今後検討を要する問題である。

3. 貿易・産業振興政策の果たした役割

電子産業と自動車産業における生産ネットワークの果たす機能の違いは，新興国・発展途上国の貿易・産業振興政策においても大きな違いを生み出してきた。

電気・電子の中でも特に電子産業は，国際的生産ネットワークが最も進んでいる産業である。1970年代に始まったASEAN・東アジア地域の輸出加工区群にそのプロトタイプが見られるが，本格的に国際的生産ネットワークの構築が始まったのは1980年代後半である。1995年以降の情報技術協定（ITA）のもとでの電子部品を中心とする関税撤廃で，さらに拍車がかかった。この産業では，貿易自由化・円滑化を進めることこそが，生産ネットワークへの参加に不可欠な条件である。この点は自動車産業とはかなり違っている。

空間経済学モデルを1990年の時点でのASEAN・東アジアにあてはめれば，コアが日本，ペリフェリーがASEANと考えられる。ASEANは，賃金水準という意味では強みがあって一定の分散力を生み出せるとはいえ，部品・中間財供給等その他の立地条件では日本より劣っていた。したがって，完全な自由貿易体制では，日本製の完成車のための市場となってしまった可能性が高い。輸入代替政策のもと，貿易保護によって狭隘な国内市場の価格をつり上げることによって，かろうじて国内生産を確保してきたのが，アジア通貨危機までのASEAN諸国の状況であった。多国籍企業側も，プラント・レベルの最小効率規模（minimal scale of efficiency）をクリアできなくても，高い完成車関税のもとで一定の利益を享受し，将来の市場を先押さえする戦略を採用した。しかし，そのような厳しい競争の存在しない環境では，生産性向上もなかなか達成されなかった。保護コストは消費者が負担していたわけで，タイのケースでさえ，貿易保護によって国全体の動学的な社会的厚生が向上したのかどうか，いわゆる「バステーブルの規準」を満たしていたかどうか（動学的な利益が保護コストを上回っていたかどうか）については，さらなる検証が必要だろう。

その後，1997～98年のアジア通貨危機をきっかけに，ASEANに立地する自動車産業は大きな変貌を遂げる。第1の変化は，タイに立地していた日系企業が輸出市場も視野に入れるようになったことである。三菱自動車は，アジア通貨危機直前から欧州への1トンピックアップトラックの輸出を試み始めていたが，危機勃発以降，タイ国内市場の落ち込みに直面したトヨタ等も輸出に活路を見出そうとし始めた。これは，すでに一定のサンク・コストを支払ってしまった拠点を守ろうとする動きでもあった。その背景には，タイに関しては，もう少し頑張れば輸出が可能となるところまでの生産性に達していて，一定の集積が形成されていたという事情があった。これは，他のASEAN諸国のその後を考えるうえで大事な点である。

図1.5はASEAN 5ヵ国（インドネシア，マレーシア，フィリピン，タイ，ベトナム）の自動車関係輸出の推移を見たものである。タイの完成車輸出は，貨物車が乗用車より先行する形でアジア通貨危機前に始まり，2000年代に入って

図 1.5　ASEAN 5 ヵ国の自動車関連輸出の推移

(a) 乗用車輸出（HS8703）

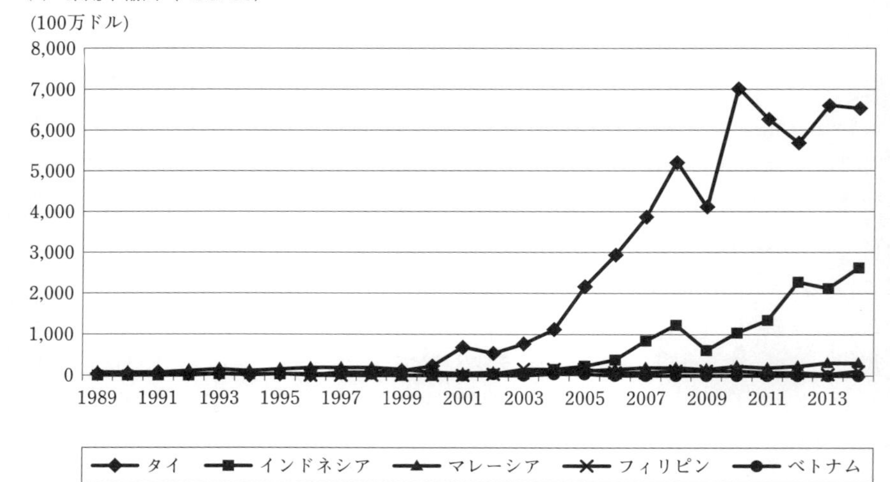

(b) 貨物車輸出（HS8704）

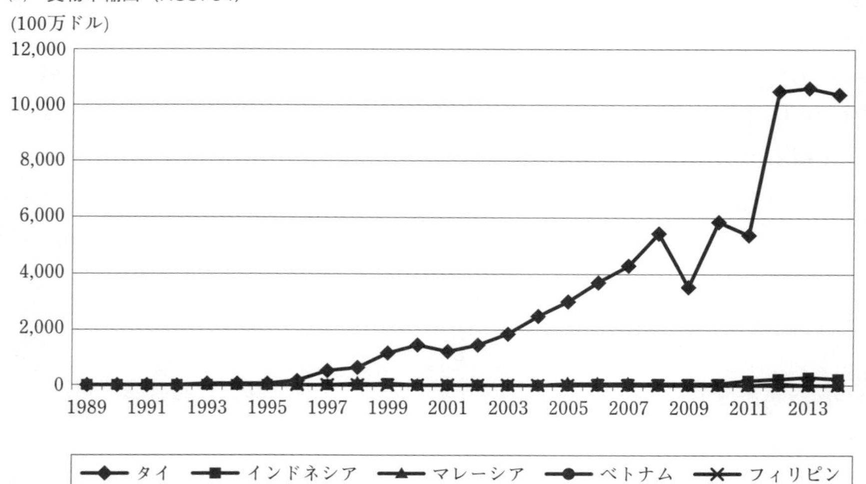

(c) 自動車部品輸出（HS8708のみ）

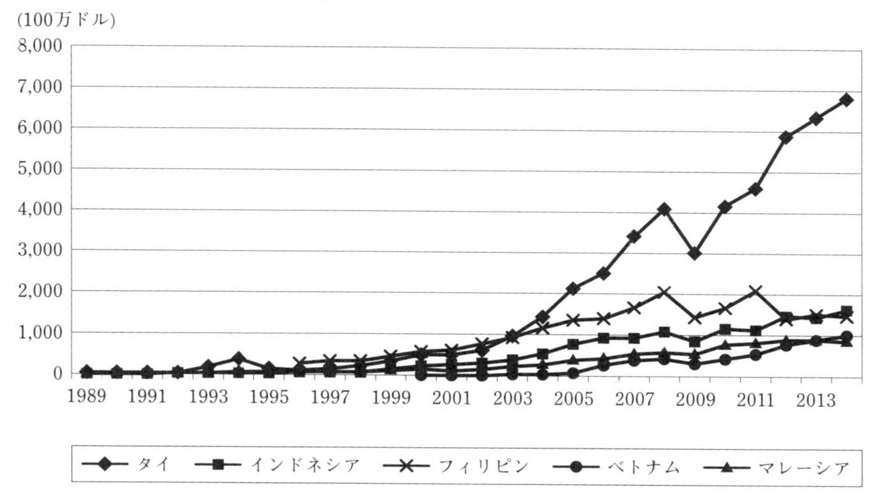

(d) ワイヤーハーネス輸出（HS854430）

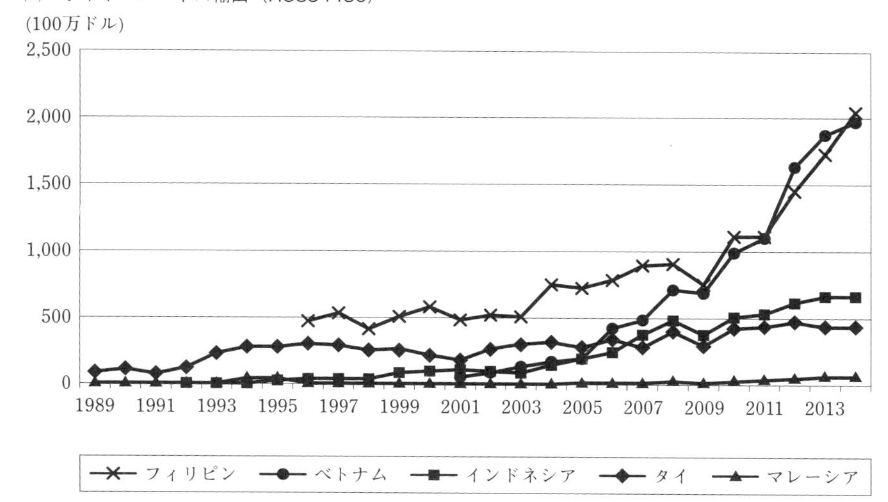

出所：(a)～(d)は UN Comtrade より磯野生茂氏作成。

本格化していく。インドネシアも，トヨタのIMV（Innovative International Multi-purpose Vehicle）プロジェクトの一角に位置付けられたことから，2000年代後半に乗用車の輸出を始めている。その他3ヵ国の完成車輸出は，今日に至るまでごく少数である。なお，自動車部品輸出の方は，タイのみならず，その他のASEAN諸国も健闘しており，一定のサブ地域単位の分業が成立していることがわかる。特に，労働集約的なワイヤーハーネスの輸出に関してはフィリピン，遅れてベトナムの伸びが顕著である。

第2の変化は，アジア通貨危機に直面し，直接投資が地域外に逃避してしまう脅威を感じたASEANが，ASEAN自由貿易地域（AFTA）のもとでの貿易自由化を大胆に加速したことである。特に高い関税が残っていた完成車は，域内関税削減の主要な対象となった。一方，域外関税はごくゆっくりとしか下げなかった。これにより，多国籍企業から見れば，ASEAN地域全体として外とは一定の障壁で隔てられた市場ができ，規模の経済性が確保されるとの見通しがたった。最低効率規模にもっとも近かったタイでは，多国籍企業が真剣に集積の形成を目指すこととなった。インドネシアも，政治・経済の不安定から数年遅れながらも，将来市場の大きさを買われて，将来のもう1つの集積と位置付けられた。

表1.3は，ASEAN 5ヵ国における自動車関連品目の関税率の推移を見たものである。表中の関税率は，各HS 6桁に含まれる細品目ベースで最も高い関税率を抜き出したものである。ASEAN域外からの輸入に対する最恵国待遇（MFN）ベースの関税率も低下してきているが，ASEAN自由貿易協定の特恵税率（CEPT）はそれよりもはるかに早く撤廃へと向かっていったことがわかる。マレーシアは，国民車政策を引きずって，完成車についてのCEPTの削減がやや遅れた。しかし，2010年時点では，インドネシア，フィリピン，タイとともに，CEPTは完成品，部品ともゼロとなっている。ベトナムについては，ASEAN後発国としてCEPT削減はやや遅く，乗用車についての関税は2010年でも70%である。しかしこれは，スケジュールにしたがって段階的に撤廃されていくことになっている。

表 1.3　主な自動車，自動車部品の最高関税率 1)（MFN vs. CEPT，%）

	2002		2003		2007		2010	
	MFN	CEPT	MFN	CEPT	MFN	CEPT	MFN	CEPT
870321 ガソリン乗用車（1,000cc まで）								
インドネシア	65	5	65	5	60	5	40	0
マレーシア	140	140	140	140	35	5	35	0
フィリピン	30	20	30	5	30	5	30	0
タイ	80	15	80	5	80	5	80	0
ベトナム	100	100	100	100	100	100	83	70
870322 ガソリン乗用車（1,000cc 超 1,500cc まで）								
インドネシア	65	5	65	5	55	5	40	0
マレーシア	140	140	140	140	60	5	35	0
フィリピン	30	20	30	5	30	5	30	0
タイ	80	20	80	5	80	5	80	0
ベトナム	100	100	100	100	100	100	83	70
870323 ガソリン乗用車（1,500cc 超 3,000cc まで）								
インドネシア	70	5	70	5	55	5	45	0
マレーシア	250	250	250	250	35	5	35	0
フィリピン	30	20	30	5	30	5	30	0
タイ	80	15	80	5	80	5	80	0
ベトナム	100	100	100	100	100	100	83	70
870331 ディーゼル乗用車（1,500cc まで）								
インドネシア	65	5	65	5	45	5	45	0
マレーシア	140	140	140	140	35	5	35	0
フィリピン	30	20	30	5	30	5	30	0
タイ	80	15	80	5	80	5	80	0
ベトナム	100	100	150	150	150	100	83	70
870332 ディーゼル乗用車（1,500cc 超 2,500cc まで）								
インドネシア	70	5	70	5	60	5	40	0
マレーシア	200	200	200	200	35	5	35	0
フィリピン	30	20	30	5	30	5	30	0
タイ	80	15	80	5	80	5	80	0
ベトナム	100	100	150	150	150	150	83	70
870421 ディーゼル貨物車（5t まで）								
インドネシア	45	5	45	5	45	5	40	0
マレーシア	50	50	50	50	30	5	30	0
フィリピン	30	20	30	5	30	5	30	0
タイ	60	20	60	5	40	5	40	0
ベトナム	100	100	100	100	100	20	80	5
870422 ディーゼル貨物車（5t 超 20t まで）								
インドネシア	40	5	40	5	40	5	40	0
マレーシア	50	50	50	50	30	5	30	0
フィリピン	30	20	30	5	30	5	30	0
タイ	40	15	40	5	40	5	40	0
ベトナム	60	60	60	20	60	5	54	5
870431 ガソリン貨物車（5t まで）								
インドネシア	45	5	45	5	45	5	40	0
マレーシア	50	50	50	50	30	5	30	0
フィリピン	30	20	30	5	30	5	30	0
タイ	60	20	60	5	40	5	40	0
ベトナム	100	100	100	100	100	20	80	5

表1.3　つづき

	2002		2003		2007		2010	
	MFN	CEPT	MFN	CEPT	MFN	CEPT	MFN	CEPT
870432 ガソリン貨物車（5t 以上）								
インドネシア	40	5	40	5	40	5	40	0
マレーシア	50	50	50	50	30	5	30	0
フィリピン	30	20	30	5	30	5	30	0
タイ	40	20	40	5	40	5	40	0
ベトナム	60	60	60	20	60	5	55	5
840734 内燃機関（1,000cc 超）								
インドネシア	15	5	15	0	15	0	10	0
マレーシア	5	5	5	5	5	0	5	0
フィリピン	10	5	10	3	10	3	10	0
タイ	20	5	20	5	10	5	10	0
ベトナム	50	50	100	20	100	5	37	5
840820 ディーゼルエンジン								
インドネシア	15	5	15	5	15	5	15	0
マレーシア	0	0	0	0	0	0	0	0
フィリピン	10	3	10	3	10	3	10	0
タイ	20	5	20	5	10	5	10	0
ベトナム	40	20	40	20	40	5	27	5
854430 ワイヤーハーネス								
インドネシア	10	5	10	5	10	5	10	0
マレーシア	30	8	30	5	30	0	30	0
フィリピン	15	5	15	5	30	5	30	0
タイ	20	5	20	5	10	5	10	0
ベトナム	20	5	30	5	30	5	20	5
870829 車体・その他部分品および附属品								
インドネシア	15	5	15	5	15	5	10	0
マレーシア	25	8	25	5	30	0	25	0
フィリピン	10	10	10	5	20	5	20	0
タイ	42	15	42	5	30	5	30	0
ベトナム	30	30	30	20	30	5	27	5
870830 ブレーキおよびサーボブレーキならびにこれらの部品								
インドネシア	15	5	15	5	15	5	10	0
マレーシア	30	8	30	5	30	0	30	0
フィリピン	10	3	10	3	20	3	20	0
タイ	42	15	42	5	30	5	30	0
ベトナム	30	30	30	20	30	5	27	5
870840 ギヤボックスおよびその部分品								
インドネシア	15	5	15	5	15	5	10	0
マレーシア	25	5	25	5	25	0	25	0
フィリピン	10	3	10	3	30	3	30	0
タイ	42	15	42	5	30	5	30	0
ベトナム	30	30	30	20	30	5	27	5

注：1）各 HS 6 桁品目で最も高い関税率
　　2）マレーシア，タイの 2010 年 MFN 関税率は 2009 年のものを使用
出所：ASEAN ホームページならびに WITS データベースより磯野生茂氏作成。

AFTAのもとでの関税撤廃が本格化する以前，BBC（Brand to Brand Complementation Scheme，1987年から）とAICO（ASEAN Industrial Cooperation Scheme，1996年から）という過渡的な制度が導入され，特恵関税のもとで自動車産業を中心とするASEAN内分業を活性化しようと試みられた。これらは，ASEAN内の自動車部品分業の原型を作ったものと評価される。しかし一方で，生産配置としてはやや人工的であり，各国に対する一種のマーケティング戦略として理解すべきかもしれない。2国間の貿易バランスが暗黙の条件となったこともあり，これらのスキーム下の貿易量は限定されたものとなった。AFTAによるCEPTが本格的に下がり始めると，自然な集中・分散の経済論理にしたがって，組立拠点についてははっきりとした集中が起きた。そこでタイとインドネシアが選択され，自立的な産業集積として育っていこうとしている。

2つの変化によって自動車産業の発展に弾みが付いたのがなぜタイ，そしてやや遅れてインドネシアであって，その他の国ではなかったのか。その時点および将来の市場の大きさにわずかな差があったことは事実である。それに加えて，政策はどのように影響していたのだろうか。

マレーシアは，おそらくは部品を含む国産車政策に固執し，部品製造に十分な国際競争力を得られなかったため，アジア通貨危機以降の新しい競争環境に即座に適応できなかったのではないか。これからでも，外とのつながりを強めれば，完成車生産は生き残れるか。それとも，現在まだ残っている非関税障壁等も撤廃されて完全に自由貿易となれば，タイその他からの輸入車に席巻されるのか。さらなる分析が必要である[1]。

今後は，ASEAN全体がモータリゼーションの時代に入る。そのときに，たとえばフィリピンやベトナムに残った生産拠点はどうなるのだろうか。もう少し粘っていれば，中規模の集積として生き残れるのだろうか。フィリピンの場合，BBC，AICOの遺産である部品供給基地としての位置付けを守れるだろうか。さらに後発の国，たとえばカンボジア，ラオス，ミャンマーは，まずは部品供給という形で生産ネットワークに参加できるだろうか。

立派な産業集積を形成し，有数の自動車輸出国となったタイは，一方で完成

1） Baldwin（2011b）も，タイとマレーシアの自動車産業を，セカンドアンバンドリングの利用という観点から比較している。

車について未だに高い域外関税を維持している。集積形成の初期段階では，それも一定の役割を果たしたのかもしれない。しかし，まだそれを守っている意味はどこにあるのか。結果として，多様な外国車を自由に輸入できないというコストを消費者が負担して，すでにタイ国内で大きな市場シェアを確保しているメーカーを守っていることになっているのではないか。これが合理的な政策なのかどうかも，詳しく検証しなければならない。

おわりに

ASEANおよび東アジアは，製造業におけるセカンドアンバンドリングが世界でもっとも進んでいる地域である。電子産業と自動車産業は，その中でも代表的な産業と位置付けられる。しかし，セカンドアンバンドリングへの関わり方は，両産業で大きく異なっている。

電子産業では，各生産ブロックをそれぞれの適地に分散立地させること自体が競争力を生む。それに対し自動車産業は，基本的には1集積内でほとんどの生産工程を完結することを好む。しかし，セカンドアンバンドリングは，新興国・発展途上国側における産業集積の形成過程においては，決定的に重要な役割を果たす。

新興国・発展途上国側の産業振興政策も，両産業では大きく異なってくる。電子産業の場合は，貿易投資の自由化・円滑化が何よりも重要となる。自動車産業の場合には，いかに競争力を有する産業集積を形成するかが鍵となるため，そこにいたる過程でさまざまな政策介入が試みられることになる。ときに過剰な政策による歪みが生ずるなか，産業育成は成功することもあるし，失敗することもある。政策のコスト・ベネフィットを含め，厳格な政策評価を行うことも，今後の研究課題である。

◆参考文献

Ando, Mitsuyo and Kimura, Fukunari (2010) "The Spatial Pattern of Production and Distribution Networks in East Asia," in Prema-chandra Athukorala, ed., *The Rise of Asia: Trade and Investment in Global*

Perspective, London and New York: Routledge, pp. 61-88.

Baldwin, Richard (2011a) "21st Century Regionalism: Filling the Gap between 21st Century Trade and 20th Century Trade Rules," Centre for Economic Policy Research Policy Insight No. 56 (May), http://www.cepr.org.

Baldwin, Richard (2011b) "Trade and Industrialisation after Globalisation's 2nd Unbundling: How Building and Joining a Supply Chain Are Different and Why It Matters," NBER Working Paper #17716 (December).

Economic Research Institute for ASEAN and East Asia (ERIA) (2010) *Comprehensive Asia Development Plan*, Jakarta: ERIA (http://www.eria.org).

Jones, Ronald W. and Kierzkowski, Henryk (1990) "The Role of Services in Production and International Trade: A Theoretical Framework," in Ronald W. Jones and Anne O. Krueger, eds., *The Political Economy of International Trade: Essays in Honor of Robert E. Baldwin*, Oxford: Basil Blackwell, pp. 31-48.

Kimura, Fukunari (2009) "Expansion of the Production Networks into the Less Developed ASEAN Region: Implications for Development Strategy," in Ikuo Kuroiwa, ed., *Plugging into Production Networks: Industrialization Strategy in Less Developed Southeast Asian Countries*, Chiba and Singapore: Institute of Developing Economies, JETRO and Institute of Southeast Asian Studies, 2009, pp. 15-35.

Kimura, Fukunari and Ando, Mitsuyo (2005) "Two-dimensional Fragmentation in East Asia: Conceptual Framework and Empirics," *International Review of Economics and Finance* (*special issue on "Outsourcing and Fragmentation: Blessing or Threat" edited by Henryk Kierzkowski*), 14, Issue 3, pp. 317-348.

第2章　タイの自動車・部品産業

黒岩郁雄・Paritud Bhandhubanyong・山田康博

はじめに

タイはASEANで最大の自動車生産国である。2012年に246万台と過去最高に達した後逓減し2014年は188万台となったが，なお，世界第12位の生産台数を誇る[1)]。内需は2013年以降低迷しているが年間100万台を超える輸出が生産の落ち込みを下支えしている。ちなみに2014年で比較するとタイの自動車生産台数はASEAN第2位のインドネシアの約130万台の約1.5倍，同第3位のマレーシアの約60万台の約3.2倍に相当する。またタイはASEAN最大の自動車生産国であるだけでなく，最も層の厚い自動車部品のサプライヤー層を有する自動車部品産業集積国でもある。

本章では，タイがASEAN最大の自動車生産大国へと成長した過程とそれと付随してASEAN最大の部品集積国となった過程を分析する。さらには，タイが近年自動車・同部品輸出国へと成長を遂げた過程をも明らかにするとともに，AECあるいはASEAN+1のFTAといった地域経済統合の進展の中で，タイ自動車産業の今後めざすべき新たな発展の方向といった今日的課題にも触れてみたい。

本章の内容は下記の通りである。最初にタイにおける自動車産業の概況，産業政策，産業集積とASEAN域内の生産ネットワークについて述べる。続いて，事例研究を交えながら，タイにおける自動車・同部品企業の発展の経緯，動向

1）中国，アメリカ，日本，ドイツ，韓国，インド，メキシコ，ブラジル，スペイン，カナダ，ロシアに次ぐ。

について論じる。最後にタイ自動車産業の今後の展望についてまとめる。

1．タイにおける自動車産業の発展

1.1　タイ自動車産業の概況

1.1.1　生産台数，国内販売台数，輸出台数の推移

図2.1によると，タイの自動車生産台数は1980年代末から増加している。しかし，アジア通貨危機（1997～98年），世界金融危機（2009年），タイ国内の洪水（2011年），政治的混乱（2014年）などによって生産台数が減少した年もあり[2)]，国内外の政治，経済状況，自然災害などの影響を受けやすい。一方，輸出は1988年に始まるが，本格的に拡大するのはアジア通貨危機以降である。そのため，2000年代に入り，国内販売に加えて輸出が伸張し，生産台数は2012年にピーク（246万台）を迎えた。しかし，その後国内販売が急落したため，輸出が国内販売の不振を補う状態が続いている。また業種で見ると，1トンピックアップトラックの総生産台数に占める比率が高く（53％，2014年），

図2.1　タイ自動車の国内生産台数，国内販売台数，輸出台数

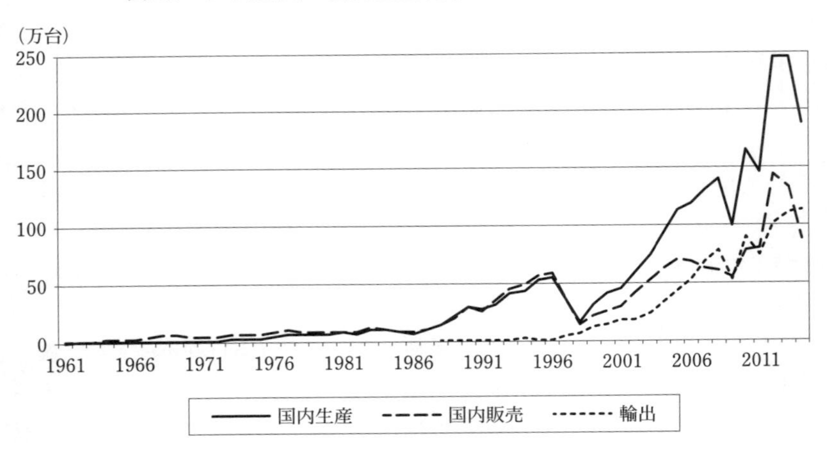

出所：Thailand Automotive Club，Federation of Thai Industries 資料より筆者作成。

2）かっこ内の数字は自動車生産台数が減少した年を示す。

タイはアメリカに続くピックアップトラックの生産拠点としてユニークな地位を占めている[3)]。

図 2.2 タイ自動車生産台数の企業別シェア（2014 年）
（総生産台数：1,880,007 台）

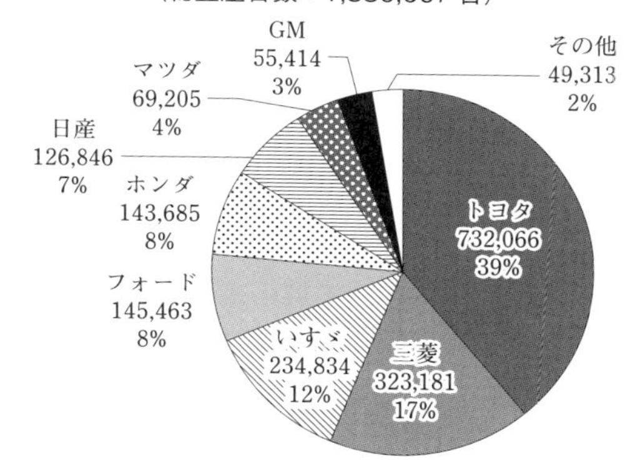

出所：FOURIN（2015）より筆者作成。

図 2.3 タイ国内自動車販売台数における企業別シェア（2014 年）
（総販売台数：843,453 台）

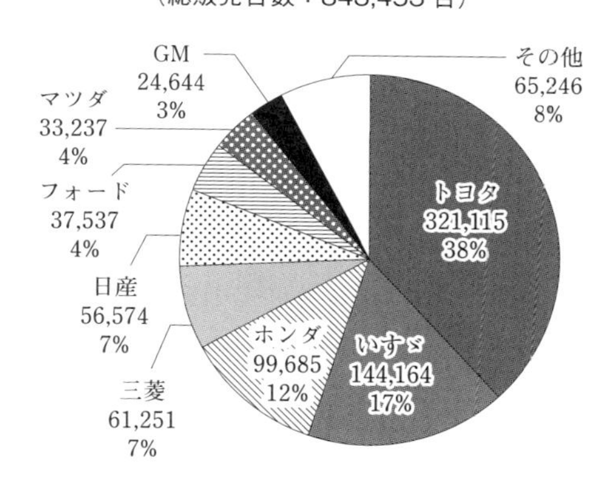

出所：図 2.2 と同じ。

3） タイでは，ピックアップトラックがタイの気候条件（湿地帯が多く雨期に道路が冠水する等）に適合しているうえに，関税率，物品税など税制面での優遇措置がピックアップトラックの普及に大きな役割を果たした（小林 2012）。

1.1.2　生産台数，国内販売台数の企業別シェア

図2.2，図2.3は2014年のタイにおける自動車生産台数および国内販売台数の企業別シェアを示している。周知のとおり，同国の自動車産業はトヨタを筆頭に日本車メーカーが大きな割合を占めており，「その他」に含まれる日本車メーカーを含めると，総生産台数に占める日本車のシェアは88.6%にも達する(国内販売台数のシェアは87.5%)。

生産台数，国内販売台数の双方で4割近いシェアを占めるトヨタに対して，三菱自工やフォードは生産台数のシェアが相対的に高く，反対にいすゞやホンダは国内販売台数のシェアが高い。これらは各自動車メーカーの国外あるいは国内市場に対する依存度の違いを反映している。

1.1.3　サプライヤーと自動車産業クラスターの形成

タイのサプライヤーは，Tier1のみならずTier2，Tier3を含めて相対的によく発達し，同国は東南アジア最大の自動車産業集積を抱えている（図2.5)。同時に自動車の生産拠点は，生産条件の変化とともに，バンコク首都圏からタイ中部および東部へと拡がっていった[4)]。ただし自動車は集積の経済が強く，ジャスト＝イン＝タイムの生産方式を実現するには，アセンブラーとサプライヤーの地理的近接性が重要である。そのためサプライヤーを含む自動車の生産拠点は，アセンブラーを中心に比較的狭いエリアに収まる傾向がある（木村・浦田2012，図3)。

なおアセンブラーの立地選択に関しては，1980年代までの輸入代替期に進出した企業がバンコク首都圏およびその周辺に立地しているのに対して，1990年代以降に工場を設立してタイを世界市場への輸出拠点として位置付ける企業(三菱自工，フォード・マツダ，GM等）が東部臨海地域を選択する，などの傾向

4)　タイの自動車産業クラスターは，Gokan, Kuroiwa, Nuttawut, and Ueki (2014) によってその位置と範囲が特定化されている（現在の自動車産業クラスターは，一部を除いて，バンコク首都圏，中部，東部に集中している)。一方，上述した自動車生産拠点のバンコク首都圏からの拡散はタイの地域間所得格差にも影響を与えている。タイ国内のGRP（地域総生産）シェアの変化を見ると，1993年以降バンコク首都圏のGRPシェアが減るとともに，中部と東部のシェアが増加している。その背景として，中部および東部におけるインフラ開発や税の優遇措置，バンコク首都圏における地価上昇や混雑の増加，1990年代以降の輸出志向性の高まりによって国際港（レムチャバン港）へのアクセスに優れた東部臨海地域の立地優位性が高まったこと，などが挙げられる（黒岩・坪田2014)。

が見られる。

1.1.4　自動車産業のタイ経済における位置付け

2011年におけるタイ製造業の付加価値，雇用者数に占める自動車産業（同部品産業を含む）の割合はそれぞれ13.6%，5.4%であり，生産台数の増大とともに，自動車産業はタイ経済の中で大きなプレゼンスを示すようになった[5)]。特に近年では自動車・同部品はタイの主要な輸出産業の1つとして外貨獲得に貢献している（2014年輸出額は236億ドルで輸出額全体の10.5%を占める）。

日系企業を中心とする自動車産業は，現地企業への技術・経営ノウハウの移転，人材育成においても重要な役割を果たしてきた。たとえば，タイトヨタではタイトヨタコーポレーションクラブ（TCC）が設立され，トヨタ生産方式の現地サプライヤーへの移転が行われた。また「ものづくり」の視点から，2007年には自動車工学科を抱える「泰日工業大学」が設立された（川邉2011）。

1.2　自動車産業政策

タイの自動車産業は1960年代に始まった輸入代替政策を契機に発展を遂げてきた。タイ自動車産業の発展の歴史を振り返ると，5つの時期に分けることができる。

1.2.1　自動車生産の始まり（1960～1968年）

1960年代の初めまでタイでは完成車の輸入しか行われなかった。ところが1962年に新産業投資奨励法が改定され，CKD（コンプリート・ノックダウン）部品を輸入して組み立てれば，完成車輸入と比較して，輸入関税が半分に引き下げられるようになった。その他にも，BOI（投資委員会）からの投資恩典や国産化部品製造のための機材・設備の輸入関税免除などの特典があり，日系企業が相次いで現地に工場を設立した。

5）付加価値，雇用者数に関する出所は，The 2012 Business and Industrial Census: Manufacturing Industry, Whole Kingdom（National Statistical Office, Ministry of Information and Communication Technology, 2012）。

1.2.2　国内産業の保護・育成（1969～1990年）

タイ政府は1969年に自動車開発委員会（Automotive Development Committee）を設立して，自動車産業の育成方針について検討を始めた。その中で強調されたのは自動車部品の国産化である。そのため1971年に25％の部品国産化を求める工業省令が出されたが廃止され，実際には1975年にローカルコンテント規制が導入された。また自動車の輸入拡大によって発生した貿易赤字を抑制するために，CBU（完成車），CKDの関税率が引き上げられ，1978年には2,300cc未満乗用車の完成車輸入が禁止された。一方，自動車産業の生産効率性を高めるには規模の経済が重要である。そのため，1978年には組立工場の新設が禁止され，1984年には乗用車の組立シリーズ数が制限された。

1.2.3　自由化と輸出促進（1991～1996年）

1990年代に入り，輸入代替政策が見直され，自動車産業の本格的自由化が進められた。特に1991年に成立したアナン政権が転機となり，2,300cc未満乗用車の完成車輸入解禁，CBU，CKDの大幅な関税率引き下げが実施された。さらに自由化の一環として，1990年に乗用車の組立シリーズ数の制限が廃止され，1993年には組立工場の新設が認められた。一方，1994年にタイ政府は完成車輸出を促進するために，自動車輸出企業に対して税制上の恩典を与えること決定した。

1.2.4　アジア通貨危機と投資家の信頼回復（1997～1999年）

1997年に発生したアジア通貨危機のためにタイの自動車産業は大きなダメージを受けた。経営困難に陥った企業を救済し，外国投資を促進するために，タイ政府は外資のマジョリティ出資を認めた。さらに1998年にはWTO協定で禁止された貿易関連投資措置（TRIM）に該当するローカルコンテント規制を2000年に撤廃することを決定した。

1.2.5　アジアの自動車生産拠点（2000年～現在）

2001年に成立したタクシン政権によって新たな産業発展戦略が打ち出された。同戦略において，自動車産業は「アジアのデトロイト」として発展することが期待された。その後タイの自動車産業はピックアップトラックの生産・輸出拠点として順調に発展し，2012年には生産台数が246万台（輸出台数102万台）を突破して，世界第9位の自動車生産国になった。

近年ピックアップトラックに続く新たなフラッグシッププロジェクトとしてエコカー（低燃費，低公害の小型車）が注目されている。2007年タイ政府は，エコカーを生産する企業に対して税制面での恩典を与えるエコカー政策を発表した。続く2013年には，第2期のエコカー政策が発表されている。

1.3　自動車の産業集積とASEAN域内の生産ネットワーク

1.3.1　タイ自動車産業の中間財調達構造

図2.4は，アジア国際産業連関表から計測したタイ自動車産業の中間財（＝自動車生産のために投入された部品，素材等の合計額）の国別・地域別の調達比率の推移を示している。それによると，1990～2005年の間にタイ国内からの中間財調達比率が32%から45%にまで上昇している。これは同期間におけるタイ国内の自動車部品，素材産業の発展を反映したものである。同時に，ASEAN域内からの調達比率も上昇し，2%以下であった調達比率は5%を超えるようになった。ここで，ASEAN域内からの中間財調達比率が上昇した時期とBBC（ブランド別自動車部品相互補完流通計画），AICO（ASEAN産業協力），AFTA（ASEAN自由貿易地域）などによってASEAN域内の制度的統合が進展した時期とが重なっていることが注目される。他方，日本およびその他世界からの調達比率は，それぞれ30%から22%，35%から28%へと下落し，部品・素材の調達先が日本などASEAN域外からタイ国内およびASEAN域内へとシフトしてきたことがうかがえる。

それではこのような変化はどのようにして発生したのであろうか。ここでは，タイ自動車産業の強みである産業集積とASEAN域内の生産ネットワークに分けて検討する。

1.3.2　産業集積の形成

産業集積が形成されると，部品・素材が国内の地理的に近接したエリアから調達されるために国内調達比率が高まる。タイでは，以下の5つの要因が産業

図 2.4　自動車中間財の地域・国別調達比率（1990 ～ 2005 年）

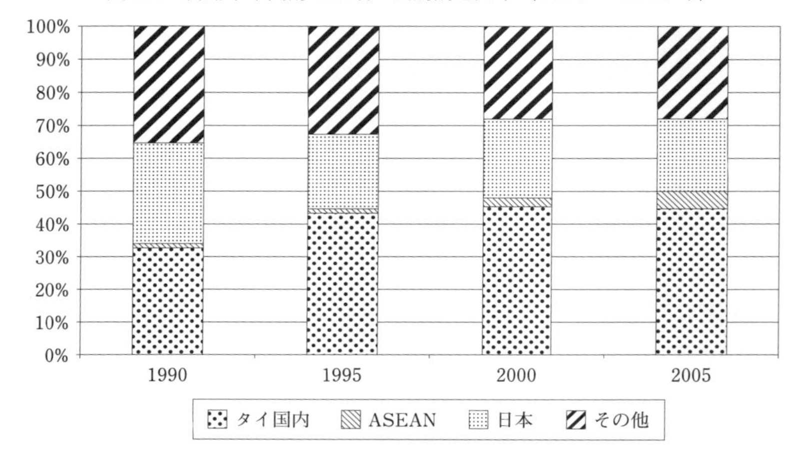

注：図中の ASEAN はインドネシア，フィリピン，マレーシア，シンガポールの 4 ヵ国を指す。
出所：各年のアジア国際産業連関表を使って筆者計算。

集積の形成に影響を与えたと考えられる。

(1)　輸入代替政策とローカルコンテント規制

タイでは輸入代替政策の一環として1975 年からローカルコンテント規制が実施された。要求される部品の国産化率は車種や年代によって異なり，タイで大きな市場シェアを占めるディーゼルエンジン搭載のピックアップトラックの場合には，当初 20%に設定された国産化率は 1994 年には 72%にまで引き上げられた（Natsuda and Thoburn 2012）。また 1983 年にタイ政府は国産化率とともに強制調達部品を指定し，1986 年にはエンジン国産化を決定した。ローカルコンテント規制は 2000 年に撤廃されるが，他の自由化政策とは異なり，1990 年代に入ってからも継続されたことは注目されよう。

ローカルコンテント規制は，市場メカニズムを軽視あるいは無視して，自動車部品の国産化を強制的に進める政策である。そのため同規制をめぐっては，研究者の間でも評価が分かれており，否定的な見解を示す研究者（たとえば Wad 2009，Athukorala and Kohpaiboon 2010）とともに，同政策の肯定的な側面を認める研究者がいる。たとえば，完成車に対する保護政策や強制的な部品国産化によって生産は非効率化し，高い自動車価格によって消費者の利益は損なわれた，他方自動車関連企業は競争制限によって多くのレントを得てきた，などの批判がある。一方，ローカルコンテント規制によって，外資サプライヤーによる投資が促され，同時に外資企業からの技術移転によって地場サプライヤーが育成された。その結果，産業集積が自由化以降も自律的に発展する基盤（sufficient 'critical mass'）が形成されたと考えることができる（Natsuda and Thoburn 2012）。どちらの主張にも一理あるが，理論的には，保護の期間中に生じた損失が，その産業の発展によって得られる将来の利益によって償われて余りあれば産業保護を正当化することができよう（=「バステーブルの基準」，第1章参照）。

なおローカルコンテント規制の肯定的な側面を認める場合でも，タイの自動車産業が国際競争力を持ち自律的に発展するための機会を与えたのは1990年代以降に採用された自由化政策であったことを指摘しておく必要があろう。以下で述べるように，自由化による市場競争の激化や自動車市場の拡大がタイ自動車産業の競争力を高め，裾野産業のさらなる発達を促したと考えられる。

⑵　市場競争の激化

1990年代に入って，タイの自動車産業政策は自由化の時代を迎える。具体的には，完成車輸入の自由化，関税率の引き下げ，参入制限の撤廃などが行われて，新規企業の参入や価格競争が激化した。そのため今度は，政府の規制にしたがうためではなく，価格競争力を高めるために部品の現地化が求められるようになり，海外および現地サプライヤーの進出が促された[6)]。

⑶　自動車市場の拡大

部品の現地生産と輸入を比較した場合，新たに部品工場を設立すると初期投資が必要になるため，生産規模が小さい間は海外から輸入するほうが有利である。しかし生産規模の拡大に伴い，部品1単位当たりの生産コストは下落するため，生産規模がある一定の水準に達すると，貿易コストの不要な国内生産の

6）　自動車部品は重く嵩張るため，輸送コストが高い。そのため，国内で部品を調達できれば，輸送コスト（＋輸入関税）を節約できアセンブラーの価格競争力は高まる。またジャスト＝イン＝タイム（JIT）方式を導入して工程間の部品在庫を減らすためには，アセンブラーとサプライヤーの地理的近接性が重要である（なおタイトヨタは1995年からカンバン方式を含むトヨタ生産方式を導入している：川邉 2011）。アセンブラーは常に価格競争力を高めるために部品現地化を進める誘因を持つといえよう。

ほうが有利になる。したがって，裾野産業を発展させるためには，完成車市場を拡大させて，部品産業に対する派生需要を増大させる必要がある[7)]。

タイ経済は1980年代末以降に10%を超える高度成長期を迎え，同時に国内自動車市場が急拡大した（図2.1参照）[8)]。そのため，それに呼応するように日系部品企業のタイへの進出が本格化した。表2.2によると，日系企業のタイへの進出件数は1980年代，1990年代に急増し，一方，タイ系企業の設立件数も1980年代，1990年代にピークを迎えている[9)]。

さらに部品生産における規模の経済を享受するために，タイでは２種類の市場の垣根が取り払われた。１つは「国境の垣根」であり，経済統合の進展によってASEAN域内の自動車部品の相互補完と集中生産が可能となった。もう１つは「企業系列の垣根」である。タイでは市場の狭小さを克服するためにアセンブラーとサプライヤーの間で脱系列化が進み，系列の枠を超えて部品を供給するようになった。

⑷　アジア通貨危機とバーツ下落

自動車輸出は1988年に開始されるが，輸出が本格的に拡大するのは2000年代以降である（図2.1参照）。タイではアジア通貨危機によるバーツ下落によって輸出競争力が高まり，国内市場の制約を超えて自動車生産を拡大できるようになった。

一方，アジア通貨危機によるバーツ下落は，輸入部品のバーツ建ての価格高騰を招き，部品の国内代替を進める要因ともなった。特に主要な部品調達先である日本（円）に対する為替レートは部品調達先の選択に大きな影響を与えてきたと推測される。

7)　このような効果は「後方連関効果」と呼ばれる。他方，脚注６のような効果は「前方連関効果」とみなすことができる（自動車産業と連関効果の関係については，黒岩2014を参照せよ）。完成車生産の増大による後方連関効果はタイの自動車部品産業を発展させた最も重要な要因の１つであったと思われる。

8)　ここで自由化政策と自動車市場の関係について触れておく必要があろう。自由化政策への移行は，価格競争の激化によって完成車価格を下落させるために，自動車市場をさらに拡大させる効果があったと考えられる。

9)　Athukorala and Kohpaiboon（2010）は，タイで自動車１台を生産するのに必要となる自動車部品の輸入総額（1985年実質価格）を推計した。それによると，自動車１台当たりの部品の輸入総額は，1990年代初頭の約8,500ドルから2007年の約2,000ドルにまで大きく下落した。これはその期間における自動車部品企業の設立件数の増加と対応している。

(5)　新興国向け自動車の開発・設計機能の移転

タイトヨタのアジアカー構想（1990年代），IMVプロジェクト（2000年代）に見られるように，タイの輸出拠点化が進むにつれて，新興国市場向けの自動車の開発・設計がタイ国内で行われるようになった。自動車の開発・設計機能がタイに移ると，製品開発のためのアセンブラーとサプライヤーの摺り合わせが必要になり，地理的近接性の重要性がより一層高まった。

1.3.3　ASEAN生産ネットワークの形成

上述のように，タイでは自動車の産業集積が形成され，タイ国内からの部品調達が増大した。しかし同時に，ASEAN域内からの調達も増加している（図2.4）。ASEAN域内において自動車生産ネットワークが発展した最大の理由は，BBC，AICO，AFTAなど自動車部品の域内流通を容易にする制度的枠組みが形成されたためである。また，多くの日本企業は他のASEAN諸国にも生産拠点を設けており，それらの拠点を利用しながら基幹部品を含めた部品の相互補完体制が形成されてきたことも見逃せない。

タイでは1986年に政府がディーゼルエンジンの国産化政策を発表して以来，トヨタ，日産・三菱自工，いすゞの3グループが，BOIの投資奨励企業として，エンジン製造会社を設立する許可を受けた。これはタイ政府がピックアップトラックの製造に関して国産ディーゼルエンジンの使用を義務付け，エンジンの輸出や部品国産化も義務付けたことによる。これによりタイではエンジン製造に関する部品サプライヤーや技能が蓄積され，エンジンの供給拠点として発展してきたのである（表2.3参照）。

このようにASEAN域内の自動車生産ネットワークは，通商上の制度的枠組みとともに，域内各国における特定部品への生産特化が進み，それらが域内で相互補完する形で発展した[10)]。タイで見られた産業集積と域内分業の進展は，各国政府のうちだす産業政策とそれに柔軟に対応してきた日本を中心とする多国籍企業の歴史的経緯の産物であるとみなすことができよう。

---

10)　他のASEAN諸国が特化した自動車部品については，西村（2012，図5）を参照せよ。また福永（2012）は，フィリピンがトランスミッションの生産に特化した経緯を説明している。

2. タイにおける自動車企業

2.1 タイの自動車企業の動向[11)]

タイの自動車産業の歴史は1960年代から始まる。1960年代初めまで完成車の輸入国であったが，サリット首相（当時）が世銀調査団の勧告を踏まえて輸入代替型工業化政策をうちだし，それに沿った政府の優遇政策のもとで組立が開始された。まず，アメリカフォードが1960年にタイモーターカンパニーを設立し，CKD（コンプリートノックダウン）で組立を開始する。これがタイにおける自動車生産第一号ととらえられている。日系自動車企業の進出は翌1962年のトヨタ，日産に始まり，その後1963年にいすゞ，1964年に三菱，1965年に日野が組立を開始する。二輪車の生産を先行させていたホンダが四輪自動車の生産を開始したのは1984年で，マツダはフォードとともにオートアライアンスとして1995年の進出となった。

当初はCKD部品を輸入しての組立が中心であったが，既述のように，タイ政府の国産化政策により，タイ国内で生産する部品の調達が義務付けられるようになり，タイ地場企業が参入する。他方，これに伴って日本の部品企業もタイ進出を開始し，2012年でTier1, 2, 3の日系部品企業は約750社とされ，日系のみならず米欧メーカーの在タイ組立企業を支えている。

アセンブラーの立地地域を見ると，1960年代から1970年代までの20年間に設立されたトヨタ，日野，いすゞ，日産の4生産拠点はすべてがバンコク南部に隣接するサムットプラーカーン県に集中していた。交通通信の便が良く，優秀な労働者の確保がしやすいことによる。ところが1980年代になると土地価格や労働賃金が高騰し，手狭になった首都圏からその周辺地域へと工場群が拡大する。1990年代には三菱がチョンブリー県に，マツダがフォードと共同で南部ラヨーン県に，ホンダがバンコク北部アユタヤ県に，三菱ふそうがバンコク北部パトゥムターニー県にそれぞれ工場を建設する（小林2012)。2016年春には後述のようにホンダがバンコク東部プラーチーンブリー県で新工場を稼働させている。

11） 川邉（2011），小林（2012）に多くを依拠した。

2015年現在タイで自動車の製造を行っている日系企業は1960年代から1970年代にかけてタイに進出したオールドカマーであるトヨタ，いすゞ，日産，日野，1980年代以降タイに進出したニューカマーに属する三菱，ホンダ，マツダ（フォードとオートアライアンスで合弁），スズキ，それに三菱から分離した三菱ふそうの9社である。これら日系ブランドはタイ国内市場の約9割を占め，日本企業がタイの自動車産業クラスターを構築したといっても過言ではない。

タイ日系以外ではアメリカのフォード，GM，欧州のフォルクスワーゲン，メルセデスベンツ，BMW，ボルボ，スカニア（バスメーカー）といった欧米系が強い。1997年のアジア通貨危機で生産台数が落ち込み，販売に苦しんだ日系部品企業が系列を越えて組立企業に部品の供給を行うようになったこともこうした状況の背景にあると見られる。

その他，韓国の起亜，インドのタタ，それに中国の浙江吉利（チェリー），上海汽車（MG），東風汽車もそれぞれ生産台数は少ないがタイでの自動車組立に加わっている。

組立企業は2012年以降タイ国内市場が縮小傾向にあり各社販売減少に直面し，輸出拡大でしのいでいる状況といえる。他方で，タイ政府の従前からのエコカー政策に加えて電気自動車の促進が検討されており，そうした新たな政策誘導への対応も各社の課題である。

2.2　日系自動車企業の事例研究

ここではタイの主要日系企業5社とアメリカ企業大手2社，それに近年注目される中国系企業の中から2013年にCPグループと合弁でイギリスの名門ブランドでタイに進出した上海汽車を取り上げる。

2.2.1　タイトヨタ（Toyota Motor Thailand）[12]

トヨタのタイ進出は1956年に販売会社トヨタモーターセール社の設立に始まる。同社はトヨタにとりアメリカ，ブラジルに先んじての初の海外拠点となった。戦後もタイの悪路を多くのトヨタ車が走行しているのを知り，輸出先としてタイ市場の有望性を認識したとされる。それまでトヨタ車はクンワシ

12）　インタビューおよび川邉（2011）に多くを依拠した。

家により輸入されていた[13]。政府の輸入代替政策に応じて，タイでの製造組立を行うこととし，タイトヨタを設立するのは1962年10月のことである。バンコク南郊サムロンに工場を建設し1964年にトラックと乗用車3車種の生産が開始された。月産150台の規模であったがトヨタにとりブラジルに次ぎ海外で2番目の工場となった。その後完成車の輸入規制の動きが出るなかで1970年には総工費約5億円をかけ工場拡張を完了，月産能力も従前の200台から600台に拡張された。1975年にはサムロンの第二工場が操業を開始している。1982年からハイエースの輸入と組立を開始，1994年にはカムリの輸入と組立を開始した。この間自動車国産化をめざすタイ政府によりローカルコンテント義務引き上げが強化され，国内調達できる部品企業の集積がアセンブラー各社の大きな経営課題であったが，円高もありトヨタ系列企業の日本からの進出も相次いだ。トヨタ本社の部品企業の協力会である「協豊会」のタイ版とも呼ばれるタイトヨタコーポレーションクラブ（TCC）が設立されたのはすでに1982年のことである。国産化政策に関してはタイ政府が義務付けたピックアップトラックのディーゼルエンジン国産化に対応して1987年にサイアムセメントグループとともにサイアムトヨタマニュファクチュアリングを設立しエンジン生産を開始している。トヨタの企業文化ともいうべき“カイゼン”もトヨタウェイとして広範に生産現場に移入され，1996年には教育トレーニングセンターが設立されている。

タイトヨタはタイ政府の自動車産業育成策に沿い事業を拡大させ，生産台数も1994年の11万4,700台から2013年の84万台と10年で7倍増に急拡大した。2014年末現在で資本金75億2,000万バーツ（約286億円），従業員1万6,514人で，株主はトヨタ自動車が86.4%，現地資本13.6%（うちサイアムセメント10%）である。

工場は本社のあるサムットプラーカーン県サムロン工場（1975年稼働），同じくTAW（トヨタオートワークス）工場，チャチュンサオ県ゲートウェイ工場（1996年稼働），本社に近いバンポー工場（2007年稼働）と数を増やし，2013年にはTAWでハイエースの生産を開始している。生産車種は2015年3月現在IMVシリーズのB-Cab，C-Cab，D-Cab，SUV，乗用車のプリウス，カムリ

13)　タイトヨタ50年史。

HV，カムリ，カローラ，ビオス，ヤリス，ハイエースの11車種である。

生産台数は2012年に過去最高の88万7,000台を記録したがその後タイ国内市場全体の縮小の中で減少傾向をたどり，2013年が84万台，2014年が72万5,000台となっている。2014年の国内販売は32万1,115台，輸出は42万5,000台で輸出比率は58%に達した。輸出先は世界約130ヵ国となっている。いずれにせよタイ国内では4割前後の販売シェアを占めるトップ企業であり，1県1ディーラー（全独立資本），バンコクはフリーテリトリー制の販売体制がこれを支えている。

なお，2006年アジアの製造拠点を統括する新会社トヨタ・モーター・アジア・パシフィック・タイランド（TMAP Thailand）をサムットプラーカーンに設置した。この会社は東アジア，オセアニアを除くアジアの各国工場の開発，生産技術，調達，マーケティング・販売を支援することを目的としている。

2.2.2　日産タイランド（Nissan Motor（Thailand））

1952年地場資本ポーンプラパ家によりサイアムモーターが設立され，同社が日産自動車のタイにおける総代理店となる。また同社は日産にとり最初の海外販売代理店でもあった。

1957年日産自動車バンコク駐在員事務所を開設し，サイアムモーターとともにタイ市場への本格的な参入をめざした。1962年サイアムモーターと合弁でサイアム日産（Siam Motors and Nissan）を設立し，バンコクのスクンビット通り67の工場で1日4台規模の組立を開始した。

その後1973年Siam Nissan Automobile（SNA）を設立しサイアム日産の株式25%を取得した。その後SNAは1990年に同株式25%を取得した後，2004年にさらに取得し75%のマジョリティを持つに至った。2009年SNAは現在の日産モーター（タイランド）に社名変更する。

工場の展開を見ると1975年にバンコク東部バンナートラッドに工場を建設した後，2013年にサムットプラーカーン県にピックアップ生産工場を建設している。

車種を見ると最初はダットサントラックが生産されていたが，後にキャブスター，サニー，パルサー，ブルーバード，ローレル，スカイライン，セドリック，アーバン（日本名：キャラバン），200SX（日本名：シルビア），200SX-300ZX（日本名：フェアレディ Z）が投入されていく。2001年にはエクストレイルの販売を開始した。2002年にBIG-Mから現行のナバラへフルモデルチェンジ，2003年にはセフィーロの生産を終了し代わりにティアナの生産を開始した。出資比率が75%になった2004年にティーダ・ティーダラティオの生産を開始している。2010年には新型マーチの生産を開始し，日本向け輸出の生産も始まった。日本向けでは2012年に新型ラティオ（タイ名：アルメーラ）の生産を開始している。

2012年に生産台数は22万4,181台と過去最高となり，うち10万1,000台が輸出された。国内販売は13万8,000台であった。2013年は生産が18万5,374台，うち輸出9万7,000台，国内販売が7万4,000台と輸出が国内販売を上回った。2014年は生産が12万7,100台であった。国内販売3万5,600台と減少したが輸出は9万1,500台と近年の水準を維持している[14]。生産車種は商用車がピックアップ（ナバラ）が2車種，乗用車が5車種（ティアナ，マーチ，アルメーラ，シルフィ，エクストレイル）となっている。

輸出仕向地はピックアップがアジア・オセアニア，中東，中南米など世界各国で手広く販売している。乗用車もアジア・オセアニア，中東などが中心である。現地調達比率は90%に近い。ASEAN域内ではタイとインドネシアで自ら生産するが，マレーシアではタンチョングループに生産を委ねている。

なお，2003年に設立され研究開発を担当していた日産サウスイーストアジアは2007年に日産テクニカルセンターサウスイーストアジアに社名変更され，さらに2011年日産モーターアジアパシフィックに社名変更されるとともに，地域統括および国際調達に業容拡大した。

2.2.3　三菱自工タイ（Mitsubishi Motors Thailand）[15]

三菱自動車工業（MMC）のタイ進出は1961年5月の三菱ブランドの自動車を扱う卸売会社Sittipol Motor Co.（SMC）がタイ地場資本により設立されたことに遡る。1964年10月には組立会社ユナイテッドディベロップメントモー

14)　国内販売には完成車輸入販売，年頭の在庫車の販売が含まれ生産台数と一致しない。
15)　インタビューに基づく。

ターインダストリー（UDMI）が設立されている。当時三菱自工は三菱重工業の自動車部門であった。1965年に三菱重工はUDMIの株式60%を取得し子会社化する。1970年三菱重工業から自動車部門が分離し，UDMIの株主が三菱自工（MMC）となった。1987年UDMIと卸売会社SMCが統合され，MMC Sittipol Co., Ltd.（MSC）が設立される。出資比率はローカルパートナーが52%，MMCが48%でマジョリティはタイ地場資本側にあった。1988年にカナダにランサーが輸出されるがこれがタイからの自動車輸出第一号とされる。1992年にレムチャバン港に隣接するレムチャバン第1工場が稼働したが，同工場は完成車を自走で輸出運搬船に積載できるタイで唯一の自動車組立工場でその後の輸出の拡大に大きく寄与する。4年後の1996年にはレムチャバン第2工場が稼働し1トンピックアップトラックの製造がここに集約化される。1997年バーツ危機に際しMMCがローカルパートナーからMSCの株式を買い取りマジョリティを獲得する。2003年社名がMSCからミツビシモーターズ（タイランド）（MMTh）に変更され，翌2004年トラックを生産するふそう部門をミツビシフソートラック（タイランド）（MFTT）として分離した。2012年レムチャバン第3工場が稼働する。これによりレムチャバン工場は三菱自工の世界最大の生産拠点となった。2013年には輸出累計が200万台に達した。

2015年2月現在同社の資本金は70億バーツで三菱自動車工業本社が全額出資している。また，同社の全額出資でエンジン組立，プレス加工，樹脂部品を製造するMMTh Engine社を傘下に置く。2015年現在従業員は約8,000人。約4,000人の組合員で構成された労働組合があるが，1992年レムチャバン工場での操業開始以降，これまでストライキ発生はないが，労使関係の高度化，労使協調は同社においても課題である。生産はピックアップトラックのトライトン，SUV車のパジェロスポーツ，乗用車のランサーEX，ミラージュ，アトラージュの5車種で，生産台数は2012年の43万6,000台を最高に，2013年38万8,000台，2014年35万4,000台となっている。生産能力は3工場計で年産42.4万台（標準時間）である。生産を支える部品企業は約300社となる。現地調達率は新型トライトンが85%，ミラージュとアトラージュが94%，パジェロスポーツと旧型トライトンで79%となっている。

2014年で見ると国内販売（卸売）が約6万2,000台，輸出が約28万2,000台，ノックダウン輸出が約3万8,000台で輸出の比率が84%と高い。国内販売店数は219店舗で国内販売のシェアは2014年で約8%で近年ほぼ横ばいとなっている。輸出仕向け先はアジア・ASEANが最大で2014年で約7万4,000台。次いで西欧，北米，オセアニアと続く。今後の課題の1つが開発体制の強化であるが，現地スタッフのリーダーの育成，タイ人主体の開発体制構築も急がれている。

2.2.4 ホンダタイランド（Honda Automobile（Thailand））[16)]

ホンダのタイ進出は1964年に二輪の販売会社を設立したことによる。その後1983年に四輪の販売会社が設立され，翌1984年からは委託工場で四輪車のノックダウン生産が開始された。四輪の製造会社ホンダカーズマニュファクチュアリング（タイランド）がバンコク都ミンブリに設立されるのは1992年のことである。1996年には工場をバンコク市内からアユタヤ県のロジャナ工業団地に移転する。バンコク東南部バンナー方面に用地を求めたがもうまとまった土地がなく種々検討の結果アユタヤとなった。

2000年に生産と販売が一体化し，ホンダオートモービル（タイランド）となる。2008年に完成車生産ラインを増設し完成車の生産能力が12万台から24万台に倍増した。しかし2011年に洪水のためアユタヤ工場は水没，約半年間生産が止まるという甚大な被害を蒙った。その一方で生産能力の拡充も進められ，完成車年産能力が2013年に28万台に，2014年には30万台に増強される。さらに2015年にはバンコク東部プラーチーンブリー県に新工場が建設され，2016年1月からエンジン生産を開始，同3月から完成車生産が立ち上がっている。

2015年現在資本金は54億6,000万バーツで従業員は約5,400名である。2015年現在生産されている車種は乗用車がJAZZ，BRIO，AMAZE，MOBILIO，City，HR-V，Civic，CR-V，ACCORDの9車種である。2012年の生産台数は約23万台，2013年の生産台数は約27万台と記録を伸ばしたが，2014年の生産台数は14万4,000台に落ち込んでいる。輸出は1996年から開始されているが2012年および2013年がそれぞれ約6万台，2014年が5万2,000

16) インタビューに基づく。

台というレベルである。世界約50ヵ国が仕向け先となっている。タイ国内の販売は約10万台で12%前後のシェアを有する。ただし，ホンダは乗用車のみの販売であり商用車を除く乗用車市場では約24%のシェアを有すると推測されている。

ローカルコンテントは約90%に達しており，調達する部品企業数は211社とされる。その大半は日系であり欧米系，地場系は少ない。素材も含め部品，労働者をパーツで調達して生産し，国内で売るという地産地消の最大化がめざされている。

2016年に稼働のプラーチーンブリーの新工場はエンジン工場も併設し，完成車年産能力は12万台，従業員は約2,500名が予定されている。当初は輸出用CKD部品の生産から始める予定とされる。なお，CKDの輸出先はマレーシア，インドネシア，フィリピン，オーストラリアなどが中心であるが最大の仕向地はオーストラリアで年間最大で約3万台を輸出している。次いでフィリピンで1万台を超える。

2.2.5　いすゞタイ（Isuzu Motors（Thailand））

いすゞのタイにおける事業展開はトラックのタイへの輸出を開始した1957年に遡る。車の組立の開始は1963年で，現在のバンコク南部サムットプラーカーン県のサムロンで三菱商事のいすゞ自動車組立プラントとしてトラックの生産を開始した。その後1966年に同工場にいすゞが出資し，泰国いすゞ自動車（IMCT）が設立され今日まで事業の中核を担っている。

1974年にはピックアップトラックの生産を開始し，その後の同社の主力商品となっている。また，同年に輸入と販売を担うトリペッチいすゞセールス（TIS）が三菱商事の出資を得て設立された。1997年にはバンコク南東部にゲートウェイ団地工場が稼働し，1999年にはオーストラリアへのピックアップトラックの輸出が始まった。2002年に主力ブランドとなるピックアップトラックD-MAXの生産が始まる。2007年には輸出向けのノックダウン工場が稼働する。2010年にはピックアップトラックの開発拠点が日本からタイに移され，IMCTが同社のピックアップトラックの開発生産の中核となった。近年の事業拡大は同社においても同様で，ピックアップトラックの累計生産台数が

100万台に達したのが1997年，その後10年で200万台に達する。しかし300万台に達するのは5年しか要せず2012年である。2015年現在生産している車種はピックアップトラック（D-MAX），ピックアップ乗用車（MU-X），中大型トラックの3車種でその生産台数（含むノックダウン）は2012年が35万8,000台，2013年が35万1,000台，2014年は国内市場の縮小の影響で30万5,000台となっている。輸出比率は2012年が37％，2013年が38％，2014年は一気に51％に上昇した。完成車の輸出仕向地は主として中東，欧州，オーストラリア等であり，エジプト，南アフリカ等にノックダウン部品を輸出している。ピックアップトラックの国内シェアは1985年以降トヨタと競り合ってきており，2014年では首位トヨタの39％に対し同社が第2位で34％となった模様である。中大型トラックでは同社が国内市場シェアトップで2014年も47％と半分近い。これを追う日野は同41％となった模様である。

同社の資本金は2015年現在85億バーツで持ち株比率はいすゞモーターズアジアが71.1％，トリペッチいすゞセールスが27.3％，タイ地場パートナーが1.6％である。従業員は2015年2月末現在で5,603人，日本人は75名の総計5,678人となっている。

2.3　その他組立企業事例研究

2.3.1　GMタイ[17]

GM（Thailand）は1993年にGMの東南アジアで初の生産拠点としてタイに設立され，その後着実に事業を拡大し，現在4,300人の従業員を擁するまでになっている。

主力のラヨーン工場の設立稼働は2000年8月のことで1.4億ドルが投資された。GMにとりアメリカ以外の5つの生産拠点の1つであり，Lean方式を導入している。同工場は敷地面積70万4,000m^2，従業員3,200人が働いている。主な製品は，東南アジア地域と世界各国に輸出する乗用車のChevrolet Sonic，Cruze，Captiva，トラックのColoradoとTrail Blazer，オーストラリア向けのHoldenトラックとGM Indonesia向けのChevrolet Spinのドアパネル成型である。GMのシステムであるLean方式の導入で不良品の撲滅に取り組んで

17）　同社資料およびAMCHAM Member Directoryによる。

いる。Lean 方式の要素は全員参加，継続改善，標準化，短時間の生産，工程に求められる品質を作り込むことにある。工場はISO50001とISO14001の認定を得ているが，タイ政府工業省から3Rs（Reduce，Reuse，Recycle）賞，廃棄物管理の金メダル賞，また，アメリカの環境保護省からEnergy Star認定を得ている。

2011年9月には2億ドルを投じて新規にエンジン工場を開設した。これは，GMにとり東南アジア初のディーゼルエンジン生産拠点かつ世界拠点最大のDuramax 4シリンダーターボエンジンを生産する工場とされる。

同ディーゼルエンジン工場はGM Power Trainと名付けられ，同年9月9日に生産が開始された。ここでもLean方式が導入されている。従業員445人，面積は5万4000㎡である。主な製品はタイ国内およびブラジル向けのDuramax Diesel Engine 4-cylinder 2nd Generationである。2014年2月には生産台数累計100万台を達成し，記念祝賀が執り行われた由である。2013年の生産台数は9万5,620台でうち4万3,394台が輸出された。輸出先は64ヵ国に上る。同年の国内販売は5万6,389台で過去5年間で273％増となっている。

2.3.2 オートアライアンス（AAT）[18)]

この会社はフォードとマツダの合弁で1995年に設立された自動車組立企業である。

まずフォードを別個に見ると，同社はタイ自動車市場におけるブランドとして一番古く，すでに1913年にFord Model Tがタイ国内で販売されている。1960年にAnglo-Thai Motors社とFord U.K.の合弁でThai Motor Companyの工場を設立，タイ国として初めての車を生産する。当初はイギリスから部品を導入し，Ford Cortinasを組み立てていた。1973年にフォードはThai Motorを買収するものの3年後に閉鎖した。その後1985年New Eraという販売代理会社を設立し，フォードの車とトラックを売る形でタイでの事業を再開した。

1995年にマツダと合弁（フォード48%，マツダ45%，タイ地場資本KPN 2%，同サイアムモーター（SMC）5%）でオートアライアンスタイランドを設立，ラ

18） AMCHAM Member Directoryによる。

ヨーン県に工場を建設して1998年から車の組立を開始した。マツダのFighter B-Series Truckとフォードの Ranger Pick-up Truckの2車種である。Ford Rangerの年産能力は10万台で，別途3万台のCKD部品を生産している。

タイ国内での販売体制は1996年に販売会社Ford Sales & Service (Thailand)を設立し，国内の代理店を管理している。2003年にバンコクにASEAN地域統括本社を設立し，ASEAN全体での事業，生産から販売，サービスまでにカバーしている。タイ国内の総従業員は販売部門も合せ2015年現在で約1万人以上となっている。

タイ国内市場の拡大に沿い同社も事業規模を拡張し，2007年以降タイにすでに15億ドルを投資している。1995年から見ると25億ドルにのぼる。この間の最大の投資は，4億5,000万ドルを投じて世界最先端技術を導入したラヨーンの乗用車組立工場である。同工場は年産能力16万台で，2003年にフォードがRanger Open Cab, Everestを，マツダがFighter Free Style Cabを，2006年にはフォードがNew Rangerを，マツダがBT50を，2009年にはマツダがNew Mazda 2，2010年にフォードがNew Ford Fiestaを，2011年にはマツダがNew Mazda 3，フォードがFord All New Rangerを生産開始した。

フォードは2012年にAATとは別に100%出資のFord Thailand Manufacturingをラヨーンに設立，Ford Focus，EcoSportとFiestaを生産開始し，タイ国内と海外に販売している。

また，別途3億7,700万ドルを投資し，オートアライアンス工場のピックアップトラック生産工程の改良と拡大を図り，Ford RangerとFord Everest SUVの年産能力を29万5,000台に拡充，国内販売と輸出に向けている。

2.3.3 上海汽車（MG）[19]

MGはもともと1920年代創業のイギリスの自動車企業でMGは創業者モーリス氏が立ち上げた「Morris Garages」の略字である。2人乗りのスポーツカーで名をはせ，高いブランド力を有していたが1980年代から経営に行き詰まり，いったんローバーと合体してMGローバーとなったが再び分離，紆余曲折を経て現在は上海汽車の傘下となっている。2007年に中国でMG車の生

19）同社資料による。

産が再開され，2011年には新型のMG6が登場している。

タイへの進出は2013年のことで上海汽車とタイ最大の食品関連企業のCPグループと合弁でSAIC Motor-CPが設立された。資本金は100億バーツで，出資比率は上海汽車が51%，CPが49%である。別途販売会社も同時に設立された。工場従業員は約500人，販売会社・本社に150人とされる。

第1期の投資総額は100億バーツで，2013年レムチャバン工業団地に年産能力5万台の工場を立ち上げた。また，第2期では年産能力15万ないし20万台の設立し，政府が推進するエコカーⅡに参加予定である。売り先はタイ国内とASEAN地域とされている。2014年に1,800cc型のMG6を生産し販売したが，高価のため販売は伸びなかったとされる。2015年に1,500cc型のMG3を生産および販売が始まり，MG6よりも好評とされる。代理店とサービスセンターの拡大と車種を増やすことを目下の経営課題としている。力を付けた中国の自動車製造業が欧州の名門ブランドを得て国外（ASEAN）で事業展開を図るという新たなビジネスモデルであり注目される。

3. タイにおける自動車部品企業

3.1　発展の経緯

3.1.1　国産化政策と部品産業クラスター形成

タイの自動車産業政策の基本的命題は国産化の推進，具体的には地場企業育成を主目的とするローカルコンテントの引き上げであったといってよい。1969年にははやくも自動車の国産化のため部品の国産化政策を含む工業大臣通達が出されている（川邉2011）。ローカルコンテント引き上げは完成車輸入制限と連動する形で推進された。こうしたなかで1972年にデンソーが進出し，日系部品企業のタイ進出が始まった。すでに電線製造等でタイに進出していた矢崎が自動車部品の工程を設けるのもこの年である。その後，1978年の乗用車国産化法令により，1983年までにローカルコンテントを段階的に50%まで引き上げること，1984年の自動車産業育成方針により，1988年までに乗用車はローカルコンテント65%，1トンピックアップトラックは1988年7月までに62%のローカルコンテントが義務化される。この方針の発表直後1985年にプラザ合意がなされ日本産業界は急激な円高にさらされ，日本からの自動車部品企業のタイ進出が大きく加速されていく。既進出部品企業も生産能力の拡大に動いた。概観すれば，かくして，1990年代にタイに重厚な自動車産業クラスターが日系企業中心に構築される。2015年現在でタイで操業する日系部品企業は約750社と推される。競争力のある部品はASEAN域内のみならず日本，台湾，中国，欧米に輸出されている。AECやASEAN+1のFTAなど進展する地域経済統合がと相まって，比較優位に即した部品生産の域内拠点化が進むものと見られる。

3.1.2 部品企業の全体的状況[20)]

タイにおける自動車部品企業の全体像は図2.5に示すとおりである。トップ12社の自動車メーカーの下にTier1サプライヤーが約635社，そのもとにTier2/3の1,700社が下支えしている構造になっている。このTier1サプライヤーがどんな業種から構成され，いかなる稼働状況にあり，Tier2/3サプライヤーといかなる関係を有しているのか分析を試みる。

表2.1はタイ自動車研究所が調査したタイ部品企業の部品別資本構成表である。これはタイの主だった自動車部品企業711社の業種別構成であるが，Tier1サプライヤーだと断定することはできないが，Tier1サプライヤーかTier2サプライヤーの上層部だと推察される。これによれば表2.1の7分類のうち，安全保安部品が多く，かつ高付加価値部品が多く含まれる「エンジン部品」「電子部品」「変速機駆伝動部品」「サスペンションブレーキ」の4種類と，比較的汎用性を持ち付加価値が高くない部品が多く含まれる「車体部品」「アクセサリ」「その他」の3種類に分けることが可能となる。そしてタイ資本が51%以上および100%の企業群と外資系企業群とに分けて両者の特徴を見てみた。まず，タイ系企業と外資系企業の総数を比較するとタイ系企業が422社，外資系が289社とタイ系企業が外資系企業を圧倒していることがわかる。次にどの部門に集中しているかを見てみると，社数で最も多いのは，タイ，外資ともに「車体部品」でプレス，機械加工，溶接，組立といった作業内容を持つものである。「車体部品」は，自動車生産には不可欠だが，重量物が多く，現地

20) 本節1.1.2および次節2.1.2は小林（2012）に依拠した。

図 2.5　タイ自動車・部品産業組織イメージ・ピラミッド

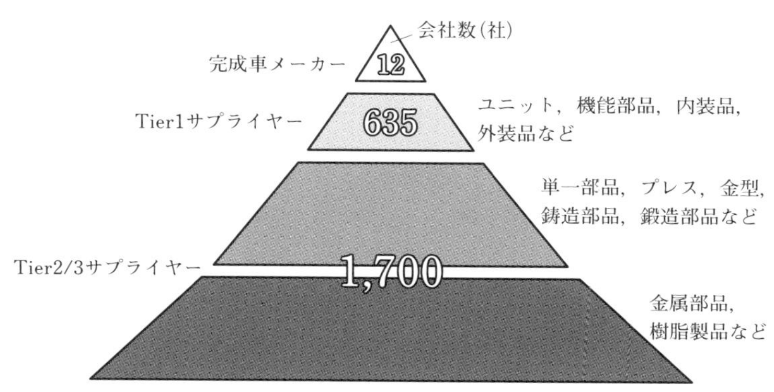

出所：小林（2012），原典『FOUR IN アジア自動車調査月報』55 号，2011 年 7 月。

表 2.1　タイ自動車部品企業の部品別資本構成

	タイ資本 100%	タイ資本 50% 以上	外国資本 51% 以上	合計
エンジン部品	20	8	35	63
電子部品	15	10	27	52
変速機駆伝動部品	17	6	29	52
サスペション・ブレーキ	13	1	21	35
車体部品	57	17	47	121
アクセサリ	18	2	19	39
その他	214	24	111	349
合計	354	68	289	711

出所：小林（2012），原典『FOUR IN アジア自動車部品研究月報』55 号，2011 年 7 月，21 頁。

生産が早期に着手される分野なので，タイ，外資系ともに企業数が多く，かつ社数で見ればタイ系が外資系を凌駕する。外資系がタイ系を社数で凌駕するのは「エンジン部品」「電子部品」「変速機駆伝動部品」「サスペンションブレーキ」で，いずれも技術面やコスト面で外資系がタイ系を凌駕する分野である。たしかに技術面では外資系がタイ系を凌駕してはいるが，他の ASEAN 諸国と比較するとタイ系部品企業の技術力も高い。

3.1.3　日系部品企業の動向

外資系部品企業の主力は日系と考え，『海外進出事業総覧』（2012）に依拠し

表 2.2　タイにおける自動車部品企業の進出場所と年代

地域（県）	1950年	1960年	1970年	1980年	1990年	2000年	2010年	不明	統計
アユタヤ	1			1	16	10	10	1	39
サムットプーラカーン		5	3	13	12	14	2		49
プラーチンブリー					6	5	1	1	13
チャチュンサオ			1	2	10	5	1		19
フヨーン				1	24	22	2		49
チョンブリー			4	4	27	22	3	2	62
バンコク		2	4	5	11	25	4	1	52
ハトウムターニー		1	1	5	3	3			13
プーケット						1			1
シンブリー					1				1
ナコンラーチャシーマー					4	1			5
サラブリー					3				3
ランプーン					1				1
ナコンサワン						1			1
総計	1	8	13	31	118	109	23	5	308

出所：小林（2012），原典東洋経済新報社『海外進出事業総覧』2012年版。

て，タイへの部品企業の進出を年代的の分析を試みた。日系部品企業のタイ進出が本格的になるのは1980年代以降である。1950年代には1社，1960年代には8社，1970年代になるとそれが一挙に13社へと増加し，1980年代になると31社に増加する。1970年代から1980年代にかけての進出企業数増加の背後には，円高の影響の他に，タイ政府によるローカルコンテント規制が影響を与えたと考えられる。この時期進出した日系部品企業が，組み立て企業の集中するサムットプラーカーン県，バンコク都，パトゥムターニー県などバンコク首都圏へ進出していることでも傍証される。

この傾向は1990年代になると大きく変化していく。完成車の生産増加とともに部品企業の進出件数が急増して，進出地域もバンコク首都圏から周辺地域へと拡散していった。従前のサムットプラーカーン県，バンコク都も増加するが，それと並行して中部のアユタヤ県，プラーチーンブリー県と東部のラヨーン県，チョンブリー県，チャチュンサオ県への進出が増加する[21)]。この傾向は

21)　その結果，チョンブリー県はバンコク都を抜いて最大の部品サプライヤーの集積地になっている。なお部品サプライヤーの業種（表2.3参照）を進出企業別に見ると，チョンブリー県，ラヨーン県，チャチュンサオ県は自動車のエンジン，シャーシ，ボディなど組付部品を中心に進出件数が増大しているのに対して，バンコク都ではR&D，統括，販売・リースなどサービスと関連するG分野の

2000年代初頭まで継続する。これは1990年代にホンダがアユタヤ県に，三菱自動車がチョンブリー県に，マツダ（オートアライアンス）がラヨーン県に，2000年代に三菱ふそうがパトゥムターニー県に工場を設立したことと密接な関連を持っている。これらの完成車メーカーに部品を供給するためにその周辺地域へと部品企業は進出したと見られる。

次に前掲『海外進出事業総覧』(2012）によりながら進出時期と業種の関連を見る（表2.3参照)。まず，業種に関して，A「エンジン部品」，B「シャーシ部品」，C「ボディ，内装，ガラス部品」，D「電装部品」，E「金型・冶具関連部品」に分けてその進出を見ると1970年代まではGの「販売・リース業務」などが中心で，組み付け部品部門への進出は顕著ではない。ところが，1980年代になると部品企業の進出件数が増加すると同時に，その進出分野は，AからHまでの全分野へと広がる。「エンジン部品」，「シャーシ部品」，「ボディ，内装，ガラス部品」，「電装部品」への進出は，セットメーカーへの直接ライン組付けへの部品供給やそれと関連したタイ政府のローカルコンテントの引き上げ政策が大きく影響しているものと思われる。全般的な部品企業の進出は1990年代，2000年代に急速に拡大し，2000年代にはR&D，統括などを含むG分野の活動が再び増える傾向にある。

表2.3　タイにおける自動車部品企業の進出時期と業種

	1950年代	1960年代	1970年代	1980年代	1990年代	2000年代	2010年代	不明	統計
A			2	7	18	13	1	1	42
B		2	1	2	19	22	2	1	49
C			1	6	34	24	4		69
D			3	5	25	10	2	1	46
E	1			4	4	7			16
F		1	1	1	7	6	4		20
G		4	5	5	8	22	2	1	47
H				1	1			1	3
I		1			2	5			8

注：Aエンジン，Bシャーシ，Cボディ，内装，ガラス，D電装，E金型・冶具，Fその他，G R&D，統括，販売・リース，H部品搬入・梱包，Iタイヤ。
出所：小林（2012)，原典東洋経済新報社『海外進出事業総覧』2012年版。

活動が多い（バンコク都に隣接しているサムットプラーカーン県ではG分野を含めた全部門での投資が見られる)。

なかでも，1980年代以降2010年までにAのエンジン部品関連企業が多数タイに進出したことは注目に値する。それは，1986年以降タイ国政府は，自動車産業における技術の結集点ともいうべきエンジン部品の現地調達の推進を目指し1996年までにローカルコンテント80%に達するようなガイドラインを設定したため，エンジン関連企業のタイ進出が1980年代後半から1990年代にかけて激増した。タイへの分厚い産業集積は，こうしたタイ政府のローカルコンテント引き上げ政策の結果であるといえよう。

3.2　日系部品企業の事例研究

ここでは1970年代の早い段階でタイに進出した大手日系部品製造企業2社と1970年代末に進出した自動車生産の各段階で必要となる機能を提供する企業，それにタイ地場部品大手企業3社を取り上げた。

3.2.1　デンソータイ[22)]

デンソーは1972年サムットプラーカーン県のサムロンに工場を立ち上げ，生産を開始した。タイ政府の自動車輸入代替，国産化政策に沿い，タイ国内での部品調達需要が高まったことが背景にある。親系列のトヨタからの要請もあったようだ。当初の生産品目はエアコン，プラグ，発電機など電装部品25品目であった。その後国産化政策の推進，自動車組み立てにおける現地調達比率の引き上げに伴い生産活動を拡大した。

他方で1980年代後半から始まったBBCスキームやその発展形態である1996年発表のAICOを活用してのASEAN域内での部品の集中生産と相互補完が始まる。たとえば，それぞれの比較優位性に基づき，タイではオルタネーター（電装部品）類，インドネシアではエアコンコンプレッサー類，マレーシアでは電子部品類，フィリピンではメーター類を集中生産した。選択集中の品目を決める際にはその国でどういう部品が調達可能かポイントとなった。現状約8割をASEAN域内から調達しておりASEANを1つの地域として扱っている。どこで何を生産するか，顧客の要求を勘案しながら対応している。

1995年にチョンブリー県アマタナコン工業団地にバンパコン工場が稼働。

22)　インタビューに基づく。

次いで2004年にウエルグロウ工場が稼働している。下請け企業数は2012年で約250社である。2015年現在デンソータイランドの資本金は2億バーツで従業員数は2015年3月時点で1,246名（サムロン），2,570名（バンパコン），1,524名（ウエルグロウ）の計5,340名となっている。生産額は2012年の379億8,000万バーツからやや下降して2013年が362億6,400万バーツ，2014年が331億500万バーツであった。デンソータイランドに加えてサイアムデンソーマニュファクチュアリングが2002年に設立されており，同じく従業員数は2,852人，2014年の生産高は267億5400万バーツとなっている。

また，2007年には豪亜地域の統括運営を行うとともに自動車部品の開発・設計を行うデンソーインターナショナルアジアが設立され，バンコク東部バンナートラッドの工場で324名が従事している。

できるだけローカルのものを調達することでコストダウンを図ることは同社においても今日の経営課題の1つである。これを同社では深層現地化と呼んでいるが，ローカルSME企業からであっても日本製の機械，日本人技術者に依存し生産されるものは高い。他方でローカルSMEの生産力向上はなかなか容易ではない。5S，QCなど基本所作のできていないところは技術移転もままならないというのが同社においても経験されているが，ローカルSME企業の中で見どころある企業の育成・支援に取り組んでいる。

ASEAN域内での今後の展開については，人口約2億4,000万人で年間生産台数130万台規模のインドネシアでは各部品を生産することが可能であり，同じく約2億4,000万人のメコンでも5ヵ国のハブであるタイを中心として各国が連携しながら各部品を生産することが可能である，そしてマレーシアとフィリピンが得意分野で補完するという形が予見される。そして全体としてASEANでグローバルな供給基地の役割を担っていくと考えられている。さらにはインドとの補完関係も視野に入れられている。ASEAN―インドFTAに加えて今後RCEPに期待したいとのことである。

3.2.2 タイ矢崎

矢崎グループのタイへの進出は1962年に遡る。タイ地場資本マハグナ家と合弁でタイ矢崎電線（TYE）を設立し一般電力ケーブル・電線の製造販売を開始した。矢崎グループとして初の海外進出であった。ちなみにアメリカへの進出は1964年のことである。1967年にはグループの統括会社としてタイ矢崎コーポレーション（TYC）を設立する。

自動車部品用ワイヤハーネスの生産開始は1972年で，タイ矢崎電線の敷地内に生産ラインが設置された。その後円高で自動車メーカーが海外に生産拠点を移転させる動きが本格化する。最初は各社ノックダウン組立生産であったところ，部品も海外で調達という流れとなり，まず労働集約的なワイヤハーネスから現地調達する動きになった。タイ矢崎にとっても追い風となる。

こうしたなか，矢崎電線は1977年に名称をタイアロープロダクツ（TAP）と変える。拡大する需要にこたえるため1984年にバンコク郊外バンプリに，1988年にはチャチュンサオに，さらに1992年にはタイ中部ピサヌロークに工場を建設し，ワイヤハーネス，コネクタ，自動車用計器・電子機器を生産している。ワイヤハーネスのタイにおける矢崎のシェアは2014年で50%を上回り56%に達したのではと推測されている。計器類のシェアは同じく37%と推測される。2014年12月現在でTAPの総従業員1万2,849人，うち日本人45名となっている。生産体制はコンポーネントとワイヤハーネス部門に分かれ，コンポーネント部門はさらに計器，テープ，部品，電線の4部門に分かれている。

2015年3月現在タイにおいては，グループの管理統括を行うタイ矢崎コーポレーション（TYC），自動車部門の開発営業，調達を行うYIC-AP，電線熔銅のTMP，一般ケーブル製造，販売のTYE，自動車用部品製造，販売のTAPの5社でタイ矢崎グループを構成する。このうちYIC-AP（YIC ASIA PACIFIC COPORATION LTD）は地域統括会社として2004年9月に設立され，開発，営業，管理，ファイナンス，調達，原価部門を有する。開発部門は2014年12月現在で総勢152名，うちタイ人は136名である。自動車メーカーの開発に対応して開発体制を組んでおり，現在はワイヤハーネスの開発，同設計，外装開発，部品開発それにメーター開発が行われている。

2012年末タイ矢崎は南部タイ―カンボジア国境近くのカンボジア内コッコンにワイヤハーネス工場を設置した。増大する需要に対応するため生産拡大がタイにおいて必要となってきたが，タイ国内の労働者不足，賃金上昇を背景に，タイ国内での生産拡大ではなくカンボジアへの投資を決めた。いわゆるタイプラスワンの動きとして注目を集めた事例である。

3.2.3 パーカライジング[23)]

タイパーカライジングは，日本パーカライジング社のタイ法人として，主に自動車産業を支える金属の表面処理剤の生産と販売を目的に，1979年7月に設立された。その後，1990年にはイソナイト処理，1992年にはリン酸塩を始めとする防錆加工処理，さらに1997年にはガス浸炭焼入に代表されるガス熱処理という加工処理事業も各々開始した。

2007年には，サムットプラーカーンにあるバンプー工業団地に最新鋭の自動薬品製造工場を，さらに2010年にはラヨーン県のイースタンシーボードのヘマラート工業団地に自動化成処理工場と自動熱処理工場を各々設立した。

パーカライジング処理とは，リン酸塩皮膜を生成させる方法の総称であり，耐食性や塗装下地，冷間鍛造等の幅広い分野で利用されている金属表面処理技術を指す。その昔，工業適用に貢献したアメリカ，パーカー兄弟の姓をとってパーカライジングやパーカー処理と呼ばれ，今では，金属の表面処理としてはなくてはならない技術となっている。日本パーカライジング社自体もアメリカ・パーカーラストプルーフ社から技術導入して1928年に創業した企業である。

現在タイで展開している事業は以下の3分野である。

①表面処理薬剤の製造および販売サービス：自動車，自動車部品，家電，その他の金属の表面処理技術を必要とする顧客への薬剤製造，供給および技術サポートの実施。

②熱処理・防錆加工の受託処理サービス：自動車，オートバイ，および家電等に関わる部品を顧客から預り，熱処理・防錆処理を施したのち返却する。

③ Analysis Center 分析サービス：部品材料や液体等の化学分析や表面分析のサービス事業。これを担うテクニカルセンターは表面解析のための高機能な分析機器を豊富に揃えており，タイのみならずASEAN各国からの依頼分析にも対応している。

こうした事業を担う拠点は

23) 同社資料およびインタビューによる。

①バンプー工業団地：本社と表面処理薬剤工場や各種受託加工工場
②ゲートウェイシティー工業団地：熱処理工場
③ヘマラート工業団地：受託加工の総合工場，R&Dセンターやプロダクションテクノロジーセンター

である。これらの3エリアの拠点を総合的に用いて，自動車，鉄鋼や家電産業を主体とする業界の1,000社以上の顧客に，サービスを広く提供している。

2015年7月時点での資本金は2,800万バーツで日本パーカライジングが49%，タイ側APホールディング社が40%，BTMU 10%，その他1%となっている。総従業員は約800名で日本からの派遣は12名である。日本パーカライジング社は中国，韓国，台湾，フィリピン，マレーシア，インドネシア，インド，ベトナムにも現地法人を有するがタイが最大である。給与を含め従業員への配慮がさまざまになされてきたことから労働組合もなく労務は円滑の模様である。R&Dを中心にタイ人従業員の育成が今後の課題であるという点では同社も例外ではない。技術サービス，分析においてタイ人技術者のレベルは高く，開発にまで持っていきたい意向である。

3.3　タイ系自動車部品企業の事例研究

3.3.1　ソンブーングループ（SBG）[24]

社名のソンブーンは創業者の名前に由来する。創業者はもともと自動車修理の店を営んでいたが，修理に使う部品に日本製が多いのに気づき，日本からの部品を輸入することとし，ヨンキーという名の部品販売店を創業した。当初はバネ類を取り扱っていたが次第に量が拡大してきたので自社で作れるのではないかと考え工場を立ち上げることを決断した。生産に必要な機械設備は日本人の友人のアドバイスで導入した。1962年頃のことである。社名は「ソンブーンスプリング」。最初はアフターマーケット用のバネ類を生産していたが，1980年頃からOEMによる部品生産を開始し，日産と連携するサイアムモーター（ポーンプラパ家）に納品を始めた。1983-84年には日本企業からバネの生産技術，ブレーキの鋳造，鍛造技術などの技術援助を受けた。

1990～1997年に日本企業との合弁9社を設立する。1997年のタイバーツ危

24）インタビューに基づく。

機で株式を売却せざるを得なかったがまだ一部株式を保有している。

2000年以降売上が急増し年商12億バーツ規模に拡大する。そうしたなか2006年バンコク証券取引所（SEC）に上場した。グループは持ち株会社のSAT（Somboon Advance Technology Public Co., Ltd.）ホールディング社の下に製造企業4社（Somboon Malleable Industrial Co., Ltd. : SBM, Bangkok Spring Industrial Co., Ltd. : BSK, International Casting Product Co., Ltd. : ICP, Somboon Forging Technology Co., Ltd. : SFT）と海外（日本）に1社（SBG International Japan Co., Ltd. : SIJ）を擁する。各社の概要を見ると，SATは1995年の創業で資本金は4億2,500万バーツ。主な製品はRear Axel Shaft, Trunnion Shaftである。SBMは1975年の創業で資本金5億バーツ。主な製品はBrake Disk, Brake Drum, Flywheel, Exhaust Manifoldである。BSKは1976年の創業で資本金1億3,000万バーツ。主な製品はCoil Spring, Stabilizer Barである。ICPは2003年の創業で資本金7億8,500万バーツ。主な製品は鋳造部品である。SFTは2012年の創業で資本金は2億5,000万バーツ。主な製品は一般鍛造部品である。なお，日本にあるグループ代表会社のSIJは2011年の設立で，資本金1,000万バーツである。

SBGにとっての経営上のマイルストーンは以下の6つである。

①ローカルのファミリービジネス起業

② OEM開始

③世界標準並み輸出開始とその拡大

④株式上場

⑤ R&D強化

⑥海外投資と多様化

①から④はすでに達成し，現在は⑤に取り組んでいるところ。⑥はこれから徐々に進めていきたい意向である。

⑤のR&Dに関しては売上の約1割を投入している。設備投資額は年間1.5～2億バーツの規模である。分野別に見るとスプリングの分野が最大で売上の約5%を投入。この分野ではアセンブラーからの設計図面がなく自社内で設計することでアセンブラーの要求に応じている。

R&Dの主力は約30名のタイ人で日本人のアドバイザーに短期支援で来ても

らうこともある。また，社外では産学官連携の形でタマサート大学，キングモンクット大学トンブリ校，国立科学技術開発（NSTDA）等との委託や共同研究を行っている。日本企業とも連携しているが，日本企業と連携することで信用が付くとも認識されているようだ。

SBGはカーアセンブラーに対して直接納入するTier1であるが，Tier2, Tier3それ以下はグループ内で内製化しており原則としてアウトソーシングしていない。これは，日系のTier2, 3あるいはそれ以下に対して価格引き下げ等の交渉力を持てないためとしている。原料は主として，日本，中国，インドからの高炭素鋼である。タイ国内の取引先はオートアライアンス，日野，ホンダ，いすゞ，日産，スズキ，トヨタなど，また海外ではEEPW，プロドゥア，IGP（インドネシア），SASA（南アフリカ），OSI（ドミニカ）などである。最近に注目されるのは市場の多様化で，自動車以外に農業機械大手のKubotaにも部品を供給しており，近年全体の売上の17％にのぼる。この農業機械の部品の売上は年々に増加している。2014年にタイの自動車の総生産台数は188万台で前年と比較して23％減少したが，SATの総売上（約82億バーツ）が12.2％減少にとどまったのは多様化の効果とされる。

同社の経営課題はアセンブラーからの毎年の値下げ要求へどう対応するかということで，たとえば新車種を販売して2年目から5年目まで毎年2割の値下げを要求されることがある。毎年前年の何パーセント減で下げていくと非常に厳しい。また，世界的に部品業界での競争が激化するなかで，短期間で製品開発しなければならない。他方R&Dに従事する高度産業人材は獲得競争が激しく，その確保がこれからの大きな課題となっている。

3.3.2　サミットグループ[25)]

社名サミットはサミットグループの最初の会社であるサミットチャイキット社に由来する。1960年代にサミットチャイキット社会長のサンション氏が二人の友人と二輪車のシートの修理事業を創業する。ちなみにサミットはタイ語で「三人の友達」を意味する。1971年に自動車部品の国産化をめざす政策が出されたことを受けて，1972年に自動車部品生産の会社Summit Auto Seat

25)　インタビューに基づく。

Industryを設立した。最初の顧客は二輪のサイアムヤマハであった。その後1976年にホンダと合弁で二輪車の部品製造会社Asian Autopartsを設立した。日本で売れている二輪車は250ccだったがタイでは70～150ccが中心であった。このためタイ国内での製品開発と生産は日本のホンダ本社から独立して進められ国産化率はほぼ100%となっている。

1977年に弟のパッタナー氏が独立しSummit Autoparts Industry社を設立した。サンシヨン会長は二輪車の全体のビジネスをパッタナー氏に譲り，二人の兄弟が業務の拡大を別々に行うことになった。サンシヨン会長は自動車の部品製造を主力とし，社名の頭にSummit（Summit Auto Seat, Summit Auto Body Industry, Summit Autotech Industry, Summit R and D Centerなど）を付した。他方，パッタナー氏は二輪車の部品生産を主力とし，社名の頭にThai（Thai Summit Autoparts Industry, Thai Chanathorn Industry, Thai Harness, Thai Summit Engineering, Thai Summit PKなど）を付した。

2015年現在でグループ会社の年間総売上は約20億ドルで関連企業は30社以上にのぼる。内子会社が15社，合弁会社が9社，在外子会社が11社である。

自動車と二輪車の部品のほか，電化製品や農業機械も生産している。総生産額のうち自動車の占める割合が72%で，二輪車の割合が26%となっている。

タイ国内の生産拠点はサムットプラーカーン，チョンブリー（レムチャバン），ラヨーン，アユタヤ，ナコンナヨークの各県で，海外はマレーシア，インド，ベトナム，インドネシア，中国に工場を持つ。自動車の部品はこれら全拠点で生産するが，二輪車部品はタイ国内のサムットプラーカーン，インド，ベトナム，インドネシアで生産している。

サミットはアセンブラーに対して直接納入するTier1である。取引先はオートアライアンス，ボルボ，メルセデスベンツ，いすゞ，フォード，三菱，日産，プロトン（マレーシア），トヨタ，プジョー，スズキ，カワサキ，ホンダ，トライアンフ，GM，クライスラーとなっている。

生産品目は，Insulation, Instrument Panelなど合計33品目にのぼる。[26)]

26）Mechanism Parts, Door Trim, Shield Splash/Fender, Floor Mat, Bedliner, Foam, Seat, Frame, Head Restrain, Driver Airbag, Headlining, Sunvisor, Hood Hinge, Hood Panel, Door Hinge, Door Panel, Door Sash, Side Step, Tail Gate, Rear Box (Full Box), Exhaust System, Silencer, Floor, Fuel

サミットのソンポーン社長は自社の競争力として，①取引先に近い立地点，②ワンストップサービスの提供，③取引先から習ったベストプラクティスの適用，④大量購入によるコスト引き下げ，⑤安価な調達先の確保の5要素を挙げている。

R&Dに関しては1999年に400㎡の敷地にサミット研究開発センター（Summit R and D Center Co., Ltd.）を設置した。ここに4億バーツを投資し，約30人の技術者を置いている。主な業務は製品設計と品質保証関連で，Full An-Echoic Chamber Room，CAD/CAE System for Parts design and Analysisなど最新の設備を導入した。ここでの製品設計は8つの段階を経る。すなわち，取引先からの要請，パーツの設計，有限要素法シミュレーション実験，プロトタイプ製作，試験，組立，再試験，図面仕様の承認である。

R&Dは，まず社内の人材でやる，タイ国内で技術を導入する，国内の研究所と協力する，海外の企業（例：日本の中小企業）技術導入契約を行う，という戦略で遂行している。海外企業との技術提携契約の場合まず技術者を派遣してもらい社内でトレーニングにあたってもらいそのうえで技術を購入することにしている。タイ国内の研究所との協力の例は国立科学技術開発機構（NSTDA/KMUTNB）との生産工程開発である。高温型押し，ロボット，サーボギア，ロール成形と多岐にのぼる。技術者交流も行っている。

全般にタイ地場企業は日本からの進出企業に比較して競争力が弱く，Tier 2でも今後さらに研究開発，社内の技術水準を高めないとTier 3へ転落したりあるいは倒産してしまうとの危機感が持たれている。このため同社でも人材育成，企業風土の改善，技術移転の機会，政府からの援助などが必要とし，日本以外からの協力（特に欧州）も模索したい考えだ。

3.3.3　タイルン[27)]

タイルンは1967年にウイシイアン元社長が創業した。当初はチャイチャルアンキットモーターという社名で，いすゞ軽トラックの改造事業，特に車輪の

Lid, Side Wall, Cross Member, Parking Brake, Fender Shield, Mounting Engine, Anti-Vibration Products (AVP), Fuel Pipe Filler.

27）インタビューに基づく。

幅やループの拡大に従事し，他方でいすゞ自動車の販売代理店を始めた。同社長は根っからの技術者で，改造した自動車は売れるがお金は回収できないという時代もあった。その後いすゞの支援でタイルンエンジニアリング社を設立した。車体設計と改造を専門とする会社である。このように同社は創業の経緯からいすゞとの関係が深い。

1967年ごろ政府の国産化政策に沿い，OEMの自動車部品生産を始めた。1994年にタイルンユニオンカーが株式市場に上場するに至る。現在では自動車生産の広範なニーズに応えている。すなわち設計から，研究開発，金型と生産設備の設計と製造，金属とプラスチック部品の生産，委託組み立て，塗装など。中でも車体改造は得意分野で，たとえば，7人乗りMPV，SPV（TR Exclusive Limousine），TR Transformer，軍隊用MUV4，救急車，バス，バン，冷凍車，小型バスなどの車体改造を行っている。エンジンはいすゞ製を用いている。

タイルングループの事業は，① Tooling & OEM parts，② Contract Assembly & Painting，③ Special Purpose Vehicles & Service Center の3つに分けられる。

タイルングループの素材調達を見ると鋼鈑はタイ国内または海外（特殊鋼）から，また車体組立用の標準部品は国内のTier2またはTier3から調達しいている。鋳物，熱処理加工も国内の下請けに発注している。上述のTooling & OEM partsの取引先は日産，GM，いすゞ，三菱，フォード，トヨタ，スズキ，タタ，マツダ，エマーソン，ホンダ，カワサキなどである。Contract Assembly & Paintingは日産，タタ，いすゞ，コマツ，コベルコ，ヤンマーの6社。Special Purpose Vehicles & Service Centerは一般の市場，軍隊，病院，消防署などである。また，海外の取引先はインドのMahindran（M&M），KCEI（Kobelco India）とブラジルのGMである。

タイルンはタイ国内のTier1，Tier2サプライヤーである。前者として自動車部品，二輪車部品，電気部品をアセンブラーに供給している。後者としては自動車部品もしくは冶具，金型をTier1に供給。また，輸出は自動車用の冶具，金型，溶接と型押し部品，建設機械の組立塗装と型押し部品である。Tier1の主な製品は，Flat Deck, Stamping Inner Parts, Cap Assembly，Door Assembly,

Painting Parts, Motorcycle Fuel Tank, Electric Compressor Partsである。Tier2の主な製品は自動車のStamping Chassis Parts, Body Inner Parts, 自動車用の冶具，金型である。

タイルンの研究開発（R&D）の予算は平均毎年約2,000万バーツで，同社のR&Dには2つある。1つは社内での製品開発，たとえばタイルン主力商品である多目的トラックTR Transformerの開発は市場調査からの製品情報と顧客からの要求情報から製品設計を始める。この概念設計から製品の図面を作成し，技術者が日本人顧問と協働でCADによる実施設計を行う。国立金属材料研究所（MTEC）と協働でCAEによる車体強度分析や試験を行ってからプロトタイプを作成し実車試験をする。もう1つは外部との産学官協働の研究開発である。最近ではタイ国発電公社（EGAT）と国立科学技術開発機構（NSTDA）と電動自動車を開発している。このプロジェクトの目標はタイ国内に電動自動車の主要部品設計と開発の知識体系と能力を育成することにある。ここでのタイルンの主な役割は電子体系，伝動体系設計開発と車体改良である。この電動車プロトタイプは一回のチャージで時速60～80kmで約120kmを走行する。設計開発した主な部品は，Supervisory ECU，Battery Management System, Electric Motor, Invertor, Air Condition System with Electric Compressor and Invertor, Electric Vacuum Brake, Battery, Motor and Invertor Cooling System, Motor and Drive Shaft Connector, ECU Controller for Motor Dynamicである。

今後5年10年先の課題として同社は3つ挙げている。①産業人材不足，特に熟練労働者と技術者。今後自動車の生産台数が増加するにつれてもっと厳しい状態になると見る。またAECやさまざまなFTAの進展に伴い英語能力の人材ももっと育てていく必要がある。②技術ノウハウ開発のスピードアップ。③低金利の資金源の確保。特にタイの中小企業は資金源のアクセスが難しい。

同社はこれらの課題への対応のため，社内の人材育成制度の確立，社内生産工程の改善や海外企業との連携を図る考えである。

4．タイ自動車産業の今後の展望

4.1　概　　観

今日タイの直面する国家的課題は「中所得国の罠」からの脱却である。2025年には人口の25％を60歳以上が占めるという高齢化社会に早くも移行する。労働者不足感も強まっている。こうしたなかで高齢者社会の到来の前に中所得国の罠から脱却し，高付加価値の産業構造に転換していくこと，が今日のタイにとり喫緊の課題とされている。先に触れたがタイ政府も昨今ひとしきりイノベーション，R&Dの重要性を強調しているがその背景にはそうした強い危機感がある。今後のタイの自動車産業の発展，変容もこの産業構造転換の流れに沿ったものとなろう。既述のように自動車産業はタイの基幹産業であり，タイにとってのその重要性は今後も不変と見られるが，同産業全般により高度な付加価値の高い生産機能拡充が求められることになろう。それを支えるのは研究開発（R&D）機能の拡充である。この見地からR&Dを担う高度産業人材，研究開発人材の育成供給が不可欠であり，その成否こそがこの国の自動車産業の高度化の度合いを規定することになろう。

他方で2015年末ASEAN経済共同体（AEC）が完成を見た。単一生産基地，単一市場を掲げるAECを踏まえて，産業高度化を模索するタイがハブとなって周辺国にプロダクションネットワークを構築し，他のASEAN諸国との生産分業を進めていくこと。この課題は自動車産業においても同様である。

4.2　タイ政府の自動車産業高度化政策

上述のようにタイの自動車産業高度化が喫緊の課題であるなかで，今後の具体的な政策目標は一層の輸出拡大，いわば自動車輸出生産基地化である。

そのために，①研究開発および製品設計，②品質保証のための試験設備，③人材育成がより一層重要な課題と認識されている。研究開発および製品設計に関してはタイでは部品設計や車体設計は部分的にできるが，中国や韓国と比較するとまだ競争できる状況ではない。タイ政府はまず，外国メーカーがタイ国内に研究開発および技術センターを誘致することをすすめてきた。これまでトヨタ，日産，ホンダ，デンソーなどが自社の技術センターを設立している。また，タイの地場企業もその必要性を感じて，大手のサミット，ソンブーン，タイルンなどは社内で研究開発設計できるよう設備投資，人材確保育成，産―学―官の協働研究もしくは委託研究を進めている。企業によるこうした研究開発を促進するため政府は，税制上，年間研究費の2倍ないし3倍を経費として計上することを認めている。

試験設備は主としてユーザーの信頼性を高めるためである。タイ自動車研究所（TAI）は1998年に設立されて以来，主として地場の自動車部品企業の部品試験に設備を提供している。ただし，設立当初はタイ工業規格局から供与された実験設備で試験業務を行っていた。そこでは材料強度，排気ガス，騒音，などの実験が可能であるが，設計に関する所要の試験はできない。それに関してはタイ国内の大手外資の自動車企業や部品企業または海外の試験センターに頼ることになるが，時間がかかりまた費用負担が大きい。また自動車および主な部品の設計に対してなくてはならないのは製品開発の試験の場，プルービンググラウンドである。TAIは数年前から政府にその導入の提案をしてきたが，所要予算が70～80億バーツにのぼるため，難航，2015-16年度に40億バーツの予算がつけられようやく日の目を見ることになった。

人材育成はタイ自動車産業の将来に最も大事な課題である。産業の拡大につれて人材不足が次第に深刻になっている。2010年にTAIと日系自動車企業が協力して4年計画の産業人材育成プランAHRDP（Automotive Human Resource Development Plan）を策定，それにしたがって自動車産業の人材育成が図られてきた。まず，トレナーの訓練を行い，それから，各社で社内人材育成を行う。トヨタはトヨタ生産方式（TPS），ホンダは金型設計と製造，デンソーは管理技術などとされる。2014年にAHRDPの後続事業としてAHRDIP（Automotive Human Resource Development Institute Project）が始まった。これはより高度な人材育成をするためのもので3項目が計画された。生産管理，品質保証と試験，研究開発とエンジニアリングである。また2015年現在自動車産業には関連産業部門も含めて，60～70万人の従業員が従事していると見られるがうち約12万人が外国人であると推測される。この外国人の大部分は未熟練工であるため，生産性低下，品質不良，納期に関する問題が発生している。

タイ工業連盟（TFI）の人材技能開発センターは工業省，教育省と労働省の協働で自動車産業をはじめタイに重要な産業の人材技能基準を作成し，教育カリキュラムや職業訓練計画を推進している。例として，専門学校と企業の協力でWork Integrated Learning，Cooperative Courseが設けられて，学生に企業内研修の機会が与えられる。

4.3　フラッグシッププロダクツ

フラッグシッププロダクツとはタイに特徴的な政策誘導である。最初のフラッグシッププロダクツは1トンピックアップトラックであった。国民経済における農業の比重が相対的に高いタイ社会において農村における人の移動や作物等の有用な運搬手段として政府はその育成を支援した。農村のニーズに対する配慮があったものと見られる。このためあらゆる政策を用いて関連部品産業を育て，エンジン国産化支援などを行い，その結果輸出競争力をつけ，ニッチなマーケットとはいえタイは世界における重要なピックアップトラックの生産基地となった。

次に展開されたフラッグシッププロダクツ第2弾はエコカー（国際基準の省エネルギー自動車）である。2003年の末から議論が始まり，2004年初めに主な基準が設定された。これは世界の自動車産業の先端の動きをタイにおいてもフォローするとともに環境意識の高いタイ社会への配慮がなされた政策である。環境負荷削減は先進国市場への輸出には不可欠な要素でもあった。具体的には小型車体，低燃費，環境に優しいなどのさまざまな見地からエコカーの仕様が定められた。まず，幅1.6m以内，長さ3.6m以内，燃費は100kmに対して5.6ℓ以下，Euro4排気基準，欧州ECE安全基準に準じる。2005年にはエコカープロジェクトから“ACEs Car”（Agile，Clean，Economical，Safety）に名称が変わった。仕様は少し変更があり，幅は1.63m。燃費は100kmで5ℓ以下となった。販売価格も設定して35万～40万バーツ以内にするとされた。2007年に投資促進委員会（BOI）によるこのエコカーⅡの投資への支援が始まり，ホンダ，日産，トヨタ，スズキ，三菱，タタが参加し，投資総額は計430億バーツにのぼった。BOIは支援も条件として，上述の仕様以外に，次の4つの部品の現地調達を求めた。Cylinder Head，Cylinder Block，Camshaft，

Connecting Rod である。また生産台数は5年目に10万台以上とし，投資額は各社当たり50億バーツ以上とされた。このエコカーⅡにはその後マツダ，フォード，上海汽車（MG）の参加が認められている。

2015年に第3のフラッグシッププロダクツの議論が始まった。世界の自動車産業の潮流の1つである電気自動車（EV）である。政府は関係部門特に科学技術部門，大学および国立開発研究所に今後1年以内に電気自動車（EV）について学び，国内でEVが設計から生産までできるようになることを望んでいる。タイ政府はあらゆるリソーシスを動員してEVの育成に入る構えでありいつ実現するか注目されるところである。またその後新たに中型・大型トラックとバスについて議論が開始されている。

4.4 地域経済統合への対応

2015年末に既述のようにASEAN経済共同体（AEC）が発足した。自動車産業の域内統合は事実上1988年のBBCから始まっており，AICO，AFTAによる域内自動車部品の相互補完流通が進められてきた。AECの発足によって，CLMV諸国を含むASEAN域内の関税障壁がほぼ撤廃され，2018年にはCLMVの自動車関税も撤廃となる。

タイはASEAN随一の自動車産業集積を抱えており，経済統合が進むと，基本的には中心国として域内での競争力や立地優位性は高まる。

まず、インドネシア，マレーシア，フィリピン，ベトナムなど既存の生産拠点との間では，エンジン，トランスミッションなど基幹部品を含めた部品の水平分業が進むと見られる。タイとカンボジア，ラオス，ミャンマーなど周辺国との間ではタイプラスワンと呼ばれる工程間の垂直分業が動き始めている。タイに拠点を置く自動車部品企業の中には，労働集約的な工程を周辺国に移管し，しかも輸送コストを節約するために国境地帯に生産拠点を設ける企業が見られる。たとえば，矢崎はカンボジアのコッコンに，トヨタ紡織はラオスのサバナケットに工場を設立している。一方，デンソーや住友電装は国境地帯よりも労働力が豊富なプノンペンを選択した。カンボジア，ラオス，ミャンマーといった周辺国は部品供給基地としてタイ国内に立地する自動車産業集積の一環に補完的に包摂される可能性が高い。

タイプラスワンの生産分業は，労働集約的な工程を周辺国に移転させることによって，タイ自体の産業高度化を促す可能性がある。タイでは，既述のように「中所得国の罠」を克服するために，技術開発力を高め，より付加価値の高い分野に活動の重心を移していく必要にせまられている。事実2015年1月から実施されているBOIの「新投資奨励政策」では，研究開発，技術革新とともに，タイ企業による周辺諸国への投資やグローバル企業による地域統括機能の設置が奨励されている。自動車産業集積で優位なポジションにあるタイが，周辺諸国との生産分業を深めることによって，産業高度化とともに自動車産業の競争力をより一層高めることができよう。

他方，完成車市場においては，人口規模において優位性を持つインドネシアと並んで，タイの生産・輸出拠点としての優位性がAECにより一段と強まる可能性が高い。

おわりに

以上タイの自動車・同部品産業の発展の過程と現況を明らかにするとともに今後の展望について若干の考察を行った。タイにおいてASEANで抜きん出た自動車産業クラスターが構築されていることは議論の余地はなく，また，AECおよびその他地域経済統合の進展は完成車輸出におけるタイの優位性を強固にすると見られる。したがって，ASEANの自動車大国としてのタイの地位は当面は揺るぐことはないと見られるが，人口規模を背景として着実な発展を見せつつあるインドネシアの自動車産業を鑑みればこれまでのような“タイの一人勝ち”の時代は終焉に向かうこと想定される。また，やがて人口1億人に達すると見られ，TPPにも先行加入することになるベトナムの自動車産業の動静もタイとの競合と補完の見地から注視されている。2018年のCLMVの完成車輸入関税撤廃後，タイがメコン地域の自動車産業のハブとして，ひいてはASEANの自動車産業のハブとして着実に優位性を発揮，維持していくかどうかは，タイの自動車産業高度化政策によるところが大きく，その展開が今後注目されるところである。

◆参考文献

川邉信雄（2011）『タイトヨタの経営史』有斐閣。
木村福成・浦田秀次郎（2012）「自動車・同部品産業と経済統合」西村英俊編『アセアンの自動車・同部品産業と地域統合の進展』ERIA（東アジア・アセアン経済研究センター）。
黒岩郁雄（2014）「産業立地」黒岩郁雄編『東アジア統合の経済学』日本評論社。
黒岩郁雄・坪田建明（2014）「地域格差」黒岩郁雄編『東アジア統合の経済学』日本評論社。
小林英夫（2012）「タイにおける自動車・同部品産業」西村英俊編『アセアンの自動車・同部品産業と地域統合の進展』ERIA（東アジア・アセアン経済研究センター）。
西村英俊（2012）「東南アジア自動車部品産業の現状と地域統合」西村英俊編『アセアンの自動車・同部品産業と地域統合の進展』ERIA（東アジア・アセアン経済研究センター）。
福永佳史（2012）「フィリピンの自動車・同部品産業」西村英俊編『アセアンの自動車・同部品産業と地域統合の進展』ERIA（東アジア・アセアン研究センター）。
タイトヨタ『タイトヨタ50年史』。
Athukorala, Prema-Chandra, and Archanun Kohpaiboon（2010）*Thailand in Global Automobile Networks*, Geneva, International Trade Centre.
Gokan, Toshitaka, Ikuo Kuroiwa, Nuttawut Laksanapanyakul, and Yasushi Ueki（2015）"Spatial Patterns of Manufacturing Agglomeration in Cambodia, Lao People's Democratic Republic, and Thailand", *ERIA Discussion Paper* 2015-68.
Natsuda, K. aoru and John Toburn（2012）"Industrial policy and the development of the automobile industry in Thailand", *Journal of the Asia Pacific Economy*, 18(3), pp. 417-437.
Wad, Peter（2009）"The automobile industry of Southeast Asia: Malaysia and Thailand", *Journal of the Asia Pacific Economy*, 14(2), pp. 172-193.
AMCHAM Member Directory, Thailand.

参考資料

小林英夫（2000）『日本企業のアジア展開』日本経済新聞社。
BOI E-Newsletter, April 2012, Vol 22, No.4: Company Spotlight; *Thai Summit Confident of Greater Growth in Thailand Auto Industry.*

Econ New, Thai Economic and Social Journal, Vol. 25, No. 570, December 2014, page 20-23, *New Tax Policy/ECO Car 2; Turning Point of Thai Automobile Industry.*

Matichon Daily, Thai Newspaper; May 20, 2015, *Thai Auto Industry; EV is a new trend.*

Office of Industrial Economics, Ministry of Industry: *Automotive Industry in Thailand*, January 2006, page 7-13.

Thai Auto 2 Million Celebration: The New Dimension Drives The World, Ministry of Industry and the Thai Federation of Industry, 2012.

Thai Auto 2 Million Celebration 2012 Thailand Automotive Institute.

Thailand Automotive Industry Directory 2014, Published by Cosmic Enterprises Co., Ltd. Thailand.

Thailand Automotive Institute: *Master Plan for Automotive Industry 2012-2016*, December 2012.

THANSETTAKIJ, Thai Business Newspaper; Vol. 35, No. 3056, May 28-30, 2015, page 28, *ECO Car.*

Wanrawee Fuangkajonsak: *Industrial Policy Options for Developing Countries: The Case of the Automotive Sector in Thailand & Malaysia*, page 13-23, Master of Arts in Law and Diplomacy Thesis, The Fletcher School, TUFTS University, March 2006.

Weerachart T. Kilenthong Working Paper No. 8: *Roles of Industrial Policies in Thai Industrialization: Lesson from Automotive and Electronics Industries*, 2014, page 8-10, RIPED Working Paper Series, Research Institute for Policy Evaluation and Design, University of the Thai Chamber of Commerce.

第3章　インドネシアの自動車産業

磯野生茂

はじめに

インドネシアの年間新車販売数は2011年にASEAN最大となり，2014年の販売台数は約121万台に達した。生産台数においても，ASAEN首位のタイを猛追する勢いで，今後も発展が期待されている。一方，従来インドネシア自動車産業は，タイを成功例と見たてたうえでの「失敗例」として認識されてきた。近年のインドネシア自動車産業の「成功」はいかにしてもたらされたのであろうか。また，今後の課題は何であろうか。

本章では第1に，インドネシア自動車産業の現状と歴史を概観し，近年のインドネシア自動車産業の「成功」の理由について示す。第2に，ジャカルタ周辺のインドネシア自動車産業の集積について，特にインドネシア進出の動きが加速した2012年時点の動きについて触れ，さらにデンソーに見られる分業体制の再編について概説し，ASEANの経済統合がもたらす影響を説明する。第3に，インドネシア自動車産業の発展が今後予期される交通渋滞の悪化によってどの程度阻害されうるかをシミュレーションを用いて表し，それに対する処方箋について述べる。

1. インドネシア自動車産業の現状と歴史

1.1 インドネシア自動車産業の現状

図3.1はインドネシアの自動車販売，生産台数を乗用車，商用車に分けて図示したものである。アジア通貨危機時の1998年には販売，生産とも5万8,000台まで落ち込んだが，2000年以降は上昇トレンドに転じ，2006年の資源価格高騰，2008・2009年の世界金融危機の一時的な減少を乗り越え，2011年に販売台数はタイを抜きASEAN最大となった。2014年には販売台数が120万8,028台，生産台数は過去最高の129万8,523台に達している。

2000年以降の大きな変化は，生産は2003年から，販売は2004年から乗用車比率が高くなったことである。MPVで代表される乗用車「セダン以外（二輪駆動）」のシェアが高く，全体の販売に占めるシェアは2012年に66.2%，生産に占めるシェアは2013年に69.7%に達した。一方，このシェアは2014年にはエコカーの伸びによって6割弱に低下している。

タイと比較した際の特徴は，依然生産のほとんどが国内販売向けであること

図3.1 自動車販売，生産台数（1996～2014年）

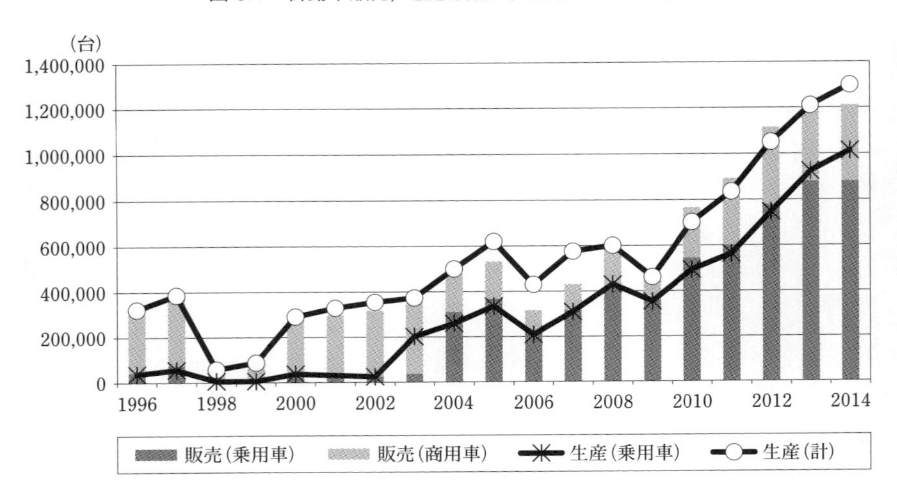

出所：GAIKINDO。

である。実際，図 3.1 においても生産台数と販売台数はほぼ連動して増減している。消費が落ち込む直前の 2013 年のデータでは，CBU 輸出は 170,907 台，CKD 輸出は 105,380 台であり，生産に占めるこれら輸出の割合は 21.3% である。2010 年のデータによると，日系メーカーのシェアは 95% を超え，トヨタ・ダイハツあわせ 5 割強のシェアを有するだけでなく，ランキングでも 8 位の日野自動車まですべて日系メーカーである。

インドネシアは 2010 年に 1 人当たり GDP が 3,000 ドルを超え，その市場の大きさ，比較的堅調なマクロ経済，中間層の拡大，人口ボーナスの継続期待とあわさって自動車販売・生産とも増加を続けている。第 2 節にて詳述するように，2012 年だけでも多くの自動車メーカー，自動車部品メーカーが進出，拡張を表明し，急速な発展を見た。

1.2 政策の歴史

インドネシアの自動車産業は決してバラ色の道ではなく，多くの苦難に見舞われてきた。輸入代替政策は 1969 年から行われた。1971 年には国内生産台数が完成車輸入台数を上回り，1974 年には完成車輸入が禁止されている。1976 年からは商用車の部品国産化を目的として国内で調達するべき部品を指定した。この期間は 1973 年からの石油ブームによって産油国インドネシアが国産化へ邁進することを後押ししたとされる（石田 2002）。この部品国産化政策は石油価格の低迷によって 1978 年に一度停止したが，1979 年に変更を加えて再導入された。エンジン等機能部品は 1984 年より国内調達義務化がされる予定であったが，1981 年をピークに低迷していた自動車国内市場のために実働は遅れ，1986 年の石油価格低迷の煽りを受けインドネシア政府は 1987 年に計画を修正した（佐藤 1991）。1988 年にはエンジン部品の国産化を実行しない企業に罰則関税を課すことにしたが，1986 年以降のインドネシア他産業における輸出志向政策によるルピア切り下げ，円高，高関税により自動車販売価格の上昇を招いた（井上 1990）。部品国産化を達成するため BBC スキームもインドネシアは当初参加せず，1994 年まで遅れた（石田 2002）。数度にわたり部品国産化の達成目標年度は先延ばしされたが，小さな国内市場において部品国産化を追及する政策は完全に市場原理に反するものであった。

1993年からは，部品国産化率が高いほど部品の輸入関税が下がるインセンティブが与えられることになった。完成車の輸入が再び可能になったが，高率の輸入関税が課された（乗用車セダンタイプで200%など）。1996年2月には，スハルト大統領（当時）の三男が所有するティモール社1社を「パイオニア」企業として3年間にわたって優遇するために，インドネシア国民が100%株式を所有する企業がインドネシア独自の新しいブランドを用い，初年度末に20%，2年度末に40%，3年度末に60%の国産化率を満たすことができれば部品輸入関税と奢侈税を免除するという「国民車政策」が導入された。ティモール社は国民車「ティモール」を起亜自動車と提携して生産する予定だったが，ティモール社が工場を有していなかったこと，また当時業績不振であった起亜自動車がインドネシア政府に働きかけたことによって，同年6月にはスハルト大統領が新たな大統領令を発し，最長1年だけの特例として，インドネシア人労働者が海外で生産した自動車についても，商工相が定める上限（4万5,000台）内であればインドネシア国内で生産された国民車と同様に関税や奢侈税を免除することとした。結果として，韓国で起亜自動車が生産した車が無税でインドネシアに輸入され「国民車」の名が与えられることになった。しかし，これら制度はWTOに提訴され，1998年7月に協定違反と認定された（山下2003，日本国通商産業省1998）。

インドネシア政府は経済危機に伴いこの国民車政策を撤回し，1999年7月にこれまでの政策を180度転換する新自動車戦略を打ち出した。部品国産化率にしたがうCKD輸入関税のインセンティブ制度を撤廃し，車種，排気量，総重量に応じてCKD，CBUの輸入関税，奢侈税を変化させた。CBUについては乗用車で105%～200%あった輸入関税が45%～80%まで大幅に引き下げられた。奢侈税は20%～35%であったものを，MPVに代表される1,500cc以下の「セダン以外（二輪駆動）」に対しては10%と下げる一方，セダンは1,500cc以下でも30%にとどめ，高級車に対しては最大75%まで引き上げた（山下2003）。

自動車部品（HS8708以下で表されるもの）の輸入関税は着実に引き下げられ，ASEANからの部品については2010年にゼロとなった。WITSデータベースによると，実効MFN税率は1995年までには最大100%の輸入関税がかけられていたが，1996 年には 25%，2000 年には 17.5% となり，2001 年から 15% が続き，2010 年に 10% となった。2001 年には共通効果特恵関税（CEPT）によって対 ASEAN のみ輸入関税が 10% に下がり，次いで 2002 年には 5% まで低下した。日本，中国，韓国については製品によって低減税率が異なる。日本・インドネシア経済連携協定は 2008 年に発効したが，交渉時のベースレートが 15% であるため，段階的削減，ないし非段階的な削減が選ばれた品目では時間を要する。また，2015 年 3 月時点，ASEAN 日本包括的経済連携協定（AJCEP）はインドネシアの批准待ちである。

FTA の最終達成年度での目標値は日本が先行する。ERIA の FTA マッピングプロジェクトのデータベースによると，5 つの ASEAN+1 FTA において，インドネシアはオーストラリア，ニュージーランド，日本の 3 ヵ国に対してはすべての HS8708 品目で最終年度までに関税を撤廃する。つまり将来的に，AJCEP を用いれば，すべての日本発の HS8708 製品についてインドネシアの輸入関税はゼロになる。一方，中国に対しては HS870821，HS870850，HS870894 のみを最終年度までに撤廃しそれ以外は完全には撤廃しない[1)]。韓国に対しては HS87021，HS870894，HS870895，HS870899 のみを完全に撤廃し，インドに対してはすべての HS8708 品目で完全には撤廃しない。インドネシアは特にインドに対して競合を恐れており，自動車部品のみならず関税撤廃を約束した品目数が少ない（Fukunaga and Kuno 2012）。

1.3 インドネシア自動車産業が「成功」した要因

では，なぜインドネシア自動車産業が「成功」したのか。第 1 の理由は，1999 年 9 月の転換に求められる。前節を見てわかるとおり，1999 年 9 月転換前のインドネシアは常に内向きの政策を続けてきた。一般に 1990 年からアジア通貨危機までは「各国生産から域内生産へ」の時期であったのにもかかわらず，インドネシアは自国での部品国産化，国民車政策を優先した。2000 年代に入ってからも，タイに比べ消費，生産ともに伸びは遅かったが，経済の復調

1） FTA マッピングプロジェクトでは HS6 桁ベースで，それぞれの HS6 桁についてそれ以下（8 桁等）すべての細目で関税撤廃される場合に「撤廃される」，一部でも関税撤廃されない細目がある場合「撤廃されない」としてデータベースを構築している。

や2008年の世界金融危機でも他国に比べ小さなダメージで済んだことが着目され，ようやくそれまで言われ続けてきた「国内市場の規模と豊富な労働力はインドネシアのもつ潜在的な好条件である」（佐藤1991）ことが現出してきたといえる。

現在インドネシアで最大シェアを持つトヨタがアジア通貨危機後に撤退しなかったこと，ならびに2004年のIMV（Innovative International Multi-purpose Vehicle）プロジェクトの生産拠点の1つにインドネシアが選ばれたことも一要因である。IMVに選ばれた3種類のピックアップトラック，1種類のSUV，1種類のMPVにおいて，インドネシアはMPV（イノーバ，2004年9月生産開始）とSUV（フォーチュナー，2006年10月生産開始）のグローバル供給拠点となった。また，ガソリンエンジンの供給拠点として車両生産国に輸出する役割を与えられた。2011年，イノーバとフォーチュナーは10.7万台生産され，中東などに3.8万台の輸出がなされた。ガソリンエンジンは同じく2011年に11.5万台生産され，4万台が輸出に向けられた。IMVは2012年3月に全世界類型販売数が500万台を突破した[2)]。

JBICによる『インドネシアの投資環境』（JBIC 2012）は，経済危機後の回復と奢侈税の引き下げ等が生産台数の増加トレンド転換に寄与したと説明している。また小型MPVの販売が好調である理由として，運転手やお手伝いさんとともに週末に買い物に行くのにMPVが適しているという文化的な理由に加え，奢侈税においてMPVを優遇したことが効果をあげていると指摘している。

一方，足元では多くの問題点が指摘されている。2015年のIMDによる世界競争力ランキングではインドネシアは42位で2014年の37位から悪化，42位のフィリピンよりも悪く，14位のマレーシア，30位のタイに遠く及ばない。JBICの海外直接投資にかかる有望事業展開先国の調査では2013年にインドネシアが1位を獲得したものの，課題として労働コストの上昇，脆弱なインフラ，法制の運用が不透明，他社との競争が挙げられている[3)]。

事実，インフラ整備の遅れを理由とする交通渋滞は年々悪化の一途をたどっている。2009年にERIAがASEAN主要国企業に行った調査では，メコン諸

2）トヨタニュースリリース2012年4月6日，http://www2.toyota.co.jp/jp/news/12/04/nt12_0405.html
3）https://www.jbic.go.jp/wp-content/uploads/press_ja/2013/11/15775/2013_survey.pdf

国では道路等のハードインフラ，通関時間等のソフトインフラともに近年大幅な改善が見られたとする企業が多数であった一方で，インドネシアではハードインフラが悪化していると回答した企業が多く見られた[4)]。特に，それら企業は自工場とタンジュンプリオク港の輸送時間が悪化していて，輸送時間の予測が難しくなっていると回答している。現状では自動車産業の集積するジャカルタ—チカンペック高速道路エリアからタンジュンプリオク港までは都市の中心部を通らなければならず，市内の交通量増加とあいまって渋滞に拍車をかけている。また，各工業団地でも交通量が増大し，同高速道路の出口のゲート数が不足しているところでは出口付近で深刻な渋滞が発生している。交通渋滞はジャカルタのみならず，地方都市においても恒常化しており，道路インフラの整備が追いついていない状況である。

主力の MPV の価格の高さも指摘されている。1 人当たり GDP が 3,000 ドルにようやく届いたレベルのインドネシアにおいて，150 万円～ 300 万円（トヨタ・キジャンイノーバの価格帯）では手が届く層が限られている。2014 年の自動車販売台数が 121 万台あっても二輪車の 793 万台には依然大きく水を開けられており，他国で見られるような二輪から四輪へのシフトというところまでは至っていない。

2. 自動車メーカー，部品メーカーの集積の変化と ASEAN 域内再編

2.1 自動車メーカー，部品メーカーの集積

図 3.2 はインドネシアにおける主な自動車メーカーの立地状況と，新規の進出表明が相次いだ 2012 年に公表されていた拡張，ならびにトヨタへのサプライヤーの分布を一枚の地図に起こしたものである。自動車メーカーは最大市場であるジャカルタの周辺に立地している。大きく，スンター／ジャカルタエリア，ジャカルタ—チカンペック高速道路沿い，ボゴールに立地しているが，圧倒的にジャカルタ—チカンペック高速道路沿いに自動車メーカーが集積している。図に描かれたものは四輪の組み立てを行っている工場であり，その他，トヨタがスンター II 工場でプレス部品／型，エンジン／プレス型の鋳物部品を，

4) ERIA 2009 年度 GSM プロジェクトによる。

図3.2 インドネシア自動車メーカーの立地／拡張（2012年），サプライヤーの立地の例

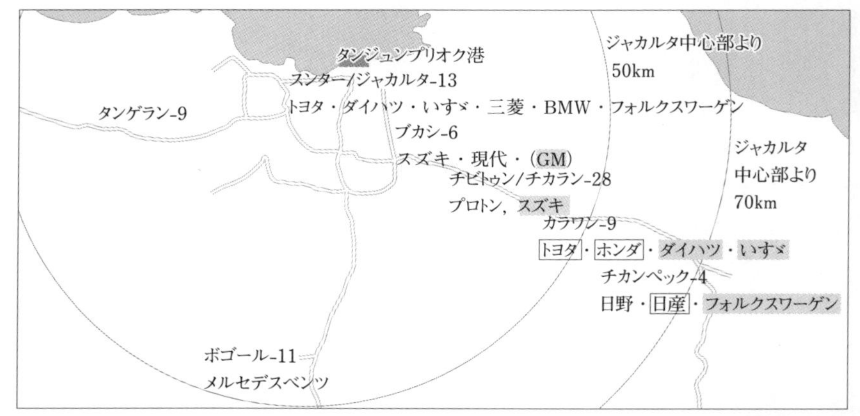

注：地名横の数字はトヨタへのサプライヤー数，枠囲み企業名は同地，隣接地での拡張を表明，網掛け企業名は当地への新規進出，ただしGMは2015年に再撤退
出所：以下資料より筆者作成
- Bing Maps
- デンソーインドネシアプレゼンテーション資料内「ロケーション」
- http://www.jbic.go.jp/en/about/topics/2009/0423-01/20081104_toyota_en.pdf，25ページ「Truck Transportation (Example)」
- 各社ホームページ，ニュース

ダイハツがカラワン工業団地でエンジン鋳物部品ならびにエンジンを，スズキがチャクン（ジャカルタ市東部）でエンジンを，ホンダがブキットインダ工業団地（チカンペック）でオートマチック・トランスミッション（AT），エンジンバルブなどを，いすゞがポンドックウング（ブカシ）でディーゼルエンジンを製造し，これらもジャカルタからジャカルタ―チカンペック高速道路沿いに拡がる自動車クラスターを形成している。

図からは，自動車メーカーの新規進出，拡張もジャカルタ―チカンペック高速道路沿い，特に外周部に集中していることがわかる。トヨタはカラワン工業団地内既存工場の隣接地のカラワン第二工場を2013年から稼働させた。ダイハツはアイラ，トヨタOEM用のアギア生産のためにカラワン県のスルヤチプタ工業団地の新工場を2013年に始動した。いすゞもスルヤチプタ工業団地にて2015年より操業を開始した。ホンダは既存工場のあるミトラカラワン工業団地内にて第二工場を2014年に開いた。日産も既存工場のあるブキットイン

ダ工業団地内で拡張を表明した。外周部に集中する理由は，ジャカルタ中心部の交通渋滞を避けるためであると同時に，ジャカルタ周辺では十分な敷地を確保できる新規の工業団地がすでに存在しないことが挙げられる。実際，空きのあるジャカルタ―チカンペック高速道路沿いの日系工業団地で最もジャカルタに近いのは，スズキが新工場を予定しているグリーンランド工業団地である。GMは2005年に撤退していたポンドックウング（ブカシ）の工場を2013年に再開したが，2015年に再撤退を決定した。一方で，中国合弁会社「上汽GM五菱汽車」からの新規投資を表明している。

サプライヤーも，ジャカルタ―チカンペック高速道路沿いをはじめとして，スンター／ジャカルタエリア，タンゲラン，ボゴールに集積が見られる。トヨタサプライヤーからトヨタへの製品配送方法にはミルクランによる集荷と直接配送があるが，工業団地が集中するジャカルタ―チカンペック高速道路沿いではミルクランが多い傾向が見られる。たとえば，タンゲランでの直接配送は4社，ミルクランは5社，ボゴールの直接配送は5社，ミルクランは6社であるのに対し，チビトゥン／チカランエリアでは直接配送が7社に対してミルクランが21社と多く，トヨタのカラワン工場があるカラワンエリアでも直接配送が2社に対してミルクランが7社と，工業団地が集中するエリアでミルクランを多用していることがわかる。ミルクランは主に小規模・小ロット製品を複数の工場から集荷するのに適しているため，小規模な工場は工業団地が集中するエリアに多いことが予想される。

主要部品メーカーも，ジャカルタ―チカンペック高速道路沿いのエリアに集積している。デンソーはスンターに本拠を構えるが，第二工場，ならびに2015年より稼働した第三工場はブカシ県にある。愛三工業，ミツバ工業，三菱電機自動車機器，ブリジストンらもブカシ県を拠点とし，アイシン精機はチカランに工場を構える。他国の状況同様，より労働集約的な生産工程を持つワイヤーハーネスを生産する矢崎総業は，営業はタンゲランに持ち，生産はタンゲランの他，パスルアン，スマラン，モジョケルトとジャワ島の中部，東部で行っている。

今後，ジャカルタ―チカンペック高速道路沿いの集積はどのように変わっていくのだろうか。表3.1は，2012年1月～9月末までに筆者が確認した自動

表 3.1　2012 年１～９月の自動車メーカー・自動車部品メーカーの進出・拡張に関するリリース・ニュース

月	企業名	操業開始予定	場所	備考
1 月	フォトンモービリンド	2015 年	未定	トラック
	三菱		ジャカルタ市内	三菱アウトランダー
	ダイハツ	2012 年末	カラワン県	
2 月	トヨタ	2013 年末	カラワン県	カラワン第 2 工場
	福田汽車	工場建設計画		
	奇瑞	工場建設検討	ボゴール県ジョンゴル	
3 月	八千代工業	2013 年 8 月	カラワン県	
	ホンダ	2014 年	カラワン県	小型低燃費車「ブリオ」などの小型車を生産
	セーレン		ブカシ県ジャババベカ工業団地	自動車内装材
	日産	2014 年初頭	チカンペック	
	住友電気工業		ブカシ県，カラワン県，プルワカルカ県	
	中国重汽	計画		
	シロキ工業	今年度中		
4 月	CWT	可能性調査		革製シート加工
	クムホタイヤ	可能性		当初はベトナムや中国，韓国から年 15 万～ 20 万ユニットを輸入する
	APM オートモーティブ	2013 年第 2 四半期	カラワン県スルヤチプタ工業団地	エアコンの冷却システムや蒸発器，ラジエーター
	アストラオートパーツ	2012 年第 1 四半期	ボゴール県チタウレル	電気式スピードメーター
	ショーワ	2013 年 6 月		自動車用駆動ギア
	ケーヒン			第二工場，当面は二輪，今後，市場の広がる四輪車用製品の生産も計画
	アストラオートパーツ	2013 年第 1 四半期	カラワン県	自動車用ランプ部品
5 月	パイオラックス	2013 年 4 月	カラワン県	金属製精密ばね，樹脂部品など
	日本特殊塗料		カラワン県	防音材
	セーレン	2013 年 8 月	西ジャワ州	自動車内装材
	インドモービル・スクセス・インターナショナル	検討		部品子会社の工場拡張。自動車用ガラス，ワイパー，ダイナモ，スターター，カーペット，変速機
	ファインシンター	2013 年 1 月	カラワン県ミトラカラワン工業団地	粉末冶金
6 月	東海理化		ブカシ県 MM2100 工業団地	セキュリティ，スイッチ製品
	TDF	検討開始		自動車用鍛造部品分野
	ムロコーポ	2013 年半ば		
	メナム・ステンレス・ワイヤー			日系企業と合弁会社を設立する考え

表 3.1　つづき

月	企業名	操業開始予定	場所	備考
6月	不二精機		バンドン市	精密成形品と射出成形用精密金型
	アスカ	2013年12月	カラワン県スルヤチプタ工業団地	薄板金属部品
7月	サカエ理研	2013年10月	カラワン県スルヤチプタ工業団地	自動車樹脂部品工場の起工式
	ハンコックタイヤ	2012年11月	ブカシ県デルタ・シリコン工業団地	高級車用タイヤ市場向け。90％を輸出し，残りをインドネシア国内で販売する予定
	山梨金属工業	2012年4月から稼動	ブカシ県ジャババベカ工業団地	2012年内に自動車部品の生産開始も予定
	モリ	2013年	カラワン県スルヤチプタ工業団地	ステンレス溶接管
8月	DOWA ホールディングス	2013年4月	カラワン県 KIIC 工業団地	熱処理加工
	いすゞ	2014年4月	カラワン	
	富士通テン	2013年7月	ボゴール県	カーオーディオ関連製品・自動車用電子制御機器
	富士通テン	2012年10月販社設立	ジャカルタ市内	
	ユニプレス	2012年8月中	西ジャワ州	モノコック構造プラットホーム，ギアボックス，車体部品
	三遠機材	2012年9月販社設立		トランスミッション部品や足回り部品
	GM（シボレー）	2013年	ブカシ県	
	東海理化	2013年4月	タンゲラン県	シートベルト，新工場は同国では2番目
	フォルクスワーゲン	可能性	カラワン県チカンペック	
	富士精密	2013年	ブカシ県ジャババベカ工業団地	
9月	タタモーターズ	2013年		
	上村工業	2013年9月	カラワン県スルヤチプタ工業団地	めっき加工事業
	デンソー	2014年2月	ブカシ県	第三工場。エンジン制御 ECU，VCT（可変カムタイミング）などエンジン制御関連製品，スターター，オルタネーター
	アストラオートパーツ		カラワン県とプルワカルタ県	生産子会社2社。プラスチック部品の生産，二輪・四輪車向けのホース等
	東海ゴム	2013年秋	ジャカルタ近郊	樹脂ホース増産
	パイオニア	駐在員事務所		自動車用オーディオなどの販売
	モリテック	販社設立完了		特殊帯鋼や普通鋼の販売と貿易

注：操業予定はそれぞれ発表時。
出所：各社ホームページ，ニュース。

車メーカー，自動車部品メーカーの新規進出，拡張関連のニュースやプレスリリースである。まさに，進出ラッシュというにふさわしい状況であったことがわかる。多くが日系企業であるがクムホタイヤ（韓国）や APM オートモーティブ（マレーシア）といった外国部品企業も存在した。

第1の特徴は，多くの企業がジャカルタ―チカンペック高速道路沿いへの進出を表明したことである。インドネシアの新規進出企業で明確に他地域への進出を表明しているのは，6月22日に発表された不二精機（バンドン）と8月10日に発表された富士通テン（ボゴール）の2社のみである。逆に，ニュースには出ていないが，タンゲランからジャカルタ―チカンペック高速道路沿いに移る工場もあるという[5]。

第2の特徴は，2011年のタイの洪水のあと，ASEAN 内でバックアップ体制をめざす動きが見られたことである。2013年にスルヤチプタで操業開始予定の上村工業はタイの中核拠点が洪水の被害にあり，インドネシアにも拠点を持つことにしたという[6]。2012年8月1日にタイでミラージュを発表した三菱自動車の益子社長は「一極集中を避けるためにもタイではこれが限界」と述べ，分業の候補地の1つとしてインドネシアを挙げ[7]，また同社長は2012年インドネシア国際モーターショーにて，インドネシアでの生産台数の目標を2015年に15万台，2020年に20万台ほどとおいたうえで「ミラージュではないが，インドネシアで集中生産して他国に出す車があってもいい」とインドネシアの拠点化について可能性を述べた[8]。

以上のように，インドネシア自動車産業はジャカルタならびにその周辺，特に，東に伸びるジャカルタ―チカンペック高速道路沿いに集積している。ボゴール，タンゲランエリアにも小規模の集積があり，それら地域への進出に関するニュースもあるが，多くの企業は現在の集積地たるジャカルタ―チカンペック道路沿いへの進出，拡張を表明している。これは自動車産業が近接性を好むことを端的に示していると同時に，今後ますます当該高速道路の渋滞が深刻化することをわれわれに示している。

5） 2012年9月19日グリーンランド工業団地でのインタビューに基づく。
6） 時事通信インドネシア版2012年9月12日。
7） 時事通信インドネシア版2012年8月2日。
8） 時事通信インドネシア版9月21日。

2.2 ASEAN域内再編

インドネシアの市場が拡大し生産台数も増えるなかで，ASEAN内の域内再編の動きが始まっている。デンソーの例をとり，再編の方向性の経済学的含意について触れる。

デンソーインドネシアは1975年に設立された。顧客にはトヨタのみならず，ダイハツ，三菱，スズキ，ホンダ，日産，いすゞ，日野とインドネシア自動車販売市場で上位を占める主要日系自動車メーカーがすべて並ぶ[9)]。デンソーのスンター工場は1978年1月に操業を開始し，現在土地38,000 m^2，建物19,000 m^{2}を有する。デンソーインドネシアが銅ラジエーター，プラグ，O_2センサー，スティックコイルを製造し，同グループのハマデンインドネシアが同地にてホーンを製造している。1996年7月にはブカシ工場でも製造を開始，土地面積は100,000 m^2，建物は39,400 m^2，カーエアコン，バスエアコン，ラジエーター，エアクリーナー，マグネットを生産し，同地にて同グループの豊田自動織機インドネシアがコンプレッサを製造している[10)]。

デンソーのASEANにおける生産品目は空間経済学の理論が示す企業行動に非常に合致していることで知られている。つまり，大きく場所をとるHVAC，ラジエーター，エアクリーナーといった製品は各国の顧客に近いところで国ごとに別れて生産し，小型で高付加価値な製品はASEANの一箇所で集中生産しASEANの他国に輸出している[11)]。むろん，集中生産においても顧客の存在は無視できず，大きな市場があるところに誘引される。つまり，エバポレーター，オルタネーター，スターター，リレー，2リレーフラッシャー，オイルフィルター，フュエルポンプモジュール，コモンレール，ガソリンインジェクターはタイで生産し，銅ラジエーター，スパークプラグ，スティックコイル，O_2センサー，ホーン，コンプレッサ，バスエアコンはインドネシアで生産し，マレーシアやフィリピンでの集中生産品数は比較的少ない。マレーシアはECU，アーム&ブレードの2点が，フィリピンではメーターの1点が集中生産品として挙げられている。

---

9) http://www.denso.co.id/products.html
10) 2012年9月3日デンソーインドネシアプレゼンテーション資料。
11) 2012年4月27日FTAシンポジウムにおけるデンソー発表資料。

では，ある一国の市場が大きくなる，または経済統合の進展によって広義の輸送費（あるいはサービス・リンク・コスト）が低くなると何が起こると理論は伝えているだろうか。一般に，市場が大きくなることと輸送費の低下は逆の方向の効果をもたらす。ある一国の市場が大きくなり，製品を製造する工場として規模の経済を働かせることができるある閾値を超えると，別の国で集中生産されていた製品についても自国で生産するメリットの方が大きくなり，一国での集中生産が崩れる可能性が高くなる。一方，輸送費が低下すると，遠くの国へもより安価に製品を送ることが可能になり，規模の経済を生かした集中生産がますます有利になる。

自動車産業は，一般に輸送費が高いものが多く，さらに，ジャスト＝イン＝タイムやその他すりあわせが必要であるため，自動車メーカーと部品メーカーの近接性が問われることが多い。黒岩（2012）が指摘したとおり，産業連関表において全投入にしめる国内投入財（原料，部材）と付加価値をあわせた比率であるローカルコンテントはASEANにおいて，自動車産業とエレクトロニクス産業で異なる動きを見せる。1990年と2000年のアジア国際産業連関表について比較すると，27産業中22産業ではローカルコンテントが下がり，特にエレクトロニクスは全産業で最もローカルコンテントが大きく下がっていた。しかし，自動車産業のローカルコンテントはもともと比較的高く，さらに，他の多くの産業と異なり，1990年から2000年にかけてローカルコンテントは上昇していた。自動車産業は国内依存度が高くなっていることを示したものであり，黒岩（2012）はこの原因を輸送費の高さ，ジャスト＝イン＝タイム，ならびに各国の現地調達率規制に求めている。

2012年9月に発表されたデンソー第三工場建設のニュースは，理論やこれまでの分析が示すように，自動車産業特有の集中生産から自国生産へという流れを例示している。デンソーはこの第三工場にて，エンジン制御ECU，VCT（可変カムタイミング）などエンジン制御関連製品，スターター，オルタネーターを生産すると発表した。くしくも，エンジンECUはマレーシアの集中生産品として挙げられていたものであり，スターター，オルタネーターはタイの集中生産品であった。デンソー・インターナショナル・アジアの西村繁広社長が「各国市場が拡大し，それぞれの国で生産したほうが効率的な場合が出てきた」[12] と語っているように，この事例は一部の部品にてASEANの他の国における集中生産をやめ，インドネシア国内生産に切り替えることを意味する。

ASEANの経済統合の文脈においてこの事象が示す含意は以下のとおりである。インドネシアはじめ各国が1998年通貨危機前に行ってきた部品国産化政策は，生産工場単位での規模の経済の重要性を無視し，各企業の経済合理性に基づく行動を阻害し，価格の高止まりや需要停滞を招き結果として失敗した。BBC，AICOに始まりCEPTやASEAN物品貿易協定（ATIGA）による自由化，奢侈税の多様化による車種誘導，投資自由化・円滑化は，広義の輸送費を低下させASEAN内で規模の経済を活かすことを可能にし，また他の諸政策とあわせASEANの所得向上に大いに寄与した。各企業はASEAN内集中生産品と各国生産品を各々の意思で選択することが可能になった。そして，インドネシアのように市場規模が大きくなると，自国内で規模の経済の追求と顧客への近接性を活かすことが企業の意思として有利になり，これまでタイやマレーシアで集中生産されてきた製品もインドネシアで生産するという変化が見られるようになった。これは，自由化が結果としてインドネシア政府の悲願である自動車部品の現地調達率上昇につながったという顕著な例とみなすことができる。

一方，インドネシアで自国生産が進むことはFTAの有用性が下がることを意味しない。前述のとおり，自国生産が進んだのは企業行動の結果であり，ATIGA等FTAの成果である。デンソーのある部品で集中生産から自国生産に変化したとしても，各国の需要の変化に対するバッファーとして各国で部品を融通できること，またタイの洪水のような突発的な災害に対して柔軟に対応できることは生産ネットワークの高度化のために今後ますます必要になる。さらに，この現象は現地化がTier1の一部について進展していることのみを示し，Tier2以下やより高付加価値で輸送費が低いTier1製品では貿易が行われている。このためFTAの有用性は下がらない。

12）時事通信インドネシア版2012年8月24日。

3. インドネシア自動車産業の展望と必要な諸政策

前節までで述べてきたように，インドネシアの自動車産業は堅調であり，また今後も同様の伸びが期待されている。ここでは，インドネシアの自動車産業が今後発展するにあたって重要な諸課題のうち，(1) 他国メーカーと日系メーカーとの競争はどうなるか，(2) 今後ますます悪化が予想される交通渋滞にいかに対処するか，について述べる。

3.1 他国自動車メーカーとの競争

2011年のインドネシア市場では10%のシェアを切っていた他国メーカーも2012年に次々に進出・再進出・拡張を表明した。一方で，拡張を実行している日系企業と比較して動きは概して鈍い。

タタは2012年9月12日にインドネシア市場参入を表明。ジャカルタポスト紙には販売価格を1億ルピア（83万円）以下とした。「日本車とは直接競争せず，新たなセグメントを作り出していく」との戦略を表明した[13)]。吉利汽車は2014年から現地生産車をタクシー向けに供給し始めた[14)]。フォルクスワーゲンはインドネシア政府の指針に沿った低価格エコカーを生産することを表明した。現代自動車はハイブリッド車の生産をめざしており，インドネシア政府とハイブリッド車の開発・生産強化に対する施策策定において連携しているとの報道があった[15)]。

タタ，吉利は日系自動車メーカーよりも低い価格帯を想定しており，今後価格競争の激化が予想される。一方，日系企業は多くの自動車部品サプライヤーが存在する。自動車部品を輸入する際には，1.3項で述べたようにAJCEPではすべての日本発のHS8708製品についてインドネシアの輸入関税はゼロになる一方，ASEAN—中国 FTAにおいては最終年度においても一部の品目についてしか輸入関税を完全にゼロにはせず，またインドに対してはすべての

13）じゃかるた新聞2012年9月12日。
14）NNAインドネシア2014年6月24日。
15）日本経済新聞（web版）2012年9月30日，http://www.nikkei.com/article/DGXNASGM2707Z_Y2A920C1FF1000/

HS8708品目で輸入関税を完全にゼロにはしない。ASEANからのHS8708製品はATIGAがあることから原産地規則を満たせばすでに関税ゼロで輸入が可能だが，このためにはASEAN内に十分な数の部品メーカーを有しなければならない。このように，すでにインドネシアとASEANにおいて歴史と部品企業の蓄積がある日系自動車メーカーと，中国，インドや韓国自動車メーカーの間には大きな競争上のギャップがあり，価格による競争が激しくなるといってもすぐに日系自動車メーカーのシェアが急落することは短期的には起こりにくいと考えられる。

3.2 経済地理シミュレーションモデルによる渋滞緩和施策の経済分析

前述のとおり，ジャカルタ―チカンペック高速道路沿いには多くの新規企業が進出しまた多くの企業が拡張を予定しており，交通渋滞は深刻化の一途をたどる。交通インフラ整備は急務である。2012年10月9日に，ジャカルタ首都圏投資促進特別地域（MPA）第3回運営委員会が開催され，ジャカルタ都市高速鉄道（MRT），チラマヤ新国際港整備，スカルノ・ハッタ国際空港拡張などのフラッグシップ事業をフラッグシッププロジェクトとするMPAマスタープランが承認された（日本国外務省 2012）。チラマヤ新港は，タンジュンプリオク港の混雑緩和を目的として西ジャワ州カラワン県での建設が計画され，ジャカルタの自動車クラスターに近接することから日系企業からも早期着工，早期共用の期待が寄せられていた。年間コンテナ取り扱い量は1,000万TEUを見込んでいた。

チラマヤ新港のほかに，インドネシアはタンジュンプリオク港の拡張も企図している。北カリバルでの拡張工事はコンテナターミナル3件と石油・ガスターミナル2件を柱とする第1段階が着工される予定である。コンテナターミナルが完成するとタンジュンプリオク港の年間コンテナ取り扱い量は現行の600万TEUから1,050万TEUになる見込みである[16)]。チラマヤ新港はタンジュンプリオク港の拡張の効果を減ずる恐れもあることから，チラマヤ新港に対する消極的な意見が以前から聞こえていた。2012年7月24日にはダーラン国務相がチラマヤ新港の着工はタンジュンプリオク港完成後が望ましいとの見解を

16） 時事通信インドネシア版2012年6月4日。

示したほか[17)]，2015年4月にはカラ副大統領がチラマヤ港からの建設地の移転の意向を示すなど，進展が難しくなってきている。

タンジュンプリオク港方面については，チカランエリアから北上してタンジュンプリオク方面に向かうアクセス道路も建設が予定されており，ジャカルタ都市圏中心部にジャカルタ―チカンペック高速道路からタンジュンプリオクに向かうトラックが流入する現状に歯止めをかけることが期待されている。この計画道路は，マレーシア企業による建設が予定されているが，用地買収が難航し[18)]，2015年3月現在も完成していない。

タンジュンプリオク港の拡張やタンジュンプリオク―チカランアクセス道路は交通渋滞に一定の貢献が期待されるが，ジャカルタ―チカンペック高速道路自体の交通量削減には寄与せず，交通流の方向を分散させるようなチラマヤ新港の建設も多くの企業から期待が寄せられている。では，チラマヤ新港やタンジュンプリオク―チカランアクセス道路はインドネシア経済にどの程度の貢献をなすのであろうか。チラマヤないし近隣での新港建設が遅れるとどのような悪影響があるのだろうか。また，もし仮にチラマヤ新港やタンジュンプリオク―チカランアクセス道路が完成しなかった場合，インドネシアの自動車産業はどの程度影響を受けるのか。ここでは，アジア経済研究所とERIAの共同研究プロジェクトとして開発が進められている経済地理シミュレーションモデル（IDE/ERIA-GSM）を用いチラマヤ新港開発にかかるシミュレーション分析（暫定版）を行った結果を紹介する（Isono and Kumagai 2012）。

IDE/ERIA-GSMは，国際貿易，地域経済学，都市経済学の担い手によって現在も精力的に進化が進んでいる空間経済学によるモデルを用い，産業がどのように集積，分散するか，またインフラの発展によってどのように経済活動が変化するかをグラフィカルに示すことができる。IDE/ERIA-GSMの大きな特徴は，国レベルではなく，国よりも小さな地域単位を扱っていることである。IDE/ERIA-GSM version 5は，ASEAN 10ヵ国，日中韓，インド，バングラデシュ，台湾ならびにEU，アメリカを含む1,790地域のモデルである。モデルの中で企業は，金銭的費用や時間費用を勘案しトラック，船舶，航空輸送，

17）　時事通信インドネシア版2012年7月26日。原資料はインベスター・デーリー2012年7月25日。
18）　2012年9月19日NEXCO西日本インドネシアからのインタビューに基づく。

鉄道といった各モードを選択，あるいは組み合わせて輸送を行う。物理的なインフラに加え，IDE/ERIA-GSMには政策／文化的な障壁を推計し扱っている。政策／文化的障壁には，FTAの進展，非関税障壁から，食べ物に対する嗜好の違いといったものまで含まれる。企業や人々は，得られる利潤や生活から得られる間接効用が高くなる地域に移動し，異なるシナリオは異なる産業分布を出現させる。

シミュレーションにおいては，まずベースラインとしてありうべきシナリオを実施し，さらに，代替シナリオを別途実行する。この2つのシミュレーション結果について，たとえばGDP（国内総生産）ないしGRDP（地域内総生産）の差をもって経済効果とする。ここでは，ケース1としてチラマヤ新港，新港へのジャカルタ―チカンペック高速道路からのアクセス道路整備，ならびにチカランからタンジュンプリオクへのアクセス道路の両方が2020年に完成するシナリオ，ケース2としてタンジュンプリオクへのタンジュンプリオク―チカランアクセス道路のみが完成するシナリオ，ケース3としてどちらも完成しないままになるシナリオの3シナリオを比較した[19]。

シミュレーションのモデル上における経済効果は以下のように発現される。もしタンジュンプリオク―チカランアクセス道路やチラマヤ新港が完成せず，深刻な道路渋滞が続く場合，モデル内の企業はより多くの時間費用を負担することになり，まず企業収益に悪影響を及ぼす。これはモデル内の労働者の賃金減につながり，労働者はすなわち消費者であるため，消費減をもたらす。企業の収益減，消費者の賃金減はジャカルタ周辺の魅力を減退させ，企業，消費者の流入，構造変化のスピードを減退させる。このため1人当たりGDPにおいても上昇が妨げられ，消費者の流入減とあわせ，ますます企業収益に悪影響を与える。また，輸送費用が多くかかることは消費者にとって多くの地域から多くの財を消費することを妨げる結果となり，これもまた消費者の流入減をもたらす。これらはジャカルタ周辺のGRDPを引き下げ，ひいてはインドネシア一国のGDPにも悪影響を与えうる。

19）混雑による道路速度への影響はMitrapacific Consulindo International（2012）による。交通量推計によると，ジャカルタ周辺ならびにタンジュンプリオク港への既存アクセス道路のトラックスピードは2015年には15km/h，2020年には12km/h，タンジュンプリオク―チカランアクセス道路は22.3km/h，チラマヤ港へのアクセス道路は45km/hになるという。

図3.3はチラマヤ新港，タンジュンプリオクーチカランアクセス道路が「存在しない」ケース（ケース3）のシミュレーション結果を，2020年に完成したケース（ベースライン＝ケース1）の結果と比較して2021～2030年の累積差分をとり，その差分を2010年GRDPからの割合として比較し図示したものである。色で塗られた地域はベースラインと比較してプラスの経済効果が，斜線部の地域はマイナスの経済効果が見られることを示す。チラマヤ新港，タンジュンプリオクーチカランアクセス道路が存在しない場合，チラマヤ新港より東側のジャワ島各地域に大きなマイナスの効果が見られる。一方，他地域，特にスマトラ島ではプラスの効果が見られる。2010年から2030年までの間，道路渋滞が足かせとなってジャワ島内，あるいは他地域からのジャワ島への人口／産業の流入が阻害され，または産業構造調整が遅れるため，バンテン州やジャワ島以外のインドネシアではチラマヤ新港，タンジュンプリオクーチカランアクセス道路が存在しないほうがよいという結果を導く。

では，インドネシア一国全体での経済効果はどうだろうか。シミュレーション結果は，2021～2030年の累積で2010年インドネシアGDPの12.1%分の減というものであった。言い換えると，チラマヤ新港，タンジュンプリオクーチカランアクセス道路の両方とも2020年に完成するシナリオと2030年までに完成しないシナリオを比較すると，完成しない場合には2021～2030年までインドネシアのGDPが毎年平均85.7億ドル（10年累積で857億ドル）下がる試算を示していることになる。これは，ジャワ島以外でのプラスの効果によって相殺される分を含むため，ジャワ島単体で見ればマイナスの効果はより大きくなる。他国の影響は国内の影響と比較すればはるかに微少で，10年間累積で各国2010年のGDPの0.05%以下のオーダーであるが，中国，インド，ベトナム，ミャンマー等にとってはチラマヤ新港，タンジュンプリオクーチカランアクセス道路の両方がないほうがプラスの結果をもたらす。

チラマヤ新港ができず，タンジュンプリオクーチカランアクセス道路だけができた場合は，両方とも2020年に完成するシナリオに比べ2021～2030年累積で2010年インドネシアGDPの9.54%分の減となる。つまり，チラマヤ新港ができない場合を両方とも完成する場合と比較すると，インドネシアのGDPは毎年67.4億ドル（10年累積で674億ドル）下がる試算である。これはタ

図 3.3 チラマヤ新港，タンジュンプリオク―チカランアクセス道路が「存在しない」ケースの経済効果（2021 ～ 2030 年累積，2010 年 GRDP 比）

注：ベースラインはチラマヤ新港，タンジュンプリオク―チカランアクセス道路あり。
出所：IDE/ERIA-GSM 5。

ンジュンプリオク―チカランアクセス道路が有効である一方，チラマヤ，ないし近隣での新港を建設する追加効果が大きいことを示している。

自動車産業については，両方完成しない場合においても，GDP の減よりも小さな割合での減を見込む。これは自動車産業の集積が強固なもので，国内他地域への分散が難しいことを示している。一方，サービス産業をはじめ他産業においては激しい道路渋滞がボトルネックとなり，インドネシア国内の構造調整を遅らせ，結果として国の成長を阻害する。

結果から導かれる含意は以下のとおりである。ジャカルタの自動車クラスターは強固なものであり，チラマヤないし近隣での新港の完成がたとえ遅れたとしても自動車産業の集積が崩れることはない。他国への流出も軽微である。ただし，交通渋滞の深刻化に対処しないことはサービス産業はじめ他産業に悪影響を与え，GDP，1 人当たり GDP の上昇を阻害し，結果として自動車産業の売上にも悪影響を与えることになる。

おわりに

以上のように，インドネシア自動車産業は茨の道を越え，離陸しつつある段階にある。高いポテンシャルを活かし，今後の確かな発展をめざすために，今後どのような政策が必要だろうか。

第1に，制度と企業行動のバランスを考え，過度に市場を歪める政策をとらないことが肝要である。インドネシア自動車産業の失敗の歴史，2012年の「成功」の要因ともに，部品国産化政策や車種誘導といった諸政策と，企業行動や競争の間の，バランスの悪さ，良さが一因であったと考えられる。

第2に，ジャカルタ中心部ならびにジャカルタ―チカンペック高速道路の渋滞悪化が緊急の課題であることを認識し，政策の方向性を統一することである。タンジュンプリオク―チカランアクセス道路，新港は自動車産業のみならず，インドネシア経済にとって重要な役割を果たすことがシミュレーションによって明確に示された。構想のある第二ジャカルタ―チカンペック高速道路の計画策定を加速化させると同時に，土地収用法の迅速な施行，工業団地出口の拡張といった諸政策を同時に進めることが求められる。ジャカルタ市内では，MRTの建設に遅延がないよう施策を総動員することが必要である。また，地方都市においても道路の拡幅，環状道路の建設を優先順位を付けたうえで実行することが求められる。

日系企業の集積に関して言えば，今後の日系企業のジャカルタ―チカンペック高速道路沿いへの進出を考えるに，タイのシラチャのような工業集積エリアに近いところでの「日本人村」に類する生活環境を提供することも一案となろう。シラチャのように日本人学校，日本語の使える病院，日本食レストランや娯楽施設等を有する生活環境は，ある程度の日系企業，日本人駐在員の集積がなければ成立しえず，また逆に，それら生活環境があれば多くの日系企業，日本人駐在員を誘引することが可能となる。

最後に，自動車産業の足腰を鍛える，研究開発部門，素材産業，金型産業ならびに地場産業の育成に注力することである。研究開発部門の現地化は自動車メーカー，大手部品メーカーとも進めており，また部品や金型における地場の活用は価格の低廉化を目指す上で最も効果的であるため，政策での後押しが可能・有用である。

◆参考文献

石田正美（2002）「工業化の軌跡」佐藤百合編『民主化時代のインドネシア：政治経済変動と制度改革』アジア経済研究所研究双書。

井上博（1990）「インドネシアの自動車国産化政策と日本自動車資本」京都大學經濟學會經濟論叢。

黒岩郁雄（2012）「東アジア経済統合と産業立地」黒岩郁雄編『東アジア統合とその理論的背景』アジア経済研究所調査研究報告書。

佐藤百合（1991）「自動車産業」三平則夫・佐藤百合編『インドネシアの工業化：フルセット主義工業化の行方』アジア経済研究所アジア工業化シリーズ15。

JBIC（2012）『インドネシアの投資環境』，http://www.jbic.go.jp/ja/investment/report/2012-004/jbic_RIJ_2012004.pdf

日本国通商産業省（1998）「インドネシアの自動車関連措置」，http://www.meti.go.jp/policy/trade_policy/wto/wto_bunseki/data/98kawai.pdf

日本国外務省（2012）「第2回日・インドネシア閣僚級経済協議及びジャカルタ首都圏投資促進特別地域（MPA）第3回運営委員会（概要）」，http://www.mofa.go.jp/mofaj/gaiko/fta/j_asean/indonesia/ij_kk121009.html

山下協子（2003）「インドネシアの自動車産業と二輪車産業—中国の影響と分業再編の展望—」大原盛樹編『中国の台頭とアジア諸国の機械関連産業—新たなビジネスチャンスと分業再編への対応—』アジア経済研究所調査研究報告書。

ASEAN（2010）Master Plan on ASEAN Connectivity: One Vision, One Identity, One Community, Jakarta: ASEAN Secretariat.

ERIA（2010）The Comprehensive Asia Development Plan, ERIA Research Project Report 2009 No. 7-1, Jakarta: ERIA.

ERIA Study Team（2010）ASEAN Strategic Transport Plan（ASTP）2011-2015. Jakarta: ERIA.

Fukunaga, Y. and Kuno, A.（2012）, “Toward a Consolidated Preferential Tariff Structure in East Asia: Going beyond ASEAN+1 FTAs”, ERIA Policy Brief No.2012-03, ERIA.

Government of Indonesia（2011）*The Masterplan for the Acceleration and Expansion of Economic Development of Indonesia*（Masterplan Percepatan dan Perluasan Pembangunan Ekonomi Indonesia: MP3EI).

Isono, I. and Kumagai, S. (2012) "The Proposed Cilamaya New International Port is a Key for Indonesian Economic Development: Geographical Simulation Analysis", ERIA Policy Brief 2012-05, ERIA/

Mitrapacific Consulindo International (2012) *Study on Traffic Volume and Economic Loss Forecast of Jakarta - Cikampek Toll Road.*

第4章　マレーシアの自動車・自動車部品産業

穴沢　眞

はじめに

マレーシアでは1980年代初めに国民車プロジェクトが打ち出され，国民車メーカーを中心とした自動車産業の発展を見たという点ではASEANのみならず，他の発展途上国と比べてもきわめてユニークであった。しかし，1980年代と現在とでは自動車産業を取り巻く環境が大きく変化し，マレーシアの自動車産業は大きな岐路に立たされているといえる。

以下ではマレーシア自動車産業の発展の経緯や現状を概観し，これに続き，自動車メーカー，自動車部品メーカーの動向を見る。さらに政策の変化，AEC（ASEAN経済共同体）への対応について言及する。

1．マレーシアの自動車産業

1.1　マレーシアにおける自動車産業の変遷

マレーシアでは1957年の独立以後，1960年代に入り，まず欧州系企業がCKDによる自動車生産を開始し，1970年代にあいついで日系企業の新たな参入が見られ，国民車メーカー誕生直前までは日系企業が国内市場（乗用車＋商用車）の7割以上を占めていた。これらはいずれも地場企業との合弁の形態をとっており，輸入代替産業として関税などの保護を受け，発展してきたが，一貫生産は行われていなかった。CKD生産のため，主要な部品は輸入されていたが，一部の部品については地場メーカーが外資との合弁や提携により国内生産を行っていた。

マレーシア政府は1980年代に入り，重工業における輸入代替を開始した。マレーシアは多民族国家であり，主にマレー系住民からなるブミプトラが人口の過半を占めている。しかし，同国の製造業の中心は外資系と地場の華人系企業であり，1971年に開始された同国のNEP（新経済政策）[1]とそれと対をなすブミプトラ政策[2]の関連でブミプトラの製造業部門への進出が企図され，その一環として，政府が自ら工業化に乗り出し，1970年代以降，政府系企業が台頭するようになっていた。重工業においては1980年に設立されたHICOM（マレーシア重工業公社）がその推進役となった。同社は1982年に開始された東方政策[3]の影響や当時の日本企業の重工業における世界的な地位の高まりを反映し，主に日系企業との合弁により企業を設立していった。それらのなかの1つが1983年に三菱自工と三菱商事との合弁で設立された第1国民車メーカー，プロトン（Proton）であった。

プロトンはマハティール元首相の強力なリーダーシップのもとに設立された国策企業であった。国民車プロジェクトの目的は以下の3つであり，これを担う企業がプロトンであった。

①自動車関連技術・技能・ノウハウの習得，向上を通じたマレーシア自動車産業の合理的発展および自動車関連産業の育成，発展，裾野拡大。

②マレーシア市場のニーズを満たす独自モデルを購入しやすい価格で提供。

③自動車産業へのブミプトラの参加。

マレーシアの国民車プロジェクトは同国の工業マスタープランに基づくものであり，1985年に公表された中長期工業マスタープラン1986-1995において，すでに他の国民車プロジェクトも示唆されていた。これを受ける形で1993年に第2国民車メーカーであるプロドゥア（Perodua）がダイハツなどとの合弁で設立され，1994年から生産を開始した。プロドゥアの参入により，プロトンによるガリバー型の寡占の形は崩れたが，その後も長くこれら2社による寡

1）貧困の撲滅とブミプトラの商工業部門への進出などを目的とする政策であり，ブミプトラの経済的地位の向上を目指していた。

2）ブミプトラとはマレー語で土地の子を意味し，マレー系の住民の他にサバ，サラワクの住民が含まれ，ブミプトラ政策とはかれらを優遇する政策である。

3）日本や韓国の労働倫理などに学ぼうという政策。

占状態が継続することとなった。

マレーシアではその後も国民車メーカーが増加し，1993 年に商用車を生産する Inokom，1994 年にトラックなどを生産する MTB，2003 年に主に乗用車を生産する NAZA が指定されている。しかし，これらの企業の生産台数は少ない。

1992 年の AFTA の成立はそれまで保護されてきた自動車産業にとっては大きな転換点となった。1996 年から始まる第 2 次工業マスタープラン 1996-2005 では貿易自由化に向けて，自動車産業においても競争力強化が謳われていた。より具体的には研究開発能力の強化，人材育成，海外進出などが挙げられていた。

AFTA の共通有効特恵関税スキームのもと，マレーシアは一旦はセンシティブ品目としていた完成車と CKD 部品の関税を 2004 年に前倒しして引き下げた。続いて NAP（国家自動車政策）の策定に伴い，2006 年にさらなる関税の引き下げを行った。ただし，関税の引き下げをほぼ相殺するように物品税を課していた。なお，一般の自動車部品の ASEAN 域内での関税は完成車や CKD 部品に先立って引き下げられており，2003 年までにはほぼ全品目が 5% 以下となっていた。

2006 年の日本とマレーシアの EPA（経済連携協定）の締結はさらなる自由化を促進するものであった。日マ EPA のもと，自動車関連の関税は段階的に引き下げられ，2015 年にはすべての関税が撤廃された。

2006 年に公表された NAP は同年に出された第 3 次工業マスタープラン 2006-2020 にも掲載され，今後のマレーシアの自動車産業の方向性を示すものであった。その後 NAP Review が 2010 年から施行され，さらに 2014 年 1 月に後述する NAP 2014 が公表された。

2006 年の NAP において国民車メーカーの競争力強化や ASEAN 域内での乗用車生産のハブとなることが示され，あわせて輸出の拡大やブミプトラの参加拡大，消費者の利益などが盛り込まれた。基本的にはこれまでの政策の延長線上にあり，AFTA や日マ EPA への対応を示したものといえる。

NAP Review は既存の NAP をより効果的にすることを企図したものであった。一方で People First というキイワードが示すように，消費者を意識したものとなっていた。特筆される点は環境に配慮したハイブリッド車や電気自動車の生産を視野に入れ，インセンティブを導入したことである。一方で，引き続き，国民車メーカーの生き残りとブミプトラへの配慮も明記されていた。

1.2 生産と販売

まず，生産の変化を，数値をもとに考察する。図4.1は1980年から2014年までの乗用車と商用車の生産台数を表している。同図から明らかなように，過去30年の間に乗用車の生産台数は10万台弱から50万台を超えるまでに増大した。一方，商用車については乗用車を大きく下回り，ピーク時の2005年でも約14万台にすぎない。このようにマレーシアの自動車生産は乗用車が圧倒的なシェアを持つという点で，他のASEAN諸国と大きく異なっている。

乗用車の生産台数は趨勢的に増加しているものの，1980年代半ば，マレーシアが独立後初めてマイナス成長を記録した時期と1997年のアジア経済危機直後の1998年に大幅な減少を見た。

図4.1 マレーシアの自動車生産台数

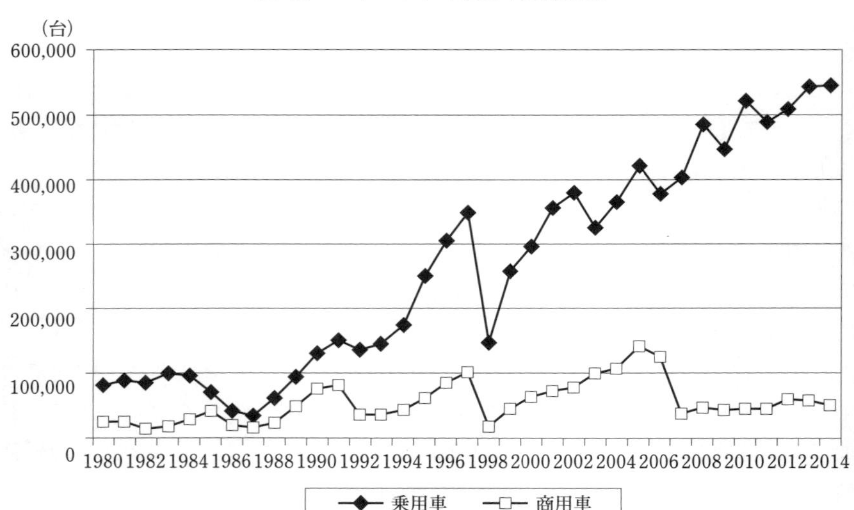

出所：1980年から1985年まではMIDA（マレーシア工業開発庁）資料。1986年から2004年まではFOURIN (2006)。それ以降はFOURIN (2015)。

図 4.2　プロトン，プロドゥアの市場シェア

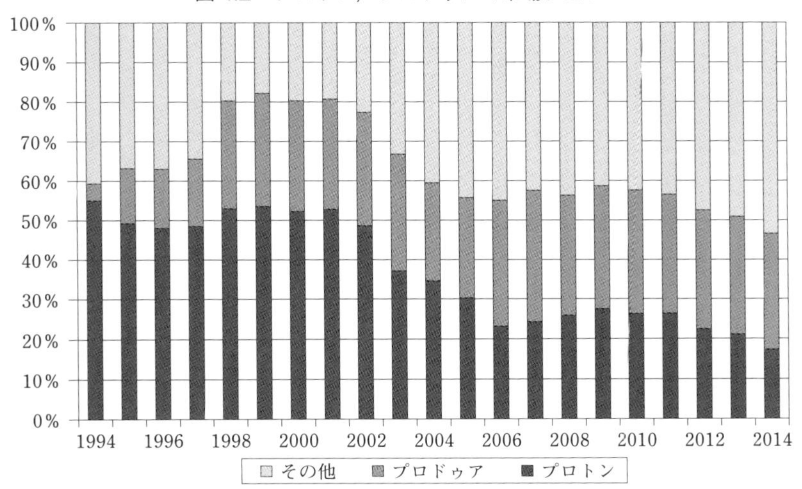

出所：プロトン，プロドゥア社内資料。FOURIN（2015）。

乗用車と商用車の販売台数は生産台数とほぼ重なる動きを示しており，生産台数に乗用車で約 4 万から 5 万台，商用車で約 2 万台が上乗せされた数字となる。その意味では，輸入車の販売が相対的に少ないことがわかる。ただし，貿易自由化により，近年，乗用車，商用車とも輸入は拡大している。

次に，メーカー別のシェアについて簡単に述べる。前述のように，プロトンの参入以前は日系自動車メーカーが圧倒的なシェアを握っていたが，プロトンの参入により，その構図は大きく崩れ，一時期，プロトンが国内市場（乗用車＋商用車）の 6 割近いシェアを占めるにいたった。しかし 1994 年のプロドゥアの参入により，また，大きな変化が生じた。図 4.2 にあるように，プロトンは 2002 年まで 50％前後の市場シェアで推移してきたが，2003 年以降，急速にそのシェアを落とし，2006 年には 30％を割り込み，2014 年には 17.4％となっている。一方，プロドゥアは 1998 年以降 20％台後半の市場シェアを維持し，2006 年以降は 30％前後で推移し，プロトンを抜き，市場シェアでは第 1 位となっている。国民車メーカー以外では 2003 年以降，トヨタ，ホンダなどの日系自動車メーカーのシェアが上昇している。そして，2014 年にはプロトン社とプロドゥア社のシェアの合計が 50％を割るにいたった。

1.3 産業集積

マレーシアではもともと首都クアラルンプールを取り囲むように位置するスランゴール州において独立当初から最も工業化が進んでいた。プロトン，プロドゥア，トヨタなどの工場もスランゴール州内にあり，部品メーカーもその多くがスランゴール州内に立地している。プロトンが生産を始める以前からスランゴール州内では外資との合弁でCKD生産が行われていたため，当時から部品メーカーの多くが同州に工場を持っていた。

プロトンの最初の工場はスランゴール州南部，シャー・アラムに設立された。シャー・アラムには長い歴史を持つ工業団地があり，さらにプロトンの工場付近には新たに工業団地が造成され，多くの部品メーカー（地場＋外資）がそこに入居した。

プロトンはジャスト＝イン＝タイム・システムを採用しており，部品メーカーに対してもシャー・アラム工場から半径50km以内に立地することが望ましいとしていた。このこともプロトンに近隣する地区での立地を推進したといえる。

プロドゥアが立地するラワン地区はスランゴール州の北部に位置するが，プロトン，プロドゥア両社に部品を供給する部品メーカーも多いことから，ラワン近辺にも部品メーカーの立地が進みつつある。

プロトンの第2工場はスランゴール州の北部に隣接するペラ州タンジョン・マリムの通称プロトン・シティと呼ばれる地区にあるが，第2工場近辺にはプロトンの地場の部品メーカーのうち10社ほどが分工場を設立している。

主要な部品メーカーが加盟するMACPMA（マレーシア自動車部品工業会）のメンバー企業の立地を見ると，約6割にあたる60社がスランゴール州内に立地している。首都であるクアラルンプールをあわせるとその数は69社となり，ここからも主要な部品メーカーのスランゴール州とその周辺への集中が進んでいることがわかる。

その他，ホンダの工場はマラッカに，DRB-HICOMは半島東海岸のパハン州に生産基地を持つ。北部のペナンにもBoschなどの欧米系の部品メーカーが立地している。

2. マレーシア自動車産業の現状

2.1 自動車産業の現状

2012年発行の工業センサスによれば，2010年時点で自動車メーカーは乗用車メーカー15社，商用車メーカー22社の合計37社となっている。生産額は乗用車が圧倒的に多く，223億1,200万リンギ[4)]であり，商用車は1億9,400万リンギとなっている。従業員数は合計で27,455人である。同じく，自動車部品メーカーは375社あり，生産額は108億5,500万リンギ，従業員数は41,885人となっている。自動車および同部品産業合計の生産額，約331億7,000万リンギは同年のマレーシアの製造業の全生産額の4.0%にあたる。これは電機・電子関連の19.3%，石油製品の13.5%，食品関連の12.4%を大きく下回る。従業員数で見ると全製造業に占める比率は3.8%とさらに低くなる。

2014年の生産台数は乗用車が54.6万台，商用車が5.1万台であった。一方，販売は乗用車が58.8万台，商用車が7.8万台であった。すでに見たようにマレーシアの自動車産業の特徴として生産，販売ともに乗用車が多数を占めるという点が挙げられる。この特徴は時系列で見ても変化していない。ただし，近年，多目的車などの販売が増加している。これらの多くは国内生産ではなく，主にASEAN域内からの輸入による。

国内市場のシェアを見ると，近年大きな変化が起こっている。すでに述べたようにプロトンの市場シェアが2003年以降急速に低下し，2014年には17.4%となった。プロドゥアのシェア（29.3%）をあわせた国民車のシェアが2014年についに50%を切った。一方で，トヨタ，ホンダ，日産などの日系企業の市場シェアが着実に上昇し，40%に達している。

2020年に先進国入りを目指すというVision 2020のもと，マレーシアでは所得水準も域内ではシンガポールについで高く，自動車の保有も1,000人当たり400台を超え，充分に高くなっている。国民車はモータリゼーションに貢献したが，その結果として消費者の嗜好の多様性も進み，差別化やマーケティングの重要性が高まっている。

---

4) マレーシアの通貨単位。

現在の自動車産業の方向性はNAP 2014に提示されている。政策の詳細については第4節に譲るが，前節で示したNAP，NAP Reviewと異なり，EEV（Energy Efficient Vehicles，高エネルギー効率車）の導入，価格の低下，輸出の増大が叫ばれている。EEVについてはプロドゥアが2014年秋に販売を開始したAxiaというモデルはEEVと認められており，日系企業ではトヨタとホンダがすでにハイブリッド車を販売している。環境に配慮した自動車の生産が進んでいるが，マレーシアと競合するタイ，インドネシアでも同様の取り組みがすでになされている。

2.2　貿易動向

表4.1は2000年，2005年，2010年，2013年の乗用車，商用車，自動車部品の輸出入額を見たものである。マレーシアは自動車関連については完全に輸入超過の状況が続いている。

乗用車，商用車の輸出自体は少ないが，乗用車はわずかではあるが増加傾向を示している。一方で，自動車部品は輸出の7割以上を占め，こちらも若干ではあるが増加傾向にある。輸出についてはASEAN域内，特にタイ，インドネシアへの部品の輸出が見られるが，これらは主に日系企業による域内の分業体制を反映したものといえる[5)]。後述するようにNAP 2014では完成車，部品

表4.1　輸出入総額（2000年，2005年，2010年，2013年）

（単位：100万リンギ）

輸出	2000年	2005年	2010年	2013年
乗用車	344.7	411.2	747.8	965.3
商用車	51.3	151.5	67.8	57.1
自動車部品	1,018.5	2,140.3	2,574.6	2,880.3
合計	1,414.5	2,703.0	3,390.2	3,902.7

輸入	2000年	2005年	2010年	2013年
乗用車	3,900.0	4,905.9	8,071.0	8,638.0
商用車	774.7	1,654.3	2,761.3	3,610.7
自動車部品	1,520.9	4,401.3	5,484.5	7,171.5
合計	6,195.6	10,961.5	16,316.8	19,420.2

注：2000年，2005年の自動車部品は二輪車を含む。

出所：2000年，2005年はMITI（2006b），p.349，p.351，2010年はDepartment of Satistics（2011），2013年はDepartment of Statisitics（2014）。

表 4.2　国別輸出入（2013 年）

（単位：1,000 リンギ）

輸出	日本	タイ	インドネシア	フィリピン	韓国	中国
乗用車	3,239	52,312	258,998	9	49	0
商用車	56	17,544	3390	1,755	354	0
部品	140,966	497,876	325,949	27,661	7,224	129,355
合計	144,261	567,732	588,337	29,424	7,627	129,355

輸入	日本	タイ	インドネシア	フィリピン	韓国	中国
乗用車	3,562,706	1,129,867	289,751	50	466,761	12,534
商用車	1,290,965	1,680,565	40,285	0	19,154	350,692
部品	1,848,000	2,487,858	297,086	44,819	173,487	914,582
合計	6,701,672	5,298,290	627,121	44,869	659,402	187,821

出所：Department of Statistics（2014）。

の大幅な輸出増を目指しているが，状況は厳しい。

輸入に関しては 2005 年から 2010 年にかけて乗用車の輸入が急増している。輸入総額に占める割合は乗用車が最も多く，2000 年には 6 割を超えているが，その後は 5 割を切る数値となっている。商用車についてはこの間，継続的な増加が見られる。自動車部品の輸入は 2000 年から 2005 年にかけて急増するが，その後，増加率は低下し，輸入に占める割合も 2013 年には 36.6% となっている。

表 4.2 は 2013 年の自動車関連の主要な貿易相手国を見たものである。貿易額が最も多い日本との間では乗用車，商用車，自動車部品いずれも大幅なマレーシア側の輸入超過となっている。特に乗用車の輸入額が大きく，同年の乗用車輸入の約 4 割を日本車が占めている。このように日マ EPA による貿易自由化の影響がすでに出始めているといえる。日本に次いで貿易額の多いタイについてもすべての品目においてマレーシア側の輸入超過である。タイは商用車，自動車部品の対マレーシア輸出額では日本を上回っている。タイは日系企業による自動車産業の集積が進んでおり，AFTA のもと，タイの日系企業からのマレーシア向け輸出が多いものと思われる。これら 2 国だけで，マレーシアの自動車関連輸入額の約 63% を占めており，他国を圧倒している。

ASEAN 域内ではタイに次いでインドネシアとの貿易が多い。マレーシアか

5）　加茂（2006）を参照のこと。

らインドネシアへは自動車部品の輸出が多く，マレーシアにとっては第1の輸出相手国となっている。ただし，すべての項目でマレーシア側の輸入超過となっている。同じくASEAN域内のフィリピンとの貿易は金額自体が非常に小さいものとなっている。その他の国では韓国と中国の貿易額が比較的多い。韓国との貿易では乗用車の輸入の占める割合が高く，中国との貿易では自動車部品の輸入が多い。

ちなみに，工業センサスによれば，2010年の時点で自動車メーカー37社中9社が輸出をしており，自動車メーカー全体での輸出比率（輸出額/販売額）は6.7%であった。自動車部品メーカーでは375社中85社が輸出をしており，輸出比率は26.8%であった。

3. 主要メーカーの動向

3.1 プロトン

プロトンは1983年に設立され，資本金1億5,000万リンギのうち70%をHICOMが出資し，残る30%は三菱自工と三菱商事が折半する形となり，1985年から商業生産を開始している。

前述の国民車プロジェクトの目的に沿って，プロトンはブミプトラのエンジニアの育成やブミプトラの部品メーカーの育成も政府の支援を受けて行った。また，政府もプロトンの成長のために全面的なバックアップを行った[6)]。

プロトンは1988年から積極的にベンダーの育成を開始し，裾野産業の拡大をめざした。その際，対象となった企業は操業年数の短いブミプトラ企業であった[7)]。現在，ベンダー数は約250社であり，かつては1次，2次などの区別はなかったが，最近のモデルでは1次ベンダーからの納入となり，2次ベンダーは1次ベンダーに部品を納入する形となっている。

すでに見たように同社の市場シェアは低下している。1988年には国内市場（乗用車+商用車）のほぼ6割を占めるにいたり，その後，第2国民車メーカー

6) それらには関税の保護による国内メーカーの育成（部品国産化計画）や官公庁における購入，ロードタックスの同社の製品範囲の軽減などが含まれる。

7) プロトンによるベンダー育成については穴沢（2010b）を参照のこと。

であるプロドゥアが設立されるまでは同社が国内市場の過半を握る状況が続いた。マレーシアのモータリゼーションは国民車プロジェクトにより加速され，プロトンの生産，販売はともに順調に増加し，アジア経済危機直前の1997年にはその数は20万台に迫った。1998年にアジア経済危機の影響により一旦消費は冷え込むが，1999年以降，回復に向かい，同社の販売も2002年には過去最高の21.5万台を記録したが，市場シェアは低下傾向にあった。

この状況は2003年に一変する。翌2004年から完成車の輸入関税が軽減されることが公表され，新車の買い控えが見られ，特に消費者のプロトン離れが起こったが，これを食い止めることができる人気車種の導入が見られなかった。2004年3月からペラ州タンジョン・マリムの第2工場が稼働を開始しており，生産能力は増大したにもかかわらず，販売が落ち込む状況となった。

1990年代後半からプロトンは三菱自工依存から自主開発へと舵を切り，研究開発にも積極的となった。開発力の強化には1996年に子会社化したイギリスのロータスの存在が大きい。一方で，プロトンの三菱離れは株式の面でも進み，2004年3月に三菱自工はプロトンの株式を売却した。2005年1月には三菱商事も持ち株を売却し，20年以上に及んだプロトンと三菱自工，三菱商事との資本関係は終結した。

また，主要な株主もPETRONAS（国営石油会社）や政府系持ち株会社などとなった後，2012年にDRB-HICOMがプロトンを買収し，その傘下に入った。政府による直接の株式所有がなくなったが，プロトンが国民車メーカーとして国家の目標に沿うということに変わりはない。

2013年には5ヵ年計画を公表し，生産台数50万台，輸出台数15万台などの数値目標も設定されたが[8)]，現状を見るとその達成は難しい。また，2014年5月に元首相であり，プロトンの生みの親でもあるマハティール氏が会長に就任した。同氏は政治的な力があり，同社の立て直しを担うことになったが，まず，NAP 2014に沿うようにプロトンは戦略車であるコンパクトカー，Irizの開発を進め，2014年秋に市場に投入した。同社は同じDRB-HICOMグループに属するホンダと提携をしているが，それ以外にも日本企業との提携が取りざたされてきた。そして，2015年6月にスズキとの新たな提携が発表され，プ

8） 2013年11月8日付け*New Straits Times*紙。

ロトンブランドで2016年夏から小型車を生産・販売することになった[9)]。

3.2 プロドゥア

1993年に設立され，翌1994年から生産を開始した第2国民車メーカーであるプロドゥアはダイハツなどとの合弁企業である。プロトンは1,300cc超の乗用車を生産していたが，これよりも小さいクラスのモデルの生産を行い，マレーシアのモータリゼーションを加速させた。

同社は発足時，地場のUMW，MBM，PNBがそれぞれ38%，20%，10%を出資する一方，日本側はダイハツが20%，三井物産が7%を出資していた。2001年にはプロドゥア49%，ダイハツ41%，三井物産10%の出資により，製造を担う子会社を設立した。

1994年の生産開始以降，1997年まで急速に市場シェアを拡大し，アジア経済危機の影響を受け，市場全体が縮小した1998年には販売台数が減少したものの，市場シェアは拡大し，それ以降，2003年まで20%台後半で推移した。2004年，2005年にはASEAN域内の関税撤廃の影響もあり，一旦25%近くにシェアは落ちるが，2006年以降プロトンを抜き，30%前後のシェアを維持し，市場シェアはトップとなっている。モデルごとのランキングで上位を占めるMyvi，Vivaなど人気モデルを擁していることが強みといえる。2014年の販売台数は19.6万台であり，市場シェアは29.3%であった。ちなみに，完成車の輸出は売り上げの2.6%を占めている[10)]。

同社は競争力強化の一環として4分野，すなわち生産，製品，R&D・調達，消費者満足の改革を2011年から開始した[11)]。さらに，近年，積極的に投資を拡大し，2014年には同じ敷地内に新工場を建設し，AxiaというEEVの生産を9月から開始した。新工場はダイハツの九州の工場を模しており，生産性が一気に高まった[12)]。Axiaの受注は好調であり，Myviに続く主力車となることが期待されている。

また，新しいエンジン工場の建設もスランゴール州の南に隣接するヌグリ・

9) 2015年6月16日付け『日本経済新聞』。
10) 2015年5月21日付け *The Star* 紙。
11) 2014年10月28日付け *New Straits Times* 紙。
12) 2013年11月27日付け *New Straits Times* 紙。

スンビラン州で進行中である。このように，完成車の輸出や，部品の生産など経営基盤を強化する戦略が見られる。

プロドゥアのベンダーは約150社であり，競争力強化にはかれらの貢献が不可欠である。そのため，同社はこれらベンダーの能力強化に努めている。

3.3 DRB-HICOM

HICOMを前身として設立され，1996年にDRBのHICOM買収によりDRB-HICOMとなった。同社は自動車，オートバイ，軍事車両などの輸送機器のみならずサービスや都市開発，インフラ事業なども手がけるコングロマリットである。なお，政府系の持ち株会社が同社の株式の5.39%を所有している。すでに述べたように同社は2012年に入り，プロトン・グループの持ち株会社を買収し，プロトンの経営にも乗り出すことになった。

自動車関連ではホンダとの合弁で乗用車の製造をマラッカ州で行っており，2000年11月にホンダ，DRB-HICOM，Oriental Holdingsの3社合弁の形でホンダ・マレーシアが設立され，2002年に出資比率はそれぞれ，51%，34%，15%となった。同社の生産能力は年産10万台であるが，エンジン・フレームの組立と等速ジョイントの生産も行っている。特に等速ジョイントはホンダの世界3大生産拠点の1つとなっており，輸出基地でもある。2014年の乗用車生産台数は7.7万台を超えており，プロドゥア，プロトン，トヨタに次ぐ第4位となっている。

ホンダ以外にもDRB-HICOMはCKD生産でいすゞ，スズキ，メルセデスベンツ，フォルクスワーゲンのブランドで生産を行っている。CKD生産については2006年に指定された自動車関連の集積地であるパハン州のプカンを拠点としている。ちなみに，2014年のいすゞ，スズキ，メルセデスベンツ，フォルクスワーゲンの販売台数はそれぞれ，12,366台，4,273台，7,131台，8,916台（MAA 2015）であった。また，HICOM時代から主にプロトン向けの部品を生産する4社の部品メーカーを子会社として持っている。

3.4 トヨタ

トヨタ車の生産は地場のAssembly Servicesが1968年から行っている。

1982年に地場のUMWとの合弁で設立されたUMWトヨタの資本金は5,900万リンギ，株主構成はUMW 51%，トヨタ39%，豊田通商10%である。傘下には製造を担当する2社と部品を生産する1社の合計3社の子会社がある。また，UMWは第2国民車メーカーであるプロドゥアにも出資をしている。トヨタの関連企業は3社あり，日系の部品メーカーもこの中に含まれ，部品を生産する子会社は国内販売のみならず輸出も行っている。

トヨタの販売は2003年から増加し，同年に4万台を記録した。さらに2005年には9.1万台と急増し，その後も8.3万台から9.1万台で推移し，2014年の販売台数は10.2万台（乗用車7.4万台，商用車2.8万台）で，市場シェアは15%に達している。2007年以降，販売が生産を上回っており，輸入車の販売が伸びていることをうかがわせる。ASEAN域内ではトヨタはタイ，インドネシアの子会社の生産能力がマレーシアを大きく上回っているが，両国から，さらに日本からも輸入が行われている（FOURIN 2015，p.127）。また，域内の部品の相互補完にも部品生産子会社が貢献している。

3.5　自動車部品メーカー

マレーシアの自動車部品メーカーは外資系，地場の華人系，地場のブミプトラ系の3グループに大別される。これらのグループごとの動向を順次考察する。

まず，外資系企業であるが，このなかには日系企業，欧米系企業が多く含まれ，数的には日系企業が多数を占める。ほとんどの外資系企業はプロトンの設立を契機としてマレーシアに進出した。しかし，マレーシアの国内市場は狭隘なため，多くの企業が国内のみならず，ASEANの市場への供給も視野に入れていた。デンソーに代表される日系企業大手の場合，ASEAN域内に多くの自動車メーカーがあるため，このような戦略をとる企業が多い。また，ドイツのBoschのように1970年代から北部のペナン州にある自由貿易地区に進出し，マレーシア国内のみならず，世界的な輸出基地として出発した企業もある。

地場の華人系部品メーカーの多くはMACPMAのメンバーであり，プロトンの設立以前から自動車部品の生産を行っていた。国民車プロジェクトのもとでの支援の対象とならなかったが，海外企業との提携などにより自力で技術力を高めていた。一方で，国民車プロジェクトによる国内の自動車生産の拡大は華人系部品メーカーにとっても追い風であった。APM などこれらの企業の中には海外進出を果たした企業もある。

最後のグループに属するブミプトラ企業はプロトンへの部品供給を目的として新たに設立された企業である。国民車プロジェクトのもとブミプトラ企業の自動車産業への参入が促進され，その波に乗って多くの企業が参入した。また，プロトンも政府とともにこれら企業の育成に努めた。Ingress のように日本の部品メーカーとの技術提携などにより技術力を高めた企業の中には日系自動車メーカーへの部品供給を始めた企業や，海外進出を果たした企業も見られる。他方で，国民車メーカーへの部品供給にとどまり，2 次ベンダーに甘んじる中小企業も多く見られる。このように，ブミプトラの部品メーカーでは 2 極化が進んでいる（穴沢 2010a）。

4. マレーシア自動車産業の将来

4.1 NAP 2014

2014 年 1 月にマレーシア通産省とその傘下にあると MAI（マレーシア自動車研究所）は NAP 2014 を公表した。NAP 2014 の目的は以下の 6 つである。

・競争力のある国内自動車産業の育成。
・マレーシアを EEV における域内のハブとする。
・国内の能力開発とともに付加価値を高める。
・自動車，部品などの輸出を拡大する。
・自動車産業，アフターマーケットへの競争的なブミプトラ企業の参加を拡大する。
・安全で高品質の製品を競争的な価格で提供することにより消費者利益の拡大する。

マレーシア自動車産業の競争力強化という大前提はこれまでの NAP と変わりはないが，今回は EEV や環境への配慮，価格への言及などが新たに盛り込まれ，より明確に方向性を示している。

今回のキイワードは EEV，環境である。EEV にはハイブリッド車，電気自動車のみならずガソリン，ディーゼルなど既存のエンジンの効率化も含まれる。これに関連してNAP Reviewで導入されたハイブリッド車，電気自動車へのインセンティブ（物品税，関税の免除）は2017年末まで延長されることになった。上記のように，マレーシアを域内でのEEVのハブをすることが盛り込まれたが，環境に配慮したこの分野での競争はASEAN域内でも激化しており，決してマレーシアが先行しているわけではない。また，一方で，これまでのように輸出促進やブミプトラ，国民車プロジェクトへの配慮も盛り込まれた。

NAP 2014の公表と平行してMAIはロードマップを公表した。それらには技術，サプライチェーン，人材，再生産，アフターマーケット，ブミプトラ育成の6つの分野が含まれる。紙幅の関係でここでは言及しないが，それぞれのロードマップにはNAP 2014の実現に向けた詳細な今後の方向性が記述されている。

また，NAP 2014は方向性を示しただけでなく，はじめていくつかの具体的な数値目標も提示している。まず，2020年に自動車の生産を135万台（うち乗用車は125万台，商用車10万台）とし，25万台は輸出用とされた。MAA（マレーシア自動車工業会）は2019年の生産を74.3万台と予想しており（MAA 2015），2013年の輸出実績は約2万台であることを考えるとかなり高い目標値といえる。また，2020年には部品（二輪車を含む）も輸出を100億リンギまで引き上げるとしている。2013年の部品（二輪車を含む）の輸出額は44億リンギであり，こちらも高い目標値となっている。その他に製造関連で7万人，アフターマーケットで8万人，あわせて15万人分の追加的雇用を創出するとしている。さらに，自動車価格の低減も打ち出された。これは与党の選挙公約でもあり，2017年までに20%から30%引き下げるなどの目標値も提示された。

NAP 2014ではアフターマーケットを含め，他の関連産業での新たなビジネス機会も提示された。それらのなかには素材関連産業や設計，エンジニアリング，検査なども含まれている。また，部品産業の国際化のため，世界クラスのベンダーの創出も新たに提言され，2020年までに研究開発能力のあるレベル5のベンダーを180社，設計まで可能なレベル4のベンダーを150社，充分な生産技術を持つレベル3のベンダーを100社とするとしている。ただし，他の数値目標同様，かなり高い設定となっている。

これまでのNAP同様，NAP 2014においてもブミプトラの保護と国民車プロジェクトへの支援が表明されている。ブミプトラ企業に対して，技術，人的資源，サプライチェーン開発のために2014年から2020年の間に7,500万リンギの補助を計画している。さらに雇用に関しては製造現場での外国人労働者の増大という現実に対して2020年までにかれらの8割をブミプトラに置き換えるとの目標値も出された。国民車プロジェクトに対しては，これまでの貢献をもとに，各社の変革の取り組みを支援するとしている。

前節で見たようにブミプトラ系の部品メーカーは2極化が進んでおり，特に中小企業の底上げが急務であるが，国際競争が激化するなかブミプトラ政策の維持と国際競争力強化の双方を同時に実現することは容易ではない。

2015年1月にはNAP 2014の進行状況が示された。生産，販売，輸出入などの基本的な数値の提示のみならず，新規投資，自動車価格の低減，ロードマップで示された項目の進行状況についても言及されており，NAP 2014とロードマップをもとに行程を管理しようとする姿勢が現れている。

4.2 AECと自動車産業

以下ではAEC，さらにはTPPなどより大きな視点での貿易の自由化の流れのなかでのマレーシアの自動車産業の今後の動向を考察する。ただし，自動車メーカーと部品メーカーでは対応が異なり，さらに企業ごとにその対応は異なってくる。

まず，プロトンであるが，国内市場においても苦戦を強いられており，市場シェアは低迷している。このような状況のもと，海外市場に目を向けようとしているが，海外市場の開拓が短期的に急拡大するとはいえず，長期的な観点から戦略的に進める必要があろう。ASEAN市場向けにいかに輸出を拡大するかが1つのカギとなる。さらに海外でのブランドの弱さを克服する手だても必要となろう。まずは戦略車であるIrizの販売の伸びと国内市場シェアの回復が1つの目安となるであろう。

プロドゥアはダイハツとの協力により，部品や完成車の輸出を拡大する可能性があり，ASEAN域内での戦略策定においてはプロトンよりも先んじているといえる。トヨタ，ホンダについても完成車の域内での生産の棲み分けと相互補完が可能である。さらにこれに部品の相互補完も含まれる。その意味ではASEANを1つの市場として経済統合の果実をより多く手に入れることが可能であろう。

AECに関しては国民車メーカーを持つマレーシアにとって逆風となるとの見方もある。短期的にはタイがASEANの中心となるが，中長期的には潜在的に大きな市場を持つインドネシアの台頭が見込まれ，外資は両国に集中すると見られる[13)]。ここにも輸出基盤を持たず，狭い国内市場に依拠するマレーシア自動車産業の脆弱性が見られる。特にプロトンにとっては楽観を許さない状況にある。

自動車部品については完成車よりも自由化が進んでおり，部品メーカーの対応もこの流れのなかで進むであろう。ただ，輸出の多くが日系を中心とした外資系企業によるものであり，この面での地場企業の対応は遅れている。地場の部品メーカーは長きにわたり，プロトン，プロドゥアへの供給をメインとしてきた。しかし，一部の企業では国民車メーカーのみならず日系など外資系自動車メーカーへの供給が増加してきている。比較的競争力のある部品メーカーも育ってきており，今後これらの企業は輸出や海外進出をさらに積極的に進める可能性はある。しかし，対応が可能な部品メーカーはそれほど多くはない。海外進出を果たした地場部品メーカーは10社程度で，グループでの対応が可能なAPMグループやHICOMグループ内の部品メーカーなどに限られている。比較的長い歴史を持つMACPMAのメンバーも外資との技術提携などにより，競争力の強化や海外進出をはかることになるであろう。しかし，AECのもと外資系部品メーカーとの競争では苦戦を強いられるであろう。

一方で，2次ベンダー，特にブミプトラ系の中小部品メーカーは今後，一層厳しい状況に追い込まれる可能性がある。プロトンを通じて技術提携などを行ってきたが，大量生産技術などでは未熟な点が多い。部品の貿易自由化が進むなか，ジャスト＝イン＝タイムにおける地理的な優位性だけで生き残ることは容易なことではなく，顧客の多様化などによる国民車メーカーへの依存体質からの脱却がカギとなろう。

日系部品メーカーについてはほぼ共通する戦略が観察される。これらの企業

13）　2014年10月12日付け *New Straits Times* 紙。

は基本的にはマレーシアの国民車プロジェクトのもと，プロトンへの部品の供給を目的として進出したケースが多い。これは国民車プロジェクトのもと，部品の国産化も進められ，日本からの輸出が困難になったこと，そしてプロトンとしても信頼性の高い部品を日系企業がマレーシアにおいて供給してくれることにより，現地調達率を高めることを望んだことによる。しかし，日系部品メーカーにとってマレーシアの市場は規模の経済性を追求し，コストを下げることができるほどには大きくなかった。そのため，多くの日系部品メーカーは国内供給と並行して輸出も行っており，これによって生産規模の拡大をはかっている。これらの企業にとってはAECやTPPは市場の拡大を意味しており，マレーシアに立地することの戦略的な意義は大きい。

おわりに

1980年代当時，ASEAN各国では主に日本企業が地場企業との合弁でCKDにより自動車の生産を行っていた。このため，マレーシアがいち早く国民車プロジェクトを打ち出したことは産業政策的に意味を持つものであったといえる。

しかし，狭い国内市場という制約を持ち，規模の経済が働かないにもかかわらず，輸出は限られており，国内市場に過度に依存した状況が続いてきた。第3次工業マスタープランにおいて指摘されているように技術面や研究開発面でも後れをとり，熟練労働力も不足している（MITI 2006b，pp.355-358）。これらの課題は依然として残されたままである。

一方で，AFTAや日マEPA，さらにAECやTPPなどにより，貿易自由化が不可避のものとなるなか，単に国内市場を守るというだけでは産業としての発展は厳しい状況にある。

マレーシア政府は2006年のNAPおよびNAP Review，さらにはNAP 2014で，自動車および同部品産業の競争力強化と輸出拡大の方向性を打ち出している。しかし，貿易の実態を見る限り，政府の想定している競争力強化への道のりは険しいといわざるをえない。もともと狭い国内市場という制約があり，さらに長年にわたり国民車メーカーとブミプトラ企業の育成を続けてきたことにより，地場企業はASEAN域内の貿易自由化やより広い意味でのグローバル化に後れをとったことは否めない。

EEVなど環境への配慮という戦略も打ち出されたが，ASEAN域内でのこの分野での競争も激化しており，さらに先進国を含めた競争を考えると，楽観は許されない。ただし，プロドゥアのように完成車や部品の輸出を拡大する企業もあり，一部の地場部品メーカーは海外進出を果たし，経済統合や貿易自由化に対応し始めている。また，乗用車に特化しているため，この分野での生産技術については一日の長があることも事実である。

マレーシア自動車産業の歴史は保護から自由化への葛藤の歴史でもある。そして，常にその話題の中心となるのがプロトンである。同社もDRB-HICOMの傘下に入り，さらにスズキとの提携が決まったが，会長であるマハティール元首相が今年の3月末に辞任するなど，今後の動向が注目される。

◆参考文献

穴沢眞（2010a）「貿易自由化とマレーシアの自動車部品メーカー」『商学討究』（小樽商科大学）第60巻第4号。

穴沢眞（2010b）『発展途上国の工業化と多国籍企業―マレーシアにおけるリンケージの形成―』文眞堂。

FOURIN（2006）『アジア自動車産業2006』FOURIN。

FOURIN（2011）『アジア自動車産業2011』FOURIN。

FOURIN（2015）『ASEAN自動車産業2015』FOURIN。

加茂紀子子（2006）『東アジアと日本の自動車産業』唯学書房。

マレーシア日本人商工会議所（JACTIM）（2011）『マレーシアハンドブック2011』マレーシア日本人商工会議所。

鳥居高（1989）「製造業における資本所有構造の再編過程―自動車産業の事例研究―」堀井健三編『マレーシアの社会再編と種族問題―ブミプトラ政策20年の帰結―』アジア経済研究所。

吉松秀孝（2005）「マレーシアと中国の自動車産業と政府の役割」市村真一監修，Ch. フィンドレー他著『アジアの自動車産業と中国の挑戦』創文社。

Department of Statistics（Malaysia）（2011）*Final External Trade Statistics 2011*, Department of Statistics, Kuala Lumpur.

Department of Statistics（Malaysia）（2012）*Economic Census 2011 Manufacturing*, Department of Statistics, Kuala Lumpur.

Department of Statistics（Malaysia）（2014）*Final External Trade Statistics 2014*, Department of Statistics, Kuala Lumpur.

Koo Sian Chu（2001）"Automobile Industry: Can Malaysia Compete in AFTA?", paper presented in MIER National Economic Outlook 2002 Conference.

Malaysian Automotive Association（MAA）（2015）*Market Review for 2014 and Outlook for 2015*, MAA, Press Conference, 21, January, 2015.

Malaysia Automotive Institute（MAI）（2014）*Malaysia Automotive Roadmap: Highlights*, MAI, www.mai.org.my.

Ministry of International Trade and Industry Malaysia（MITI）（1996）*Second Industrial Master Plan 1996-2005*, MITI, Kuala Lumpur.

MITI（2006a）*National Automotive Policy*, MITI, Kuala Lumpur.

MITI（2006b）*Third Industrial Master Plan 2006-2020*, MITI, Kuala Lumpur.

MITI（2009）*National Automotive Policy Review*, MITI, Kuala Lumpur.

MITI and MAI（2014）*National Automotive Policy 2014*, MITI and MAI, Press Conference, 20, January, 2014.

MITI and MAI（2015）*National Automotive Policy（NAP）2014 Status Update*, Press Conference, 30, January, 2015.

UNIDO（1985）*Medium and Long Term Industrial Master Plan Malaysia 1986- 1995 Executive Highlights*, UNIDO, Kuala Lumpur.（日本貿易振興会（1986）『マレーシアの中長期工業基本計画の概要（1986～95年）』日本貿易振興会）。

第 5 章　フィリピンの自動車・自動車部品産業

福永佳史

はじめに

本章では，フィリピンの自動車・同部品産業について論ずる。まず，第 1 節において新車販売市場，自動車国内生産体制，自動車関連製品の貿易構造，自動車部品産業について概観する。続いて，第 2 節において，これからのフィリピン自動車産業の将来を占ううえで最も重要な政策，すなわち「包括的自動車再興戦略」（CARS）について紹介する。第 3 節では，ASEAN 経済共同体（AEC）および東アジア経済統合がフィリピン自動車産業に与える影響について述べたい。

1. フィリピン自動車産業の概況

1.1　新車販売市場の現状

9,800 万人の人口を擁するフィリピンは，インドネシアに次いで ASEAN 第 2 位の人口を誇る大国である。他方，経済規模で見ると，フィリピンは先進 ASEAN 6 ヵ国（ブルネイ，インドネシア，マレーシア，フィリピン，シンガポール，タイ）の最下位に位置する（2013 年時点で名目 GDP が 2,720 億ドル）。これは，1 人当たり GDP（名目，2013 年）が 2,790 ドルにとどまっていることによる。

1 人当たり所得の低さを反映して，フィリピンの自動車所有世帯率はインドネシアと並んで低い水準（11.4%）にとどまっている（倉沢 2014）。この結果，フィリピン自動車市場の規模は，他の先進 ASEAN 諸国に比してかなり小さい。

たとえば，タイが国内生産190万台・国内販売90万台，インドネシアが国内生産130万台・国内販売120万台であるのに対し，フィリピンは国内販売27万台市場（2014年）にとどまる[1)]（図5.1）。

フィリピン自動車市場も1997–98年のアジア通貨危機までは，他のASEAN諸国と同様，順調に発展していた。しかし，近隣諸国と比べて，通貨危機後の回復スピードに大きな差があった。インドネシアを筆頭に，他のASEAN諸国が2000年代初期には通貨危機前の市場規模を回復したのに対し，フィリピンが通貨危機前の水準（1996年水準）を回復したのは，実に2010年のことであった。市場規模の大きさが，新たな投資を呼び込み，生産の効率化，部品産業の発展につながるという好循環を生むため，フィリピン自動車市場が停滞する間，自動車産業・同部品産業の競争力という点で，タイ・インドネシアに大きく水を開けられてしまった。

しかし，ここに来て，国内新車販売台数が急速に伸び始めている。2011年にはタイでの洪水によるサプライチェーン断絶の影響を受け，一時伸び悩んだが，2014年には対前年比で27.1%の成長を記録した。人口1億人，1人当たりGDP 3,000ドルを目前にして，いよいよ，「モータリゼーションの夜明け」といった状況になりつつある。

フィリピン自動車市場の特徴の1つは，他のASEAN市場と同様，日系企業のシェアの大きさである。2014年のデータによると，シェアトップはトヨタ自動車（41%）である。続いて，三菱自動車（19%），現代自動車（9%），フォード（8%），いすゞ（5%），ホンダ（5%）などとなっている（図5.2）。中期的に見ると，韓国系メーカーが急速に存在感を増している。現代自動車の市場シェアは，2006年時点では5.5%にすぎなかったが，急速にシェアを伸ばし，2011年には12.3%にいたった。その後，韓国国内でのストライキの発生，通貨ウォン高などの要因によりシェアを落としているが，それでも2014年に9%を占め，不動の第3位となっている。市場シェア第4位のフォードもさらに存在感を増している。後に述べるとおり，現代自動車もフォードもフィリピン国内では生産活動をして全くしていない。国内生産をしていない企業が，む

1)　Chamber of Automotive Manufacturers of the Philippines（CAMPI）のデータに，CAMPIに所属していない主要プレイヤーである現代自動車の販売台数を加味。

図 5.1　フィリピン自動車市場規模の変遷（新車販売台数）

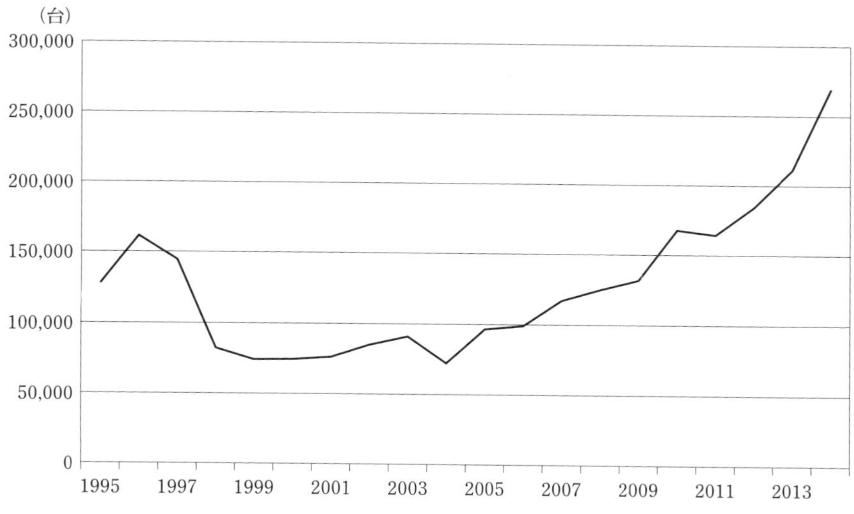

出所：CAMPI データ，AVID データ，『FOURIN アジア自動車調査月報』各号，その他資料より作成。

しろ市場シェアを伸ばしつつあることは，貿易自由化の結果であり，国内製造業の振興という観点では難しい課題を突きつけている。一定の存在感を発揮している韓国系・アメリカ系に比して，フィリピン自動車市場の中でドイツ系，中国系，インド系はほとんど存在感を持たない。

フィリピンの自動車市場を考えるうえで，特筆すべき点として，中古車市場の大きさ，二輪車市場の成長の遅れ，を指摘したい。第 1 に，フィリピンでは中古車市場が非常に大きいとされる。陸運局（LTO）の自動車登録台数と CAMPI の発表する新車販売台数の差が，中古車の新規登録台数であると推定される。この中には，①海外からの中古車の輸入，②中古部品から作られるフィリピン特有の乗り物，ジープニーの新規登録，の両者が含まれる。2008 年のデータによれば，LTO の認めた新規登録 177,451 台のうち新車は約 70% の 124,449 台，中古車は約 30% の 53,002 台であった[2)]。そもそもフィリピンでは 2002 年以降，中古車輸入が法律上禁止されているにもかかわらず，このう

2）NNA, 2010 年 5 月 14 日。

図 5.2　フィリピン新車市場に占める各社のシェア（2014 年）

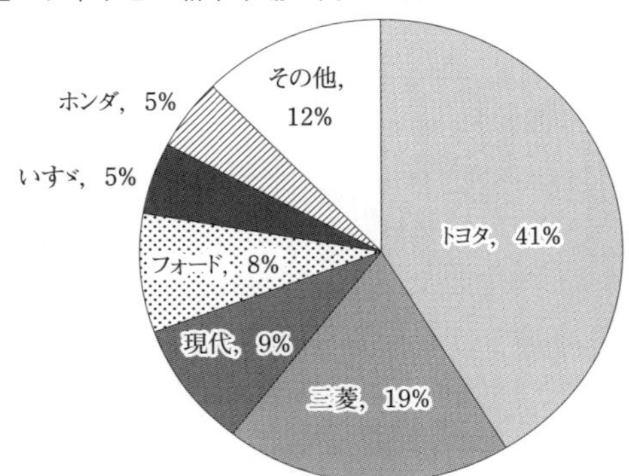

出所：CAMPI 資料および現代自動車資料。

ちの相当の数が中古車輸入であると考えられる。こうした大規模な中古車市場の存在が，新車販売市場の伸びを大幅に抑制している[3)]。

第 2 の特徴が二輪車市場の成長の遅れである。ベトナムやインドネシアでは，二輪車市場がある程度成長した後に四輪車市場が成長してきたのに対し，フィリピンでは二輪車市場の成長は遅れた。いわゆる二輪車（サイドカー付きでないもの）が市場に出回るようになったのは 2001 年頃の中国系メーカーの参入が契機だとされる[4)]。日系メーカーもこれを追ったことから，アジア通貨危機以降に二輪車市場は急激に拡大してきた。フィリピンの二輪車市場は，2010 年に前年比 19% 増の約 76 万台であり，さらなる成長が期待されているが，二輪車普及台数は 1,000 人当たり 35 台にとどまり，近隣国と比較して普及度が低いことがわかる（渡辺・有田 2011）[5)]。このようにフィリピンの二輪車市場は，2001 年以降に遅ればせながら普及期を迎えており，このことがフィリピン自動車市場の成長を抑制してきたものと考えられる。

3)　ただし，近年では自動車産業ロードマップによる要請などもあり，中古車の輸入自体は抑制されるようになっている。

4)　フィリピン日本人商工会議所資料（http://www.jccipi.com.ph/3-11(3).pdf）。

5)　2014 年のフィリピンの二輪車市場は，80 万台に満たない。これに対し，人口規模の近いベトナムの二輪車市場は 270 万台規模である。

1.2　自動車国内生産体制の現状

2012年に乗用車または商用車の組立実績がある企業は，トヨタ，三菱自動車，いすゞ，ホンダ，日産，起亜，日野，江淮汽車，MAN，UDトラックスの10社である（実績順）[6]。このうち，起亜以下の6社の2012年生産実績は小規模であり，いずれも1,000台を下回っている[7]。逆に，国内生産面での上位6社は日系メーカーが独占しており，事実上の日系独占状態にある。

フィリピン国内の自動車メーカーは基本的に小規模なフィリピン国内市場をターゲットとしてきた（2012年に撤退したフォードを除く）。このため，メーカー各社の生産規模は小さいことに加え，新車販売市場がアジア通貨危機後に長期の停滞を余儀なくされたことから，生産能力に比して組立実績が大幅に少ない。このため，生産設備への新規投資も抑制され，旧来の設備を維持しながら生産を続ける形となっていた企業が多い。近隣のASEAN諸国が順調に国内生産規模を拡大し，生産体制の効率化を実現してきたのに対し，フィリピンの自動車産業が競争力を減じることとなった。しかし，2012年以降に新車販売市場が急速に成長しており，モータリゼーション到来局面に入りつつある。後に詳述する自動車産業振興策と相まって，厳しい環境で我慢を強いられた日系メーカーが，新たな投資に動き始めている。以下，主要メーカーの動きについて，概説する。

フィリピン・トヨタ自動車（TMP）は，フィリピンの新車販売市場の実に4割を占める最重要プレイヤーである。1988年8月に創業し，その資本はメトロバンク51%，トヨタ自動車34%，三井物産15%となっている。マニラ南部のラグナ州サンタ・ロサに位置するトヨタSEZの中に立地する。同じ敷地には，トヨタ・オートパーツ・フィリピンをはじめとする関係企業が立地している。国内ではVios，Innovaの2車種を生産しており，合計生産台数は4万2,000台に迫る。その生産規模から，後に述べる包括的自動車再興戦略（CARSプログラム）の恩典を受ける最有力候補である。同時に，ASEAN地域の主要生産拠点であるタイ・インドネシアからの完成車輸入も多く，輸入車も含めた新車販売は10万6,000台（2014年）であった。国内の主要関係企業であるト

6）『FOURINアジア自動車調査月報』81号，2013年9月。
7）『FOURINアジア自動車調査月報』81号，2013年9月。

ヨタ・オートパーツ・フィリピンは，トランスミッション関連製品を製造しており，一部，TMPへの国内販売を除き，そのほぼ全量を海外向けに輸出している。

フィリピン国内でシェア第2位を誇る三菱自動車は，フィリピン自動車産業の先駆け的な存在である。その歴史は古く，1963年にアメリカ・クライスラーのフィリピン子会社に三菱自動車が参画する形で始まった。1987年には正式に三菱自動車フィリピン（MMPC）と名称を変更し，現在にいたる。資本構成は，三菱自動車51%，双日49%となっており，トヨタと異なり，100%日系企業である。2014年には4万9,000台の新車を販売した。国内生産としては，L300，Adventureの2車種で，2014年には約1万6,000台を製造した。主要子会社としては，アジアン・トランスミッション社（ATC）が挙げられる。MMPCの近年の特筆すべき動きは，新工場への移転である。MMPCは，設立当初からマニラ市の北東に位置するリサール州に工場を立地してきたが，2012年のフォード撤退（後述）を受け，旧フォード工場を買収，MMPCの新工場として2015年1月に操業を開始した。旧工場のキャパシティは約3万台であり，生産規模（2012年に1万4,000台）に比して余裕があったが，中期的な市場規模拡大を視野に入れると，拡張余地に限界があった。こうしたなか，フォードの工場を改造することで，新規の社屋設立に比べて半分程度のコストで[8]，年間5万台の製造キャパシティを得ることができた[9]。結果として，三菱自動車は包括的自動車再興戦略（CARSプログラム）の要件となる年間4万件規模の生産を行う体制に近づくこととなった。また，すべての主要自動車メーカーがラグナ州に集中立地することとなり，自動車産業・同部品産業全体の効率性向上に資する可能性が高い。

アメリカ系メーカーに目を転じると，生産面において特筆すべき近年の変化は，フォードの撤退である。フォードは1998年に，フィリピンを同社のASEAN域内での完成車輸出拠点とするとして鳴り物入りでフィリピンに進出した。当時から日系メーカーは進出していたが，完成車の輸出をしていた企業はないなか，フォードはフィリピンを完成車の輸出拠点とする戦略をとったた

8）『産経新聞』2014年3月31日。
9）三菱自動車プレスリリース。

め，フィリピン政府が多大なインセンティブを付与した。しかし，タイの自動車産業の成長に伴い，フォードのタイ生産拠点が効率性を上げたのに対し，フィリピンの自動車産業は停滞を続けた。フォードはフィリピン国内で年間5万台の生産能力を有し，2011年実績で6,000台以上の生産を行い，2011年まで少数ながら完成車輸出のコミットメントを維持してきたが，採算が合わなくなり，2012年末をもって国内生産拠点を閉鎖した。フォードは国内生産から撤退したにもかかわらず，2013年以降にフィリピン国内の市場シェアを伸ばすことに成功した。その背景には，危機感を持ったフォードが積極的に新モデルを投入した等の事情もあるが，国内生産を止めた企業が市場シェアを伸ばしたことは，自動車産業振興策を検討していたフィリピン政府にとって，皮肉な結果となっている。

韓国系メーカーのうち，現代自動車は国内生産を全く行っておらず，韓国からの輸出に頼りつつ，フィリピン国内市場シェア3位を維持している。貿易自由化が進むなか，製造立地という点で，フィリピンが近隣諸国との激しい競争に晒されていることを如実に表している。本章第3節で述べるとおり，ASEAN韓国自由貿易協定（FTA）に基づき，韓国からフィリピンへの輸出はさらに競争力を増すことが予想され，現代がフィリピンに生産拠点を構築する契機は弱い。これに対し，起亜自動車は1991年からフィリピン国内で小型トラックのCKD生産を行っているが，2012年の生産実績が899台と小規模にとどまっている。

中国系メーカーについては，江准汽車が少量（2012年実績177台）ながら国内生産をしている。これに加え，奇瑞汽車が2014年からASEAN向けに乗用車を生産・輸出するとの情報があるが[10]，実際にどの程度の生産を行ったのかは定かでない[11]。また，2011年12月には中国・北京汽車集団傘下の北汽福田汽車がクラーク自由港に自動車組立工場新設を決定したとの報道がされたが[12]，こちらも生産実績は不明である。

10) 新華社，2014年3月29日。『FOURINアジア自動車調査月報』81号，2013年9月。
11) このほか，中国福田汽車が進出するとの報道もある。
12) フィリピン経済・金融・投資情報，2011年12月12日。

1.3　自動車関連製品の貿易構造

自動車関連製品（HS87類品目）の輸出入は，輸入総額が38.1億ドルに対し，輸出総額は16.6億ドルであり，大幅な貿易赤字にあった。その輸出入構造は，完成車・CKD部品を輸入，自動車部品を輸出，となっている。87類品目について，2014年度の輸入実績が多い順に見ると，①自動車部品及び付属品が17.2億ドル（8708），②乗用自動車が4.5億ドル（8703），③二輪車の部品及び付属品が4.3億ドル（8714），④二輪車が3.7億ドル（8712）となっている。特に，乗用自動車その他の自動車の輸入の伸びがめざましく，2014年輸入実績は，2001年実績の11倍超となっている。これに対し，フィリピンからの輸出のほぼ9割を占めるのが部品及び付属品（8708）であり，2014年度輸出実績は14.7億ドルであった。その中でも，特に存在感が大きいのが，自動車用トランスミッションであり，8708品目輸出額の約4分の1（3.8億ドル）を占めている。続いて，乗用自動車その他の自動車（8703）が1.1億ドルの輸出となっている。HS87品目における輸入総額が38.1億ドル，輸出総額が16.6億ドルであり，大幅な輸入超であった（いずれも2014年時点，表5.1）。

このように，HS87類品目にだけ着目すると，フィリピン自動車・同部品産業は，大幅な貿易赤字環境にあるようにも見える。しかし，自動車部品は非常に多岐にわたり，HS87品目にとどまらない。特に，フィリピンは，ワイヤーハーネス生産のハブの1つであり，日本・アメリカ・カナダなど，多くの非ASEAN諸国にワイヤーハーネスを輸出している。しかし，ワイヤーハーネスはHS87類品目ではなく，HS85類品目（電気機器及びその部分品並びに録音機）に分類される。実際，ワイヤーハーネス（HS854430）の輸出額は，実に20.4億ドル（2014年）にも達する。この結果，フィリピン貿易産業省によれば，自動車部品は，29.5億ドルの大幅な輸出超（2013年）になっている[13)]。

再び，HS87品目に注目すると，フィリピンの貿易相手国は，日本（24.4%），タイ（21.7%），インドネシア（18.2%），中国（9.6%），韓国（4.8%），インド（4.2%），アメリカ（3.7%）等となっている。単体では日本が最大の自動車関連産品の貿易相手国であるが，日系メーカーが東南アジアに展開している生産ネットワークを反映し，ASEANを一体として見ると，42.3%となり，首位に

13）フィリピン貿易産業省ホームページ（http://industry.gov.ph/industry/auto-parts/）。

表 5.1　HS87 類品目の輸出入（2014 年）

（単位：1,000 ドル）

コード	製造業分類	輸出額（2014 年）		輸入額（2014 年）	
87.08	自動車の部分品及び付属品	1,472,262	88.70%	1,720,587	45.19%
87.03	乗用自動車（ステーションワゴンを含む）その他の自動車	105,940	6.38%	453,215	11.90%
87.14	モーターサイクル及び自転車の部分品及び附属品	39,420	2.37%	428,648	11.26%
87.12	自転車及び他の自転車（原動機付きのものを除く）	28,109	1.69%	374,671	9.84%
87.16	トレーラー及びセミトレーラー並びにその他の車両（機械式駆動機構を有するものを除く）	8,972	0.54%	374,582	9.84%
87.11	モーターサイクル及びサイドカー	2,553	0.15%	266,469	7.00%
87.09	自走式作業トラック（工場又は空港において）及び部分品	1,055	0.60%	79,123	2.08%
87.04	貨物自動車	1,035	0.60%	46,588	1.22%
87.15	乳母車及びその部分品	185	0.10%	27,943	0.73%
87.07	自動車の車体	153	0.10%	10,093	0.27%
87.02	10 人以上の人員の輸送用の自動車	77	0.00%	9,864	0.26%
87.01	トラクター（87.09 のトラクターを除く）	36	0.00%	4,941	0.13%
87.05	特殊用途自動車（消防車，クレーン車）	9	0.00%	4,331	0.11%
87.13	身体障害者用の車両（車いす），原動機を有するか有しないかを問わない	8	0.00%	3,490	0.90%
87.06	原動機付きシャーシ	0	0.00%	2,916	0.80%
87.10	戦車その他の装甲車両（自走式のもの）及びその部分品	0	0.00%	7	0.00%
87	鉄道用及び軌道用以外の車両並びにその部分品及び附属品	1,659,814	100.00%	3,807,468	100.00%

出所　WITS データベース。

踊り出る。日本を筆頭に，2 国間の貿易関係は貿易赤字であることが多い（日本のほか，タイ，インドネシア，中国，韓国，インド）。これに対し，アメリカやドイツとの関係では貿易黒字を維持している。

1.4　自動車部品産業の概要[14)]

自動車部品産業団体である MVPMAP に登録している自動車部品メーカーは合計で 127 社であった（2012 年時点）。この中には，①トヨタ，日産，三菱

14）　本節の記述は，福永（2012）による。このため，主に 2011 年時点の情報に基づく。

といった自動車メーカーの子会社・関連会社，②矢崎総業やデンソーといった大手自動車部品メーカーの子会社・関連会社，③さらには地場資本100%の企業が含まれる。Aldaba (2007) を参考に，主だったものを例示すると，矢崎トーレス（ワイヤーハーネス），ユナイテッド・テクノロジーズ（ワイヤーハーネス），テミック・オートモーティブ（アンチ・ブレーキ・ロックシステム），ホンダ・エンジン（エンジン），アジアン・トランスミッション（トランスミッション），トヨタオートパーツ（トランスミッション），富士通テン（カーステレオ），愛知フォージング（鍛造）などである。127社のうちのTier1，Tier2，Tier3の分類は容易ではない。この点，Aldaba (2007) によると，2007年時点で四輪の自動車メーカーが14社，Tier1部品サプライヤーが124社，Tier2/3部品サプライヤーが132社であった。部品サプライヤー256社のうち，MVPMAP所属企業は103社であった。したがって，Tier1サプライヤーの数は概ねMVPMAP会員企業に近いといえるだろう。

このように，フィリピンではそれなりに裾野産業としての部品サプライヤーが存在しているが，タイ，インドネシアと比較した場合，その規模が圧倒的に小さいことはいうまでもない。

こうした輸出の背景には，大手自動車メーカー・自動車部品メーカーがフィリピンを自動車部品生産の地域拠点・グローバル拠点の1つと位置付けていることがある。三菱自動車は1960年代にPCMP政策が講じられ，一社一品の部品製造を義務付けられた際にトランスミッションを選択し，子会社としてアジアン・トランスミッション社（ATC）を設立した。現在では，フィリピンが三菱自動車のASEAN戦略におけるトランスミッション製造ハブとして位置付けられており，さらに機能強化する方向である[15)]。三菱自動車が1960年代から一貫してトランスミッション製造を続けていたことは，国内の技術者や部品サプライヤーが継続して存在してきたことを意味する。このため，トヨタなどが1980年代にフィリピン市場に再参入した際にも，フィリピン国内に条件が整っており，部品としてはトランスミッション製造に重点を置くこととなった。この結果，現在ではフィリピンはトヨタグループの手動トランスミッションのASEAN供給拠点と位置付け，2007年に大幅な追加投資を行った。さらに，

15) 三菱自動車資料。

トヨタオートパーツの製品はASEAN諸国にとどまらず，日本，さらには南アフリカにも輸出されている。ホンダパーツは1992年に設立された。トヨタパーツと同様に，2002年から手動型トランスミッションを製造し，欧州，ASEAN向けに輸出している。大手部品メーカーもフィリピンを製造拠点の1つと位置付けている。矢崎総業は，1973年に矢崎トーレス工業をラグナ州に設立して以来，ワイヤーハーネスを中心に計7社をフィリピンに構える（営業，開発を含む）。これは，中国の19社に次ぐ規模である。デンソーは，FTAを最大限活用し，自社製品を地域拠点で集中的に生産する物品，市場ごとに分散的に生産する物品に分けている。タイが最大の地域生産拠点であるが，その中で，フィリピンはスピードメーターの地域拠点と位置付けられており，フィリピン・オート・コンポーネンツ社（PAC）が長年，操業している。

このように，フィリピンの自動車部品産業は，当初から国内市場だけでなく，輸出マーケットも視野に入れ，日系企業のグローバルサプライチェーン構築，またASEAN経済統合と密接に関係する形で発展してきた。このため，いい意味でも悪い意味でも，フィリピン自動車市場の成長度合いの影響は相対的に小さい。

図5.3　フィリピン自動車部品産業の立地

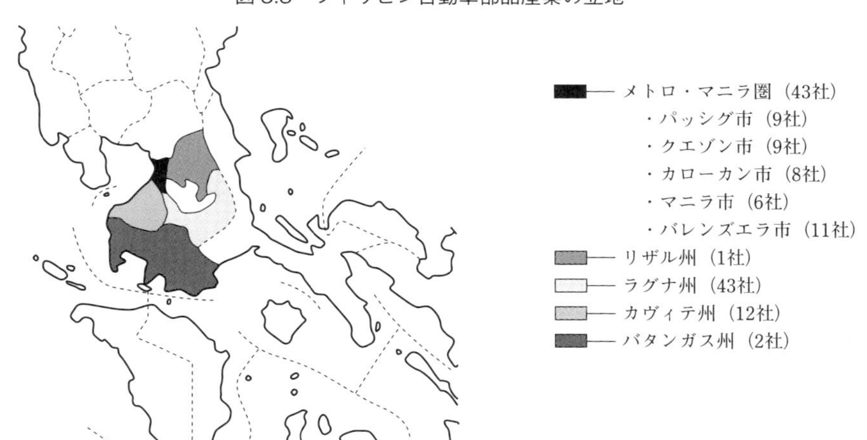

出所：筆者作成。部品企業の所在地については、MVPMAPウェブサイトによる。2012年時点。

次に，MVPMAPに所属するフィリピン自動車部品サプライヤーの地理的な配置について見ると，ルソン島中部のラグナ州に属する企業が43社と3分の1を占める。ラグナ州はマニラ圏に隣接しており，大市場に近く，その結果，トヨタ，いすゞ，ホンダなど，多くの自動車メーカーが本社を構えている。必然的に，アジアン・トランスミッションや矢崎トーレスをはじめとする老舗自動車部品サプライヤーもラグナ州に位置している。これに続くのが，ラグナ州の西側に隣接するカヴィテ州で，MVPMAP所属127社中，12社が操業している。さらに，バタンガス州（2社），リザル州（1社）を加えた，カラバルゾン地域（Calabarzon）が，1つの集積となっている。このほか，5～11社が立地しているのは，マニラ市（6社），そしてマニラ北部の各都市である。ヴェネズエラ・シティ（11社），パシグ・シティ（9社），クエゾン・シティ（9社），カルゥカン・シティ（8社）である。これらはメトロ・マニラ圏と呼ばれる地域であり，合計すれば実に43社が立地している。したがって，メトロ・マニラ圏がラグナ州・カヴィテ州と並ぶ，2大自動車生産拠点の一翼を担っているといえる。マニラ北部には，自動車・同部品の主要港であるマニラ港へのアクセスが良いことが企業立地要因である。また，ラグナ州とも比較的近いという点も指摘できる。

2. フィリピン自動車産業の将来：包括的自動車産業再興戦略プログラム

2015年6月，フィリピン政府は「包括的自動車再興戦略」（Comprehensive Automotive Resurgence Strategy：CARS）を発表した。これは，フィリピン自動車産業の将来に大きな効果を持つものと考えられる。ここでは節を改めて，詳述したい。

2.1　自動車産業ロードマップ作成にいたる経緯

2010年6月にフィリピン共和国大統領が就任したベニグノ・アキノ大統領は，その経済政策において，製造業強化を打ち出した。前職のアロヨ政権は，コールセンターなどのBPOを中心としたサービス業の振興に政策の重点を置き，順調に発展させてきた。実際，GDP成長に占めるサービス業の寄与度は大きい（2010年は工業も同水準）。しかしながら，BPOサービスが創造する雇用は高等教育を受けた上流階層中心であること，また，製造業と異なり裾野産業を伴わないため，社会全体への効果は限定的であった。また，一般的に，サービス産業は製造業よりも生産性の向上率が低いことから，製造業中心に発展する他のASEAN諸国に比して，GDP成長率は低い水準にあった。

こうした状況を受け，アキノ政権は製造業視点に回帰し，海外送金に頼る経済構造でなく国内に雇用を創出しようとする考え方をとっている。目下，貿易産業省が中心となって，製造業振興策のとりまとめを進めている。実際の政策立案プロセスとしては，①国内の関係製造業団体が，それぞれの業種の競争力強化のための政策（「ロードマップ」）を作成し，政府に提言する。これを踏まえ，政府の経済シンクタンクであるフィリピン開発経済研究所（PIDS）が，業種横断の観点から政策項目の優先順位付けを行い，原案を作成，貿易産業省が最終的な政府の製造業振興策としてとりまとめることとなった。

自動車・同部品産業に関するロードマップ作成において，中心的な役割を担ったのが，フィリピン自動車競争力協議会（PACCI）である。PACCIは，フィリピン国内での自動車および自動車部品製造業を支援するため，業界としての一体的なロビイングをすることを目的に2009年に設立された。自動車業界団体としては，1995年に設立されたフィリピン自動車製造業者商工会議所（CAMPI）が存在していたが，CAMPIにはフィリピン国内での製造を行わず，自動車の輸入販売のみをしている業者（たとえばGM，起亜）を会員に含んでいた。これに対し，PACCIは純粋にフィリピン国内での製造業者から成り，トヨタ，三菱，ホンダ，いすゞの他，フィリピン自動車部品製造業者協会が会員となっている。

PACCIは，2020年までの国内製造についての目標を掲げている。PACCIホームページによれば，2020年までに，①国内生産50万台，②部品の40%国内調達，③生産台数の40%の世界への輸出をめざすとされた。これを実現するために必要な政策および実現した場合の経済効果について，デロイトやオーストラリアのモナシュ大学に研究を依頼し，近隣諸国との競争環境を検討した。特に大きなインパクトを持ったのが，コスト競争力の比較研究である。

すなわち，①フィリピン国内の完成車生産コスト，②タイ等近隣諸国で完成車を生産しフィリピンに輸入した場合のコストを比較し，1台当たり1,200～2,000ドルのギャップがあるとの試算結果が出た。逆に言えば，このコストを埋めれば，海外市場での競争には十分でないが，少なくともフィリピン国内市場では，国内メーカーが競争できる環境が整うこととなる。このコスト差を埋めるための政策を検討した結果が，「自動車産業ロードマップ」（Automotive Industry Roadmap）としてとりまとめられた（PACCIが2012年に政府に報告）。基本的に産業界主導の枠組みであるが，その過程においては，政策当局（貿易産業省およびフィリピン開発研究所）と産業界の間で頻繁に意見交換が行われており，このプロセス自体，政策と現場のギャップを埋めるための基本的な理解の醸成という効果を生んだという意味で，大変大きな意義がある。

自動車産業ロードマップと合わせて，「自動車部品ロードマップ」（Auto Parts Roadmap）も作成された。こちらは，フィリピン自動車部品製造業者協会（MVPMAP）が中心となり，PACCIと連携し，またフィリピン開発研究所が支援する形で作成されたようである。自動車部品ロードマップの提言内容は，自動車産業ロードマップの提言内容との重複も多いため，本章では自動車産業ロードマップの内容を検討したい。

2.2　自動車産業ロードマップの提言

自動車産業ロードマップではどのような政策を提言しているのだろうか。以下，PACCI事務局からのヒアリングによって記述する[16)]。

まず，財政措置を伴うものとして，①輸出業者が国内の自動車メーカーに販売した場合のTax Creditsの付与，②奢侈税制度の見直し（価額に応じた累進課税構造となっている奢侈税について，課税対象価格から，国内付加価値（Local Value Added）を差し引く制度）が提案された。いずれも，国内自動車部品の利用を促進させることを目的としている。非財政措置の柱は，法規制の執行強化である。すなわち，①排気ガスを中心とする環境規制，②中古品の不法輸入への執行を強化することで，新車購入インセンティブを高める，また，通関時の

16）本節については，合わせてAldaba（2008, 2011）を参照するとともに，Aldaba氏との意見交換を参考している。

価格の過少申告に対する執行を強化することで，新車の不正輸入を抑止することが提案された。さらに，政府調達を使った政策も提案された。フィリピンは，WTO政府調達協定非加盟国であり，政府調達の政策裁量が大きい。従来から，フィリピン国産品を優先的に調達することを奨励する規則があるが，これを強制化することで，国内生産車の優先調達が期待されていた。

PACCIは，自動車産業ロードマップにおいて提案した政策がすべて導入された場合の効果を勘案し，国内製造台数の目標も発表している。国内新車販売市場に占める国内製造比率が70%まで高まることを想定していた（2020年時点で工場稼働率90%を目標）。

2.3　自動車産業ロードマップ発表後の混乱

以上に述べた「自動車産業ロードマップ」は，あくまでも産業界による政策提言にすぎない。PACCIの提言を受け，2012年に政府内部での施策の具体化が始まったが，その後の動きは決して速いものではなかった。

検討状況が長期化した最大の要因は，財政的措置をめぐる問題である。非財政的措置とは，政府権限に属するものであり，いわば，既存権限の適正執行である。これに対し，財政的措置（インセンティブの付与や税制の改廃など）については，貿易産業省に加え，財務省，さらには議会の承認を得ることが必要であった。当初，奢侈税の見直しも検討されたが，2013年を境に政府の説明から欠落するようになった。その経緯は定かではない。このころから，政府内での議論は，インセンティブの具体的設計および規模に移っていった。比較的早い段階で，「新モデル1種当たり4万台を5年間継続生産した場合（計20万台），1台当たり1,000ドルの支援を行う。ただし，最大2モデル」との情報が産業界に伝わった。しかし，フィリピン国内での最大生産モデル（Vios）の生産規模が2.5万台であることを踏まえれば，1モデル4万台という条件は非常に厳しく，大手メーカーと政府との個別交渉となっていった。他方，「年4万台生産」，「最大2モデル」という条件は，フィリピン国内での市場シェアの小さいメーカーにとっては，事実上，活用不可能な支援策であり，諦観が拡がっていった。

累次の議論の結果，2014年10月に貿易産業省は「フィリピン自動車製造業ロードマップ」(Philippines Automotive Manufacturing Industry Roadmap) を策定し，大統領の承認を待つのみとなっていた。

2.4　包括的自動車産業再興戦略プログラムの発表

2015年6月，ついに，自動車業界が待望する「包括的自動車産業再興戦略プログラム」(CARSプログラム) が発表された。同政策は，フィリピンがタイ，インドネシアに続く「第3の自動車生産国に向けた橋頭堡になる」(助川 2015) ものと期待されている。

CARSプログラムは，2015年大統領令182号として策定された[17)]。新たな投資を呼び込み，需要を刺激し，産業関連規制を効果的に実施することを通じて，フィリピン自動車産業を再興させ，ひいてはフィリピンをASEAN地域の自動車製造ハブとすることを目的とする。施策の内容は，財政的インセンティブの付与であり，6年間で1モデル当たり最低20万台の完成車を国内生産する企業に対し補助金が交付される。完成車メーカーのほか，認定モデル向けの部品製造企業等も支援対象となる。さらに，同プログラム参加企業は，ボディ・シェルおよび大型プラスチック部品の国内組立のための新たな投資を行う必要がある。また，対象となるのは，最大で3モデルである。原則としてフィリピン以外で販売実績があるものの国内で生産されていない車種であるが，フルモデルチェンジをした場合も支援対象となる。補助金の額は，2016年からの6年間の合計で270億ペソ（約6億ドル）を超えないものとされている。3モデル合計で60万台の国内生産が実現すると仮定すると，1台当たり約1,000ドルのインセンティブとなる。ただし，実際にはインセンティブの構造は大きく2つに分かれている。すなわち，全予算の4割が固定投資支援，6割が生産量インセンティブで構成される。前者は所要の投資を行った段階で付与されるのに対し，後者は，10万台の生産を達成した後に支払われる。CARSプログラムを実施するため，新たに「自動車産業開発に関する省庁間委員会」が設置される。貿易産業省（投資委員会）が議長を務める。また，財政資源を確保するため，新たに自動車開発基金の設立が提案される。

17)　CARSプログラムの詳細については，フィリピン政府ホームページ参照：http://www.gov.ph/2015/05/29/executive-order-no-182-s-2015/。

以上のように，CARS プログラムが発表され，自動車産業ロードマップ以来の議論が，実際に政策として動きだすこととなった。今後，以下の2つの動きが予想される。第1に，自動車開発基金の設立について，国会の承認を得る必要がある。第2に，貿易産業省が CARS プログラム参加企業の申請プロセスを構築し，実際に3モデルを認定することになる。早速，市場シェア第1位のトヨタが生産規模拡張を発表した[18)]。また，市場シェア第2位の三菱自動車も着実に準備を進めている。3つめのモデルが，いずれの会社のモデルになるかは未知数だが，現時点ではフィリピンで生産していないフォルクスワーゲンが参入するとの報道があり，注目を集めたが[19)]，フォルクスワーゲンは 2015 年9月に断念する旨を発表した。その際，6年間で 20 万台との要件が厳しすぎるとの指摘がなされた。

CARS プログラムは，6年間で 20 万台生産要件があることから，フィリピン国内で一定規模以上の生産をしている企業のみが恩典を受けることになる。したがって，当初の産業界提案と異なり，一部の完成車メーカーには有利に働くものの，恩典を受けられないメーカーにとっては国内競争環境が悪化することを意味する。他方，CARS プログラムを通じて国内生産が大幅に拡大した場合，部品メーカーの能力および効率性が向上することが予想される。したがって，CARS プログラム対象外の企業も，部品調達環境の改善という間接的な利益を享受することが期待できる。

3. 自動車産業の将来：ASEAN 経済共同体と東アジア経済統合

3.1 ASEAN 経済共同体（AEC）[20)]

ASEAN 経済統合は，フィリピン自動車産業・同部品産業の発展に非常に大きな影響を与えてきた。特に ASEAN 自由貿易協定（AFTA）に基づき，2003 年に完成車にかかる関税が 5% まで削減されたことで，フィリピン自動車市場に占める輸入車の割合が劇的に増加する契機となった。それでは，2015 年末

18） ロイター通信 2015 年6月9日。
19） http://manilastandardtoday.com/2015/04/09/volkswagen-investing-200m/。
20） ASEAN 経済共同体に関する概説として，石川他（2013）を参照。

のAEC実現は，フィリピン自動車産業・同部品産業にどのような影響を与えるであろうか。

AECについて，その目標年とされる「2015年」が大きな注目を集めている。しかし，ASEAN経済統合は継続するプロセスであり，2015年12月31日から2016年1月1日にかけて，何か大きな変化が起こるわけではない点に留意が必要である。フィリピンは，2003年の関税削減に続き，2010年には関税撤廃を行っている。同様に，先進ASEAN 6ヵ国はすでに99%以上の関税撤廃（品目数ベース）を達成している。AECは，2015年よりも早い段階で大きな貿易自由化が実現しているのである。

他方，2015年に追加的に講じられるAEC関連措置も存在する。特に重要なのは，CLMV諸国（カンボジア，ラオス，ミャンマー，ベトナム）による関税撤廃である。これまで，CLMV諸国は関税削減は行ってきたが，2015年1月には，品目数ベースで90%以上の関税撤廃を実現した。さらに，2018年1月に，追加で7%分（品目数ベース）の関税撤廃を行う予定であり，結果として98%水準の関税撤廃が実現する。ベトナムは完成車に対する関税を維持しているが，2018年には撤廃を迫られることになるため，完成車メーカーは，ベトナムの生産拠点を維持するのか，それともタイの生産拠点からの輸出を中心とするのか，大きな判断を迫られている。

それでは，CLMV諸国による関税撤廃は，フィリピン自動車産業にどのような影響を与えるであろうか。第1に，2012年のフォード撤退後，フィリピンの完成車メーカーは輸出を行っていない。少なくとも現時点では，フィリピン自動車産業は輸出競争力が十分でなく，また，国内市場が急速に伸びていることを踏まえれば，当面の間，フィリピンから完成車の輸出は行われないであろう。したがって，ベトナム等の市場開放は，ほとんど影響を持たない。また，自動車部品の対ベトナム輸出については，現時点で既に無関税の品目が多いことから，2015年，2018年の関税撤廃による効果は期待できない。他方，自動車産業政策の進展によってフィリピン自動車産業が競争力を有するようになれば，同じ左ハンドル市場でもあり，フィリピンからベトナムへの輸出機会が創出される可能性はある。

関税撤廃と並んで注目する必要があるのが，自動車部品に関する相互認証協定（MRA）である。ASEAN は，「単一市場・生産基地」（AEC の第 1 の柱）実現の方策として，主要な産品に関する MRA を進めており，その一環として，自動車部品 MRA の議論が進められている。MRA が実現すれば，部品基準にかかる試験結果報告書の相互認証が認められるようになるため，ASEAN 域内での部品調達がより円滑になるものと期待されている。ただし，①技術規制自体の調和には至っていないこと，② MRA の対象とされる部品が少ないことなどから，自動車部品 MRA が実現したとしても，そのインパクトは限られる。MRA が 2015 年 8 月の経済大臣会合で署名される可能性もあるが，原稿執筆時点（2015 年 6 月）でも交渉が続いており，2016 年にずれ込む可能性が高い。

3.2　ASEAN+1 FTA の実施

すでに述べたとおり，AEC による関税撤廃は，2015 年より前の段階でほぼ実現している。したがって，2016 年以後に着目する場合，より大きなインパクトを持つのが，いわゆる ASEAN+1 FTA である。ASEAN では，2002 年の ASEAN 中国 FTA 枠組み協定を皮切りに，中国・韓国・日本・インド・オーストラリア・ニュージーランドの 6 ヵ国との間で FTA を締結してきた。関税に着目するといずれも品目ベース 90% 以上の関税撤廃を約束しており（ASEAN インド FTA を除く），予定どおり実施されれば，大きな効果を持つ。

今後のフィリピン自動車産業にとって，特に大きなインパクトを持つのが，韓国・中国・インドである[21)]。センシティブ・トラック（関税撤廃は行わないが，関税削減を行う品目）の実施期限は，それぞれ，2016 年，2018 年，2019 年とされており，予定どおり実施されれば，乗用車・商用車のフィリピンへの輸入関税が，20 ～ 30% から 5% 以下に大幅に削減される（ただし，関税撤廃対象となる品目は FTA ごとに異なる）。

フィリピン市場において，韓国系メーカー（現代，起亜）は大きなシェアを持っているが，フィリピン国内では一切製造していない。近年ではウォン高等の影響を受けて勢いが弱まりつつあるが，2016 年には AKFTA による関税撤廃の利益が大きくなることから，勢いを盛り返す可能性が高い。これに対し，

21）　日本については，日比 FTA により，すでに関税撤廃・削減が実現している品目が多いが，乗用車については引き続き 20% の関税が課されている。

中国系メーカーは，販売という意味でも製造という意味でも，フィリピン国内市場では全く存在感がない。しかし，近年では，マニラで開かれる自動車ロードショーに中国の民族系メーカーが出展するなど，前向きの動きが見られる。中国国内市場が飽和するなか，ASEAN 中国 FTA による関税削減が実現した場合，ASEAN 諸国への輸出が検討されることになろう。インド系メーカーは，中国系以上にフィリピン国内での存在感がなく，フィリピン国内に参入するまでには相当の時間を要するものと考えられる。

3.3 その他の地域経済統合の取組

ASEAN 諸国の中で，フィリピンは経済統合に積極的な国ではない。これまでに締結している FTA は，① AEC の前身となった ASEAN 自由貿易地域（AFTA），②5本の ASEAN+1 FTA，③日フィリピン経済連携協定（JPEPA）の計7本である。シンガポール・マレーシア・タイが，積極的に2国間 FTA 交渉を行っているのに対し，フィリピンは，基本的に ASEAN 一体となって交渉している，最低限度の FTA にしか参加していない（日比 FTA が唯一の例外)。現在継続中の交渉についても同様の傾向があり，東アジア包括的経済連携協定（RCEP)，ASEAN 香港 FTA 交渉に参加しているが，環太平洋経済連携協定（TPP）交渉には参加していない。RCEP が実現した場合，東アジア域内の生産ネットワークの効率化が実現するが，仮に順調に妥結したとしても(2015 年末が妥結目標)，経過措置期間が存在するため，大きな効果を持つまでにはしばらく時間を要する。これに対し，ASEAN 香港 FTA は，①香港に自動車産業が立地していないこと，②香港の関税はすでにゼロであることから，フィリピン自動車産業には全く影響を与えないものと考えられる。TPP については，フィリピン側から関心が示されているが，現時点までに交渉に参加しておらず，早くても交渉妥結後の新規加盟という形になる。

おわりに

フィリピンは，1人当たり GDP が 3,000 ドルに迫り，ついにモータリゼーションが始まろうとしている。その人口規模を考えれば，今後，急速に自動車市場が拡大していく可能性が高い。ただ，ASEAN経済統合を通じてすでに完成車に対する関税率を大幅に下げていたことから，新たに伸びた市場は，国内生産車ではなく輸入車に奪われる傾向にあった。日系各社はフィリピン国内での生産拠点を維持し続けてきたが，市場が伸び悩み，また輸入車との競争にさらされていた厳しい期間を過ごしてきた。ここに来て，政府が財政的インセンティブを主眼とする自動車産業政策を発表し，国内生産の拡大に向けた環境が整いつつある。①フィリピンのマクロ経済の安定，②中国および近隣諸国の労賃の上昇（フィリピンの労賃の相対的低下），③若くて豊富な英語力の高い労働力の存在，④財政赤字低減によりインフラ開発が期待されることなど，多くのプラス要因が存在する。モータリゼーションと政府の支援策により，こうしたプラス要因が一気に現実化する可能性を秘めている。他方，①韓国や中国とのFTAによる関税撤廃が迫っていること，また，②近隣のASEAN諸国も自動車産業振興策を講じているなど，リスク要因も多い。国内のビジネス環境という意味では，電気料金や道路事情，港湾事情など，課題も大きい。フィリピン自動車産業・同部品産業が国内に残り続けられるかどうか，正念場にある。

最後に，近時のフィリピン自動車産業・同部品産業の動きの中で，将来展望を描くうえで大きな可能性を秘めている動きを2つ紹介したい。第1は，自動車産業のサービス産業的側面である。トヨタ自動車フィリピンは2013年に，敷地内に技術学校を創設し，アフターセールスケアを担当するフィリピン人エンジニアを育成している。卒業生は，フィリピン国内のみならず，サウジアラビア，オーストラリアなど，外国の関連企業で勤務することも視野に入れている。自動車産業のサービス的な側面に着目すると同時に，海外労働者の多いフィリピンの特長を捉え，関連企業の国際ネットワークを支える人材としてフィリピン人を活用する興味深い例である。今後の展開が注目される。

第2の動きは，自動車部品産業における研究開発である。ASEANに展開する日系自動車・同部品企業は，徐々に研究開発をアジア拠点に移しつつある。その内容は，下流の商品開発から，徐々に上流の製造設計等に移りつつある。しかし，こうした流れは，日系企業が展開するすべての国で発生しているわけではない。ASEANであれば，その最大の自動車製造拠点であるタイ・バンコク周辺の拠点で特異に見られる現象である。こうしたなか，フィリピンでも，一部の自動車部品産業において研究開発を行う動きがある。タイに比して，フィリピンでは安価に英語ができるエンジニアを雇うことができることに加え，主な取引先として日本・タイを想定すると，時差の関係上，両者との円滑なコミュニケーションが図れるとのメリットがある。フィリピン国内の自動車関連産業による研究開発の動きは限定的ではあるが，国内市場が急速に伸びるなか，技術力向上を通じた産業発展に向け，前向きな条件を提供しつつあるのではないか。

付記：原稿の執筆にあたり，多くの現地日系企業（自動車産業，自動車部品産業）の方から教えをいただいた。また，貿易産業省のラフィタ・アルダバ局長，PACCIのラモン・カビティン事務局長，アジア経済研究所の鈴木有理佳氏，在フィリピン日本国大使館の是枝憲一郎氏，鈴木潤一郎氏，JETROマニラ事務所の塚尾大輔氏（いずれも取材当時）には，特に多くの御協力をいただいた。記して謝したい。

◆参考文献

石川幸一・清水一史・助川成也（2013）『ASEAN経済共同体と日本』文眞堂。

倉沢麻紀（2014）「フィリピン　国内生産車拡大への道」『ジェトロセンサー』2014年8月号，58-59頁。

助川成也（2015）「第3の自動車生産拠点を目指すフィリピンとベトナム（後編）」，時事通信，2015年6月19日。

『FOURINアジア自動車調査月報』各号。

福永佳史（2012）「フィリピンの自動車・同部品産業」『アセアンの自動車・同部品産業と地域統合の進展』東アジア・アセアン経済研究センター（ERIA），pp.111-135。

渡辺一雅・有田賢太郎（2011）「日系企業に求められる新興国戦略の方向性～日系二輪車業界の新興国戦略を踏まえて～」『Mizuho Industry Focus』Vol. 97，2011年4月28日。

CAMPI Website（www.campiauto.org）

MVPMAP Website（www.mvpmap.com）

Aldaba, Rafaelita M.（2007）“Assessing the Competitiveness of the Philippine Auto Parts Industry”, DP 2007-14, PIDS.

Aldaba, Rafaelita M.（2008）‘The Autobus Is Leaving – Can the Philippines

Catch It?', PN2008-02, PIDS.

Aldaba, Rafaelita M. (2008) 'The Philippine Manufacturing Industry Roadmap: Agenda for New Industrial Policy, High Productivity Jobs, and Inclusive Growth", Discussion Paper Series No. 2014-32, PIDS.

Aldaba, Rafaelita M. (2011) "Globalization, Competition, and International Production Networks: Policy Directions for the Philippine Automotive Industry", PN2011-13, PIDS.

第6章　ベトナム自動車・部品産業の現状と課題

金　英善

はじめに

ベトナムはASEANの中では相対的に低い賃金や平均年齢の若い労働者，中国市場に近い立地などが魅力となっている。2011年後半から日系企業のベトナム進出は，これまでの家電製品から自動車部品の生産にまで業種が広がってきている。その背後には，タイに工場をもつ日系企業が，2011年の洪水を機にベトナムなど周辺国へ設備投資をすることでリスクを分散する動きがある。そして中国・インドの賃金上昇で生産拠点の一部がベトナムに移転される動向も見られる。

研究史を概観すれば，これまでトラン・ヴァン・トゥ（2010），大野・川端（2003）に見るように，ベトナム経済発展全般に関する研究はあるが，自動車・部品産業に絞った著書は皆無に近い。

本章では新産業分野として挑戦しつつあると思われるベトナムの自動車・同部品産業に焦点をあて，その実態と問題点，そして今後の展望に関して考察することとする。したがって本章の構成は，以下のとおりである。まず，ベトナム自動車産業の概況と発展の足跡を考察し，ASEANの中での特徴について検討する。そして同国自動車生産および販売台数の推移を踏まえて，自動車・同部品市場の特徴を明らかにする。さらにインタビューによって得た資料と内容をもとに，企業レベルでの事例分析を行う。最後に，ベトナム自動車産業政策の特徴と「AEC2018」問題を絡ませながら，同国の課題を考察することとする。

1. 自動車・部品産業の概況

1.1 発展史

まずベトナム自動車産業の発展史について見ておこう。ベトナムの自動車・同部品産業はほかの ASEAN 諸国のそれに比べれば相対的に歴史が浅い。同国が自動車産業の育成に乗り出したのは 1990 年代に入ってからであり，これはマレーシアの「国産車構想」の提示より 10 年も後のことである。また，外資系企業の進出時期をみても，「アジアのデトロイト」と呼ばれるタイでは 1960 年代からであるのに対して，ベトナムでは 1990 年代に入ってからである。

1986 年に打ち出した「ドイモイ」と呼ばれる対外開放と経済改革の政策，1988 年に制定された「外国投資法」，1990 年代に制定された「企業法」の影響を受け，1990 年代初めから外資系企業のベトナム進出が始まったのである。このような外資優遇政策の恩恵で，日本の自動車，二輪車，家電企業などが現地生産を開始した。

しかし，同国自動車分野に対する初の外国直接投資が行われてから 20 数年が経った今日でも，自動車生産メーカーは育成されておらず，いまだにノックダウンによる組立方式の段階にある。そして市場規模から勘案すると，年間 13 万台（2014 年時点）にしかすぎない自動車市場を，19 社もの組立メーカーがシェアしているのである。

ベトナム自動車産業の発展史を，FOURIN の年表を基に見ていこう（表 6.1）。同国の自動車産業は大きく「発展期」，「停滞期」，「競争激化期」の 3 つの段階に分けることができる。「発展期」の段階は，マツダ，起亜，雙龍自動車などが生産を開始した 1992 年からの 10 年間である。表に見るように，1996 年に，外資法が改正され，トヨタ，スズキ，ダイハツ，ダイムラー・クライスラーが生産を開始した。

この時期にベトナム政府は産業保護政策の導入も試みた。たとえば，フォード，いすゞ，日野が生産を開始した 1996 年には，中古車を含む 12 人乗り以下の乗用車の輸入が禁止された。翌年に，中古乗用車の輸入を禁止するものの，1999 年には 12 人乗り以上の中古乗用車に関しては輸入規制を解禁した。2001

表 6.1　ベトナム自動車産業をめぐる年表

区分	年	政府・企業の主要動向
産業保護策導入，自動車産業発展期	1992 年	マツダ，起亜，雙龍自が生産開始
	1993 年	Iveco が生産開始
	1994 年	米国による経済封鎖解除，三菱自，大宇が生産開始
	1995 年	ASEAN 加盟
	1996 年	外資法を改正，トヨタ，スズキ，ダイハツ，ダイムラー・クライスラーが生産開始
	1997 年	12 人乗り以下乗用車（中古車含む）輸入禁止，フォード，いすゞ，日野が生産開始
	1998 年	APEC 加盟，中古乗用車の輸入を禁止，外貨強制売却制度施行，「企業法」制定
	1999 年	市場連動型為替相場制を導入，外貨強制売却制度を緩和，付加価値税を導入，12 人乗り以上の中古乗用車の輸入を解禁
	2000 年	米越通商協定発効，企業法を改正
	2001 年	自動車輸入関税率を改定，CBU 関税を引き上げ，CKD は関税引き下げ，個人所得税の 30 ～ 70％の大幅減税を実施
	2002 年	輸入関税率を改定，CBU 関税を引き上げ，CKD は関税引き下げ
	2003 年	特別消費税および付加価値税を引き上げ，日越投資協定締結
政府が方針変更，停滞期	2004 年	自動車工業マスタープランを策定，付加価値税，特別消費税を引き上げ
	2005 年	共通投資法，統一企業法が発効，特別消費税を引き上げ
	2006 年	ホンダが生産開始
貿易自由化，競争激化期	2007 年	WTO 加盟，中国ブランドのトラックの現地組立開始
	2008 年	ロシアブランドのトラックの現地組立を開始，日産が生産開始（2011 年一時停止），特別消費税を引き上げ，製造 5 年内，15 人以下の中古車輸入解禁
	2009 年	自動車関連付加価値税半減（～ 12 月），車両登録税を半減（5 ～ 12 月）
	2011 年	輸入車に対する関税を引き下げ
	2012 年	自動車登録税を引き下げ
	2013 年	道路使用料徴収を開始，ハノイ市等での自動車登録料を引き下げ
	2014 年	法人税を引き下げ，ASEAN 製輸入車の関税率 50％に引き下げ，ホーチミン市で自動車登録料を引き下げ，自動車産業マスタープランを発表
	2018 年	ASEAN からの完成車，自動車部品の関税撤廃

出所：FOURIN（2015），ジェトロ資料をもとに作成。

年には CBU 関税を引き上げると同時に CKD の関税を引き下げることで，輸入車と国内 CKD 車に差をつけた。このように輸入規制と関税政策で，国内生産を保護しようしたのである。

次に，「停滞期」について見ていこう。2004 年に自動車工業マスタープランを策定し，付加価値税と特別消費税を引き上げた。翌年に共通投資法，統一企業法が発効され，特別消費税はさらに引き上げられた。ホンダがベトナムに進出したのは，その翌年の2006年である。

第3段階の「競争激化期」は，WTO加盟の2007年から始まる。この時期に中国ブランドおよびロシアのトラックの現地組立が始まった。日産も2008年から組立を開始したものの，2011年には一時停止した。そして2012年にベトナムでの稼働を再開するが，今度はタンチョン社と提携した。

同時期のベトナム政府の動きを見ると，2011年に輸入車に課する関税を，その翌年に複数の大都市で自動車登録税を，2014年には法人税の引き下げだけでなく，ASEAN各国で組み立てられた車の輸入関税をも50%に引き下げた。こうした措置はベトナム現地生産企業に厳しい条件を突きつけたことになる。

1.2 ASEANの中での特徴

ASEAN各国の自動車・部品産業の現状を見れば，大きく2つのグループに分けられる。先発集団と後発集団の2つであり，前者にはタイ，インドネシア，マレーシアが，後者にはフィリピン，ベトナム，ラオス，カンボジア，ミャンマーが所属する。そしてこの後者には，フルセット型のフィリピン，ベトナムと非フルセット型のラオス，カンボジア，ミャンマーを内包する[1)]。

ASEAN自動車産業の中心であるタイやインドネシア，マレーシアに比べるとベトナムの自動車産業はまだ規模が小さい。タイは1970年代の初めから自動車産業を育成してきており，ASEANの自動車製造および組立生産の中心地となり，ピックアップトラックの生産はアメリカに次ぐ世界第2位を占めている。そして資本集約的産業に比較優位を持っているタイに比べると，ベトナムは労働集約的なアパレル，ワイヤーハーネス産業に比較優位を持っている。自動車産業はタイなどの周辺ASEAN国に比べると，どちらかといえば比較劣位にある。

図6.1の生産台数推移でASEANの中でのベトナムの位置を見ても，5ヵ国の中での劣位が一目瞭然である。2014年のデータで比較してみると，タイの188万台，インドネシアの130万台，マレーシアの60万台規模に比べて，ベトナムの生産台数は12万台程度である（図6.1）。2010年から5年間10万台

1) 早稲田大学自動車部品産業研究所講演資料（2013年6月12日）「アセアン自動車産業の3類型—フルセット型，非フルセット型，産業集積候補地」による。

前後を上下する。そしてベトナムのもう1つの特徴は，これらの自動車メーカーのほとんどの生産形態がCKD組立であることである。

次は，「現地調達率」の指標でASEANの中での特徴を見ていこう。ベトナムには，200余の工場が自動車の生産，組立，整備，部品生産等に関わっているといわれている。しかし，ジェトロの2010年調査によれば，二輪車は，日系および外資系企業からの調達が多く現地調達率80％以上に達するものの，自動車のそれは20％以下である。

シートなどかさばるもの，技術を必要としないものは現地で，そして手作業を必要とするワイヤーハーネスも現地生産が多い。中核部品であるエンジンや電子部品に関しては，輸入，あるいは原材料・部品を輸入して，廉価で優秀な現地労働力を活用しながら組み立てている。部品の輸入依存が続き，とりわけ中国からの輸入が多く対中貿易赤字の一因となっている。

ちなみに，ベトナム進出日系製造企業の原材料・部品の調達先内訳を見てみると，ジェトロの2014年調査によれば，日本から35.1％，現地企業から33.2％，

図6. 1　自動車生産台数推移で見るASEANの中でのベトナム

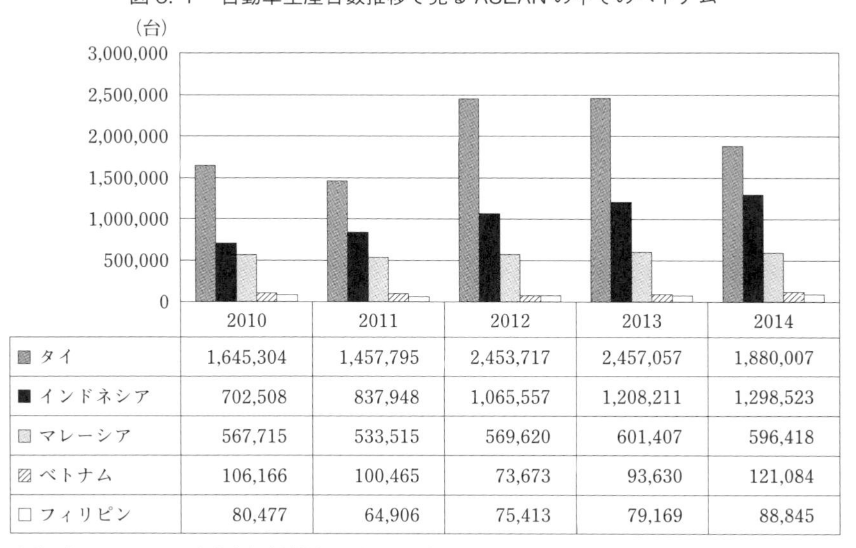

	2010	2011	2012	2013	2014
タイ	1,645,304	1,457,795	2,453,717	2,457,057	1,880,007
インドネシア	702,508	837,948	1,065,557	1,208,211	1,298,523
マレーシア	567,715	533,515	569,620	601,407	596,418
ベトナム	106,166	100,465	73,673	93,630	121,084
フィリピン	80,477	64,906	75,413	79,169	88,845

出所：『FOURIN アジア自動車調査月報』98号，2015年2月。

ASEANから10.8％，中国から12.5％，その他が8.5％となっている。日本，ASEAN，中国からの輸入依存が6割弱に達する。現地企業からの調達は毎年増えるものの，中国の66.2％，タイの54.8％，インドネシア43.1％と比較するとまだ低く，このことから裾野産業の弱さがうかがえる[2)]。

さらに，「自動車普及率」の指標を用いて，同国をほかのASEAN周辺国と比較してみよう。ベトナムの自動車普及率はタイ，インドネシアと比較してまだ低い水準であり，将来的な普及余地が大きいと考えられる。ベトナム統計局（General Statistical Office）によれば2011年におけるベトナムの自動車登録台数は128万台に達する。68人に1台の割合で自動車を保有することになる。そのうち，CVトラックが56万台で44%を占め，乗用車が72万台と56%を占めている。新車登録の地域別比率を見ると，北部が47%，南部が40%，中部が13%を占める（VAMA）。

ベトナムでは自動車に対する政府の課税，道路インフラの未整備は，自動車普及の阻害要因となっているが，この点に関しては後述する。

2. ベトナム自動車市場の動向

2.1 生産・販売動向

まずベトナムの自動車生産動向を見てみよう。ベトナム自動車メーカーは大きくVAMA（ベトナム自動車工業会）加盟企業と非加盟企業に分けられる[3)]。2013年時点でVAMA加盟企業はトヨタ，フォードなど計19社である。そのうち，外資系自動車メーカーは14社に上る。

次に，自動車販売台数の推移を見ていこう。同国の販売台数はインドネシアの6分の1程度であり，フィリピン市場とはほぼ同じ規模である。ベトナムの自動車販売台数推移を見ると，1996年には4,255台規模であったのが，2008年には初めて10万台を突破した。以降，2012年を除くと，ほぼ10万台前後の線を維持している（図6.2）。2012年に販売不振に陥ったのは，ハノイ市とホーチミン市が2012年1月から自動車登録料とナンバープレート交付料を値

2)　ジェトロ「2014年度アジア・オセアニア日系企業動向調査結果」。
3)　VAMAはVietnam Automobile Manufactures Associationの略。

図6.2　ベトナム自動車販売台数推移（2006～2014年）

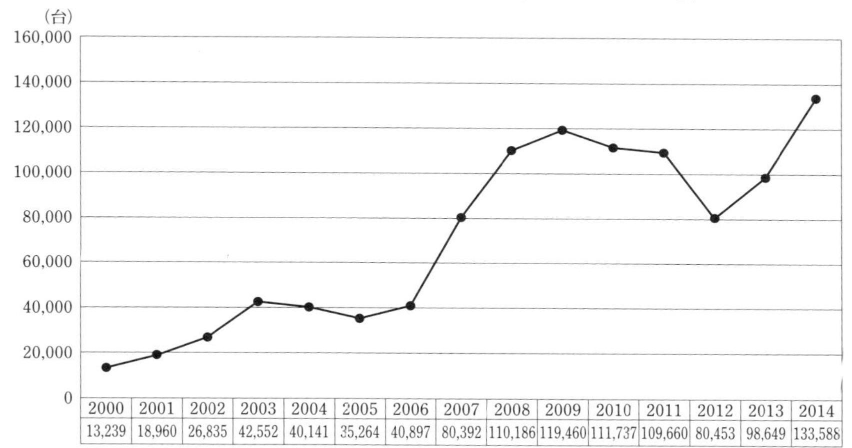

2000	2001	2002	2003	2004	2005	2006	2007	2008	2009	2010	2011	2012	2013	2014
13,239	18,960	26,835	42,552	40,141	35,264	40,897	80,392	110,186	119,460	111,737	109,660	80,453	98,649	133,588

注：乗用車と商用車を含む。
出所：OICA（国際自動車工業連合会）データより。

上げした影響が大きいと考えられる。このほかにも，道路維持費の導入など自動車所有者の負担を増やす一連の政策の影響で新車販売が一時期不振に陥ったのである。

次に，ブランド別の販売状況を見てみよう。2014年のデータでは，1位と2

図6.3　ベトナム自動車ブランド別市場シェア（2014年）

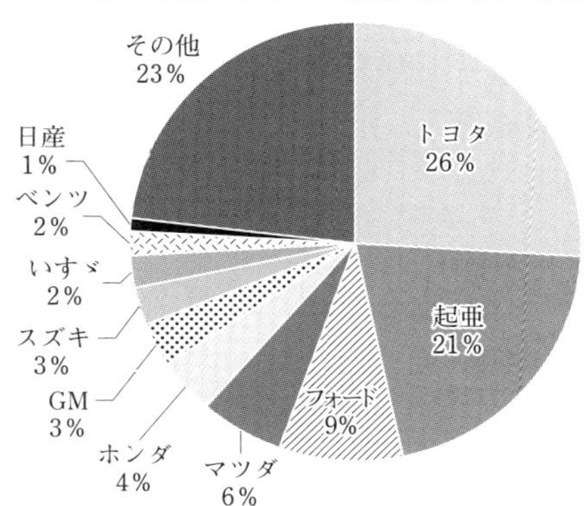

注：非自工会企業も含む。
出所：VAMA。

位がトヨタと起亜で，それぞれ26%と21%のシェアを占めており，この2ブランドで全体の5割弱となる。以下，フォード，マツダ，ホンダ，GM，スズキ，いすゞ，ベンツ，日産と続くものの，いずれもブランドシェアが10%未満である（図6.3）。

2.2 市場の特徴

ベトナム自動車市場の特徴の1つは，外資系と地場組立メーカーの車と輸入車が混在することである。この点は，ラオスの自動車市場と類似している。2004年まではVAMA加盟外資系メーカーがベトナム市場を占めていたが，2004年以降は地場メーカーが徐々にシェアを伸ばしてきた。2011年のマーケットシェアを見ると，外資系が45%を，地場が31%を，輸入車が24%を占めている。輸入車のうち新車は全体の19%，中古車は5%のシェアを占めている[4)]。

輸入車に関しては，ベトナムでは1992年までは政府用車両のみ輸入が可能であった。2003年から自動車の輸入が開放され，2006年3月以降は車齢5年以下の中古車輸入も可能になった。2007年のWTO加盟と同時に，完成車と自動車部品輸入関税が引き下げられ，輸入は毎年増加している。主な自動車輸入先は10数ヵ国もあり，中でも韓国からの自動車輸入が一番多い。次いで多いのが，日本，中国，アメリカである。

輸入を許可する一方，自動車産業を育成すべく，同国政府は完成車に対して高い関税，規制などを設け，国内生産を保護してきた。同じ車種でもベトナムで販売される自動車の価格がその他の国のそれに比べて高い理由の1つがそれである。

ベトナム自動車市場のもう1つの特徴は，ベトナムでは，仕事とプライベートの双方に使用できる低価格帯の商用車のニーズが高まっている。現地組立車のうち2割は小型商用車が占める理由もそこにある。

最後に，ベトナムでは韓国車の占める比率が高い。他のASEAN諸国は日本車が大半を占めているが，ベトナムでは現代，起亜の自動車のシェアが高く，とりわけ，THACO社にCKD委託した起亜の「モーニング」は人気車種の上

4) 2012年10月，I社提供資料による。

位を占めている。

3. 主要自動車企業分析

ここでは主要自動車企業の代表として，まずは大手地場系企業で起亜の委託先でもあるTHACO社を取り上げ，次いでトヨタベトナムの現状を論ずることとする。この2社のほかにも，SAMCO，VEAM，タンチョンなど検討すべき企業が存在するが，通底する特徴が多々あるので，本章では代表としてこの2社に絞ることとする。

3.1 THACO社[5]（チュンハイ）

THACOは，クアンナム省ダナンから15km離れているHoa Khanh Industrial Parkに入居している。当初は起亜の小型トラックや現代自動車のバスの組立を行っていた。グループ全体の従業員は7,000人に達する。2003年にダナンの第2工業団地に移転した。同社は合計4つの生産工場を運営しており，第1工場はトラックを生産しており，2004年9月に設立した。第2工場は2007年から起亜の車を組み立てており，従業員は316名であり，7時30分～16時30分の1シフトで稼働している。第3工場は2011年に設立され，マツダの車を組み立てている。従業員は124名で，生産能力は年間1万台である。そして，第4工場はバスを組み立てている（表6.2）。

同社の生産実績を見ると2005年の4,000台規模からスタートし，2013年まで累計17万台を生産した。

同社の乗用車事業は2007年からの起亜との提携から始まる。その翌年にTHACO KIA工場が稼働し，起亜の「モーニング」の組立を開始した。その後「K3」，そして2011年に「ソレント」の組立も開始した。

一方，マツダは2006年までベトナムモーターズに委託生産をしてきたが，販売不振でベトナム市場から撤退し，2011年にTHACOの子会社であるVINA工場内で生産を再スタートした[6]。同社は同年3月からマツダのベトナ

5）　2014年2月に実施した同社に対するインタビューによる。

6）　正式名はVina Mazda Automobile Manufacturing Co., LTD. は，クアンナム省ヌイタン地区（Nui

表6.2　THACOの4工場概況

	第1工場	第2工場	第3工場	第4工場
設立	2004年9月	2007年	…	2011年10月
組立車種	THACO Truck	THACO KIA	VINA MAZDA	バス
生産能力	1.5万台	2.5万台	1万台	1万台
従業員	…	316	124	…

出所：インタビューより筆者作成。

ムにおける販売統括会社として，マツダが日本で生産した「Mazda 2」，「Mazda 3」，「Mazda 6」「マツダCX-9」，タイで生産した「BT-50」を輸入販売していたが，そのうち「Mazda 2」のベトナム現地組立を同年10月から開始した[7]。年間2,000台規模である。以降，「Mazda 6」もベトナムで組み立てるようになった。マツダは，出資はしていないが，エンジニアを派遣して指導をすることはあるという。そして，部品は日本とタイから輸入しCKD組立を行う。

THACO KIA工場を例にローカルコンテンツを見ると20%以下である。すなわち，80%はCKD輸入に頼っているのである。インタビューによれば，スチールなどは現地で調達できなく，韓国から輸入しているという。VINA MAZDA工場のローカルコンテンツも20%程度である。

マークラインズによれば，THACO社の国内部品調達率は，バスが40～46%，トラックが30～35%，乗用車が18～22%である。そして2018年までにマツダ車の現地調達率を40%以上に引き上げるという[8]。

THACOグループ内の自動車部品メーカーは23社に上る。ローカル部品企業としてはスチール関連（2010年5月設立，以下同），機械加工，シート関連（2008年4月），電気部品，ワイヤーハーネス関連（2013年4月），ガラス，化学関連（2005年2月），空調関連（2010年9月），プラスチック関連（2012年）メーカーなどがあげられる。

同社の1つの特徴は，自社内に専門学校を運営していることである。設立は2010年5月であり，2014年インタビューでは，500名の研修生をトレーニン

Thanh district）に入居し，現地資本100%出資の会社である（マツダニュースリリース）。
7)　1.5ℓガソリンエンジンモデル，5ドアハッチバックのみ（マツダニュースリリース）。
8)　マークラインズ，2014年12月。

グしていた。トレーニング期間は6ヵ月である。ほかにロジスティックスの面では2012年5月にChu Lai-Truong HAI Portを活用している。港は保税区となっており，自社埠頭を運営することで，製品を効率的に積み出すことが可能となっている。そして，全国各地にショールームとサービスステーションも持っている。

同社では，ASEANの人材を活用している。バス工場では生産管理にマレーシア人を登用し，起亜工場ではフィリピン人に生産管理を任せたりしている。中間管理職と熟練工などの人材が育っておらず，それらの人材が不足しているベトナムの現状がうかがえる。

3.2 トヨタベトナム社[9)]

トヨタはベトナムのVinh Phuc省に進出した。設立は1995年9月で翌年8月に稼働した。2011年末時点の生産能力は3万台である。従業員は2015年時点で1,479名，2直体制で稼働している。トヨタが70%，VEAMが20%，KUO Singaporeが10%を，それぞれ出資している。生産車種には，「Vios」(2007年に投入)，「Corolla Altis」(2008年)，「Camry」(2012年) などがあり，ほかに「Innova」,「Hilux」,「Fortuner」,「Hiace」などを輸入販売している。そのうちIMVシリーズの「Innova」は2006年1月から同工場で生産を開始し，翌年の生産実績は12,000台に達した。同じくIMVシリーズの「Hilux」は2008年，Fortunerは2009年に投入された。

現地調達率を金額ベース（製造コストに占める割合）で見ると，2015年現在トヨタベトナムは1割を現地で調達する。現地での調達は，ワイヤーハーネス，アンテナ，アクセルペダル，小物部品などがあげられる。8割を輸入に頼っている。その中では，IMV用部品としては，アンテナコード，EGRバルブ，アクセルペダルをトヨタベトナムが担当しており，ASEAN 4ヵ国のほかにも，南米，南アフリカなど合計13か国に輸出している。輸出総額は2014年実績で4,000万ドルに達する[10)]。

同社は「AEC2018」でタイ，インドネシアからの輸入車に対する競争力を

9) 2013年4月と9月，2014年2月実施した同社に対するインタビューによる。
10) 2013年および2014年のインタビューによる。

確保し，ベトナムでの事業を継続するために，コスト削減活動を進めている。コストメリットが出せる部品から順次，現地調達に切り替えていく計画ではあるが，現在の生産実績では現地調達は進みにくいのが現状である。そして，VAMAを通してベトナム政府にも支援策を求めている。

トヨタベトナムによれば，同じ車種をタイ，インドネシアなどの国から輸入する場合，コストの差をすべて価格に反映させると，ベトナムで生産するほうが20%程度高くなるという。

4. 自動車部品企業の事例

以下，日系自動車部品およびその関連メーカーの進出例を見てみよう。

4.1 シートメーカーのT社[11)]

T社は2012年9月設立し，翌年3月まで試作を繰り返し，本格的量産は4月から始まった。同社はシートを主に生産し，規模は月産100数台程度である。インタビュー時点までは，他社拡販はまだできておらず，供給先はタンチョンのみである。したがって，タンチョンの自動車生産台数の増減に連動して，同社の生産規模も変動する。

タイのバンコクにも同社の拠点があるが，主要製品のシートが大きく，1,000kmも離れているダナンまで運ぶのは非効率と判断した。そこで，タンチョンにCKD委託をした日産の要請を受けてダナンに進出したのである。そして人口規模から見た魅力的な潜在市場も進出の大きな決め手の1つであるという。すなわち，市場の成長余地が大きいと判断し，そこに期待を寄せて進出したのである。

同社の場合，原材料およびコンポーネントはほぼ全量同社の中国広州拠点であるTA社からコンテナで供給を受ける。中国広州からダナンまで海路で2週間程度かかる。1ヵ月分（6コンテナ）をまとめて発送するという。2015年3月現時点で，タイ，中国からの調達がメインで，ベトナム現地からはまだない状況である。周知のように，タイおよび中国広東省は自動車部品産業集積が進

11） 2015年3月に実施したインタビューによる。

んでおり，産業基盤が強いが，ベトナムではローカル自動車部品・素材メーカーがまだ十分に育っていないからである。ワイヤーハーネス，配線関係では，一部日系部品企業が周辺に進出している。たとえば，イヤフォン関係のホスター電気や藤倉などが稼働している程度である。したがって，原材料はすべて中国に頼り，ベトナム工場はタイ工場の分工場という位置付けになっており，タイで育成された人材を大いに活用し，たとえば品質管理にはタイ人を登用している。

2014年から生産台数が若干増えてはいるものの，「2018年以降の展望が見えてこないという点が不安である」，と経営者は語る。同社の場合は原材料コストが5割を占めており，この部分をどこからどれだけ安く調達するかがキーポイントとなる。経営者は「現在の生産規模では，現地生産を将来にわたって維持するのは相当厳しい。低廉なコストメリットを活かすために，機械，ロボットを使わず，どれだけ手作業でこなせるかが重要である」，と述べている。

4.2　他社拡販ができたTK社の事例[12)]

2013年7月に設立したが，資本金は増資を受けて15億円に達する。日本の本社とタイの子会社の合弁で立ち上げた。主要製品は自動車部品のルーフモールであり，加工生産したものをタイに供給する。すなわち，同社もT社と同様，タイの分工場の役割を果たしている。タイの工場の生産能力が限界になり，「タイプラスワン」という位置付けでベトナムに進出したのである。

原材料はほぼタイから供給をうけ，加工後にまた全量をタイに輸出する。タイから調達する原材料のうち8割はタイ現地からで，2割は日本から供給を受けた樹脂部品である。

従業員は2015年3月時点で70名であり，うち日本人は2名で生産管理，総務，人事を担当する。同社は，二輪車のコネクター部品も生産していることから，そのうち35名のみが自動車部品関係に携わっている。直接人員が50名で，間接人員は技術者も含めると20名に達する。従業員の平均年齢は26歳と若い。ダナンの最低賃金は295万ドンであり，ハノイの330万ドンに比べると10%も安い。ちなみに，同社のタイ工場における賃金と比較してみると，ダナン工

12)　2015年3月に実施したインタビューによる。

場のほうがタイのそれの半分程度である。

最初はハノイから移って来たワーカーを10名ほど雇用したが，まもなくしてやめてしまったという。このように賃金が安いこともあり，離職率が高く，中間管理職と技術者はとりわけジョブホッピングが頻繁で，旧正月時期のワーカーの募集は大変であると経営者は語る。この1年間で従業員のうち4割が入れ替わった。ワーカーは高卒がほとんどである。

タイ工場は労組が強く，賃金のアップ率も高く，周辺国に工場を移転するケースも出ているのに比べると，ベトナム工場はまだ労組の力は弱く，活動は過激ではないという。

二輪車のコネクター部品は，インドネシアとベトナム国内のホンダ傘下のTier2サプライヤーに納入している。ベトナムには陸路，インドネシアには海路で運送する。ベトナムでの納入はわずかで，ほぼ全量をインドネシアに輸出する。同社が進出している団地はEPZ（Export Processing Zone，輸出加工区）であることも関係する。将来はベトナムのホンダへの直納を課題にしているという。

TK社の事例で特筆すべきは，進出当初は自動車部品のみ生産していたことである。しかし，生産ボリュームが少なく，本社からの仕事でやっと生産を維持してきた。そこで二輪車部品の生産も開始した。コネクターは成型と組立をやっているが，組立はピンをさすだけの工程である。ピンは日本から，材料はマレーシアから調達する。

タイからの陸路運送は東西回廊を活用している。同社がダナンに進出した決め手の1つに，東西回廊を活用できることがあった。2015年3月現在，陸路運送にかかる時間は48時間未満である。サバナケートで一度積み替えを行い，ベトナムのダナンまで運送する。

4.3　ワイヤーハーネス生産のVY社

同社はY社のベトナム法人である。Y社のベトナム進出は1996年に始まり，当初は南部に工場を設立した。Y社は，世界の41ヵ国に463拠点を持っており，アジアのほとんどの国に生産拠点を持っている。ASEAN域内供給だけでなく，日本への逆輸入にも対応するため人件費が低いベトナムに進出したのである。

筆者が訪問したのはハイフォン工場である。ハイフォンは人口が184万人に達し，ハノイ南東に位置するベトナム第3の都市である。北部最大の港もあり，貿易の町とも呼ばれ，輸出加工企業が多く進出している。同社が入居している野村ハイフォン工業団地には，すでに54社が入居し，そのうち日本企業は46社に達する。

ハイフォン工場は2002年3月に稼働した。YN社が62.5%を，同社タイ法人が37.5%を出資した。主要製品はワイヤーハーネスであり，主な販売先は，トヨタベトナム，ホンダベトナムに，トヨタ（日本とアメリカ），日産自動車（日本と北米），UD（日本ディーゼル）とラックス，スバルなどである。

2012年8月現在，従業員は8,800人で，うち日本人駐在員が13人である。従業員の男女比率みると，男性が5.28%，女性が94.72%で，平均年齢は24歳と若い。同工場では，ライン数を少なくし，2直体制でフル稼働させている。

同社はタイには50年前に進出し，タイでは現地マネージャーが育っているものの，ベトナムでは，まだ人材の育成に苦労をしている。そこで，現地従業員の教育に力を入れ，日本人技術者が作業手順の1つ1つを指導する技術研修を実施する。日本語のできる人材が不足しているなか，同社は会社負担で日本語学校に通わせ，日本語手当を支給する制度の導入など，現地従業員の日本語習得意欲を高めている。

同社の現地ワーカーに対する評価だが，勤勉で根気があって，小さな部品の組立に向いている，といわれる。特にワイヤーハーネスの生産は手作業が多く，作業の効率性が求められる。工場労働者の多くは女性で，検査作業の精度が高く信頼を得ている。しかし，人材育成や定着率の向上が課題であり，前述の日本語手当などを支給したり，社内売店にポイント制を導入したりして工夫をしている。

ワイヤーハーネスの場合，材料費が75%，人件費が10%を占める。原材料の調達状況を見ると，日本から74%，タイから14%，ASEAN域内から3.5%を調達している。

ベトナム工場の位置付けを見ると，アメリカ，メキシコ，日本に向けた輸出加工をメインにした仕事である。原材料をアジア圏内で調達し，賃金格差を利用してベトナムで作ったほうがタイやメキシコで生産するより安いということで，当初タイ市場への供給もベトナムからと考えていた。しかし，ベトナムで調達できない原材料があり，それが可能なタイで生産したほうが効率的だと判断し，トヨタ，ホンダからの要望もあり，現状ではタイ工場から供給している。

4.4　まとめ

以上いくつかの事例分析を通じて考察したが，その対象が輸出をメインにする企業に偏っているきらいはある。しかし，そうした制約条件があるとはいえ，ベトナムではタイ，インドネシアとは違って自動車部品産業がほとんど育成されていない事実は確認することができよう。

商工省は裾野産業の育成のため，自動車部品メーカーの誘致を試み，国内の自動車メーカーに対しては現地調達率の引き上げを求めてきた。しかし，現状では自動車の中核部品であるエンジン，電子部品関連企業はむろんのこと，素材，原材料を供給できる企業も十分に育成されてはいない。

そこで，上記の事例に見るように，ベトナム進出の日系自動車部品企業は原材料のほとんどを日本とASEAN域内で調達し，現地の低廉で優秀な労働力を活用して生産している。輸出加工区に入居する企業が多い理由の1つでもある。

T社とTK社，VY社のようにタイ工場の分工場という位置付けで，「タイプラスワン」，「チャイナプラスワン」としてベトナム，カンボジアに進出するケースが増えている。

5.　自動車・部品産業の課題

5.1　自動車産業関連政策および規制

ベトナムの自動車・部品産業の課題と将来展望を検討する前に，まず同国の自動車産業関連政策について見ていこう。数回にわたるベトナム現地インタビューで繰り返し聞かされることは，同国の財務省，商工省と運輸省の連携がうまくいっていないとの指摘であった。商工省が自動車産業を育成しようと動いても，運輸省がさまざまな規制を出したり，財務省が税金を引き上げたりすることで，悪循環が続くということである。

まず，自動車製造企業に対する規制について見ていこう。以下 VAMA と現地進出自動車メーカー I 社に対するインタビューをもとに，関連規制を整理してみよう。政府は排気ガス規制強化の方針であり，さまざまな規制を設けた。たとえば，2007 年 7 月に新車に対して EURO 2 を導入し，2012 年 5 月から全メーカーの CKD 車のエンジンを対象に，ハノイ VR（virtual reality）試験場にて EURO 2 排ガス試験を実施することを義務付けた。2017 年には，EURO 4 の規制を導入する予定であり，燃料精度のアップが課題となっている。そして，ホーチミン市では路線バスは EURO 3 を導入し，CNG（compressed Natural Gas，圧縮天然ガス）バスを推奨している。

次に，消費者を対象とする走行規制について見てみよう。車齢 25 年以上のバス，28 年以上のトラックは走行禁止とされている。渋滞対策のために，市内乗入規制を導入した。ホーチミン市では GVW 5t 以上 / 積載 2t 以上のトラックは昼間の乗入を禁止され，ハノイ市では，GVW 1.25t 以上のトラックは昼間の乗入を禁止している[13]。

そして輸入規制では，2000 年から右ハンドル商用車の輸入および左ハンドル改造を禁止した。そして，新車並行輸入規制強化で CBU 輸入量を低減させた。2006 年 5 月からは車齢 5 年以上の中古車輸入禁止し，中古車関税率を引き上げることで中古商用車流入を制限した。これらの措置は，一定の効果をあげた。2011 年の正式メーカー輸入許可証明の義務化によって，輸入業者数も減少した[14]。

輸入車に対する関税に関しては，AFTA/CEPT 導入，WTO 加入により名目上の CBU 輸入関税は段階的に引き下げている。たとえば 2012 年から輸入車に課される関税を従来の 83% から 70% に引き下げた。2018 年には CBU 関税が 0% になる。ちなみに，輸入関税率は毎年，車種ごとに変更される。日本から商用車完成車を例に見ると，GVW 5t が 68%，10 ～ 20t が 30%，24t が

13）2012 年 4 月時点。GVW（Gross vehicle weight）は，車両総重量のこと。

14）2011 年 7 月以降の完成車並行輸入に対する規制強化により，輸入完成車は前年同期比 57% も減少した。

15％，乗用車が78％であり，タイ製車を例に見るとCBU P-UP（ピックアップ）は5％である。日越EPAで日本CKD原産地証明の発行ができれば，台当りの関税は5～12％減少する。中国・韓国のCKD/CBUは日本より税率が低く，ASEAN域内の商用車CBUは5％である[15]。

一方，国内では自動車関連諸税を上げることで税収をカバーしている。たとえば，乗用車の場合販売価格の約5割は税金である。すなわち，輸入車の場合は輸入の際にかかる関税のほかに，特別消費税，消費税，ナンバー登録税・交付料金などが課される。たとえば，Toyota Carolla Altis 1.8L MTを2012年2月にハノイで登録すると，各種税，ナンバー登録税・保険込で初期購入価格は約4.2万ドルになる[16]。すなわち自動車1台を所有するには，販売価格の60％にも上る各種税・費用を負担しなければならない。バイクの場合も国産車では20％でも，輸入車であれば50％の諸負担が課される。

一方，ベトナム政府は「2020年までの自動車・同部品産業に関する行動計画」を発表した。ベトナム国内での自動車生産維持を表明し，2030年見据えた2020年までの自動車・同部品産業に関する6つの目標と目標達成に向けた5つの行動計画を策定した[17]。前述のように，同国では各省の間ですり合わせと連携がうまくいかず，今後同計画を具体的にどのように実行していくかは，課題となっている。

5.2 今後の課題

9,000万人の人口を擁するベトナムは，ASEANのなかではインドネシアとフィリピンに次ぐ魅力的なマーケットである。自動車市場は2025年に40万台規模に伸びると考えられ，ベトナムはASEANの中で存在感を強めている。しかし，課題としては以下のような項目があげられる。

まず，何より裾野産業の育成が急務である。JICAの2011年調査によれば裾野産業に対する税制面などでのインセンティブ，企業間のマッチング・リンケージ支援，人材の能力開発，企業に対するコンサルテーション，中小企業向

15） 2012年10月に実施したI社に対するインタビューによる。
16） 2012年10月に実施したI社に対するインタビューによる。
17） ジェトロ（2014）「2025年までのベトナム自動車産業発展戦略および2035年までのビジョンの承認」。

け金融制度などにおいて，タイやマレーシアでは一定程度の支援策が整備されているのに対して，ベトナムではまったくない，もしくは現在策定中，との結果であった。

裾野産業育成のマスタープランが提起されたものの，具体的な支援策の整備が遅れているのが現状であり，前述の4.1項から4.3項の自動車部品企業事例に見るように原材料の外部依存が大きい。①外資系メーカーの要求する水準を満たすことができる地場の裾野産業を短期間で育成できるか，そして，②裾野産業の担い手となる外資系中小サプライヤーにとってのマーケットが確保できるような組立メーカーの誘致と育成ができるか，③誘致した企業の活動を支援する優遇策を整備できるか，なども課題である。今後裾野産業の育成ともに，市場開放の進展によるさらなる投資受け入れ体制の改善が求められる。

次は，政府政策の頻繁な変更と法制度の運用の不透明さがあげられる。周知のようにベトナム政府のガバナンス力は，他のASEAN諸国に比べて相当厳しい評価を受けている[18)]。ベトナムでは朝令暮改的な政策変更が多く，法制度も突然変更・改正され，進出企業は次々と振り回される。解釈困難な政策もあり，中には運用されない法規もあると，ベトナム進出外資系企業は不満が多い。税関など公的部門では，正規手数料以外に不透明な支払を要求される場合がある。裾野産業の育成には外資企業の誘致する必要があり，そのためには政策の安定性，取引の公正性，投資手続きの透明性やスピードも改善すべきである。

3つ目は，人材および賃金の問題である。ベトナムは若い労働力は確かに豊富であるが，中間管理職と熟練工，高学歴の人材は不足しているのが現状である。前述の企業の事例に見るように，タイやフィリピンの拠点で育成した人材をベトナム分工場で活用する企業が多数ある。そして，賃金上昇率は毎年2ケタ増である。現在は，ハノイの場合中国の北京の5分の1程度だが，年々労働コストが上がる傾向にある。2011年を例にあげてみると，ベトナム政府は物価上昇への対応として最低賃金を2度も引き上げた。

4つ目は，インフラの未整備があげられる。とりわけ道路の未整備，鉄道の

18） 2009年基準で，1位シンガポールのスコアが86で，以下は，ブルネイ（72），マレーシア（56.8），タイ（45.3），インドネシア（37.3），フィリピン（36.8），ベトナム（35.7）と続く（JBIC（2012）『ベトナムの投資環境』）。

老朽化で物流面の効率化に障害があり，自動車よりは二輪車による移動が容易である地域が多い。都市部を中心に交通量が急増しており，道路環境の整備が急務となっている。ベトナムは水力発電の比率が高く，渇水で発電量が減り停電することもある。数回のベトナム訪問で，インタビューの最中に停電するケースがしばしばあった。送電インフラの整備も課題となっている。

5.3 「AEC2018」への対応

「AEC2018」に伴い，モノ，カネ，ヒトの移動が活発化し，とりわけ関税がゼロになり，関税障壁がなくなり物流が活発化するだろう。ベトナムは産業集積度が低く，タイなどの国からの完成車，エンジンの輸入が増えると考えられる。これまでは関税障壁で守られてきたCKD組立は，関税の撤廃とともに輸入完成車と厳しい競争に直面され，撤退および再編が繰り返されると考えられる。もちろん，「自動車リサイクル税」の導入で輸入車と国内生産車の差をつけたロシアの前例もあり[19]，ベトナム政府が新たな国内課税制度で国内自動車産業をある程度守っていく可能性も十分考えられる。

企業の立場から見ると，各社各業種によっては対応戦略がそれぞれ異なってくる。地場乗用車メーカーは倒産の危機に瀕し，有力外資系メーカーの力を借りて生き残るか，あるいは，輸入販売会社に生まれ変わる可能性もある。既存の外資系メーカーは生き残りをかけて車種を集約するか，撤退するか，の選択の岐路に立つだろう。たとえば，ベトナム政府の政策次第では，フィリピン進出企業の例に見るように，同市場で販売規模が上位の車種数モデルのみを現地で組み立て，そのほかは輸入に頼るという対応も考えられる。

一方，物流の担い手であるトラックなどの商用車の需要が増えると考えられ，地場商用車メーカーにとってはプラス要因として働く可能性もある。そして，消費者の立場で考えてみると，より安くて高品質の輸入車が増えることで選択肢が増える，との見方もある。

ベトナムの自動車産業において，組立だけでなく裾野産業までを備えた集積を図ることは，短期間では相当難しい。インフラの未整備，電力不足などの要因から見ても，9,000万人の人口を擁するベトナムは生産拠点というよりも，

19)　ロシアにおける自動車リサイクル税はWTO違反でその後見直された。

消費市場として位置付けたほうが望ましいとの見解もある。現に，ベトナムでは二輪車産業では増産投資があるものの，自動車産業ではむしろ新規投資を控えるだけでなく，発表した投資計画まで取り消したケースもある。

一方，自動車部品産業においては，自動車産業とは異なる動きがうかがえる。ドイツの総合部品メーカーボッシュ，韓国の有力パワートレイン制御システムメーカーのケフィコなど外資系自動車部品メーカーはベトナムをほかのASEAN諸国への輸出拠点として位置付け，工場新設・増設に伴う投資が増えつつある。

おわりに

以上考察してきたように，裾野産業の急速な育成が期待し難いベトナム現状においては，自動車メーカーの将来は暗いが，部品メーカー側からみると，ベトナムはASEANの原材料・部品供給基地になる可能性が高い。このような状況のもとで，ベトナムは長期的視点に立って，関税完全自由化までの残された時間と他のASEAN諸国との産業集積競争を意識しながら，より戦略的に裾野産業の振興を推進していくことが求められる。そのために，インフラの整備のほかに，前述の中間管理職と熟練工，高学歴の人材の育成，政策の安定性，取引の公正性などの課題を克服しなければならない。

なお，「AEC2018」とともに，ベトナムの自動車産業に大きな影響を与える可能性がある問題に「TPP」がある。しかし，現状では不確定要素があまりに多いので，本章ではその重要性を指摘するに止めたい。

付記：なお，本章は2012年9月と10月，2013年3月と4月，2014年2月と8月，2015年3月にASEAN各国で実施した現地インタビュー調査，そして帰国後数回にわたって実施したメールによる追加インタビューによって入手したデータを基に記述した。インタビュー対象は，自動車・同部品企業各社だけでなく，ジェトロ海外事務所などの公的機関，VAMAなどに対しても聞き取り調査を実施した。企業訪問に協力してくださった当研究所会員企業およびインタビューに応じてくださった方々にここに感謝の意を表したいと思う。

◆参考文献

石川幸一・清水一史・助川成也（2013）『ASEAN 経済共同体と日本―巨大統合市場の誕生』文眞堂。
大野健一・川端望（2003）『ベトナムの工業化戦略』日本評論社。
春日尚雄（2014）『ASEAN シフトが進む日系企業―統合一体化するメコン地域』文眞堂。
国際協力銀行（2012）『ベトナムの投資環境』。
ジェトロ（2012）「アジア・オセアニア主要都市地域の投資関連コスト比較」。
ジェトロ（2014）「2025 年までのベトナム自動車産業発展戦略および 2035 年までのビジョンの承認」。
トラン・ヴァン・トウ（2010）『ベトナム経済発展論』勁草書房。
日本経済研究センター（2014）『メコン圏経済の新展開』。
日本経済研究センター（2014）『ASEAN 経済統合どこまで進んだか』。
深沢淳一・助川成也（2014）『ASEAN 大市場統合と日本―TPP 時代を日本企業が生き抜くには』文眞堂。
『FOURIN アジア自動車調査月報』各号。
FOURIN（2015）『ASEAN 自動車産業 2015』。

第7章　ラオス自動車・部品産業の現状と課題

小林英夫

はじめに

本章は，ラオス自動車部品産業の現状を紹介すると同時にその特徴を摘出することにある。周知のようにラオスは社会主義下でラオス人民革命党の一党独裁体制であったが，同体制が変容し，市場経済を取り入れるなかで，1986年にベトナムの「ドイモイ（刷新）」路線の採択と前後してラオスも「チンタナカーン・マイ（新思考）」路線を採用して社会主義改革路線を歩むことを鮮明にした。それは，一言で言えば社会主義市場経済体制への移行を推し進めることを意味していた。具体的には「チンタナカーン・マイ（新思考）」をもとに市場経済への移行を具体的に指示した「ラボップ・マイ（新経済政策）」が推し進められた。それは，世界銀行やIMF，さらにはADBの指導下で価格の自由化，コメの自由化，国有企業改革，海外直接投資の誘致などの一連の政策を実施することであった（Mya Than and Joseph L. H. Tan, edit. 1997）。

その後1989年にはベトナム駐屯軍がラオスとカンボジアから撤退し，1991年には中越国交正常化が実現し，インドシナ半島に平和が訪れた。1995年にはベトナムが，1997年にはラオスとカンボジアがそれぞれASEANに加盟した。その直後の1998年にアジア通貨危機がタイを直撃，その影響を受けてラオスも大きな被害を受けて経済が一時低迷した。しかし，タイは，バーツの下落を利用してタイ経済を内需から輸出構造に転換することを推し進め，ADB（アジア開発銀行）なども同時にメコン開発プログラムを積極的に推し進めた。

1998年には第8回GMS（大メコン圏）閣僚会議で，東西経済回廊，南北経済回廊，南部経済回廊の建設が承認され，ラオス経済も大メコン圏の一環として推進されることとなった。これと前後して，ラオスの経済的位置に変化が生まれ始めた。メコン開発の一翼にラオスが組み込まれ，経済回廊を活用した経済特区での生産活動が動き始めたからである（石田 2010）。本章主題の自動車部品産業は，まだ緒に就いたばかりだが，しかし ASEAN の自動車生産大国のタイを隣国に持つ関係で，そこと国境を接するラオスにも徐々にだがその変化が生まれ始めている。その実態を検討することが本章の第1の課題である。

いま1つの課題は，ラオスがメコン経済圏に包摂され，1人当たり GDP が上昇するなかで，ラオスの自動車輸入・販売台数が急速に増加してきているが，韓国系メーカーの KOLAO がラオスで韓国製・ASEAN 製・中国製の部品を活用して低廉な安価車を生産，販売し，急速にシェアを拡大しマジョリティになってきていることである。一国市場をピラミットにたとえるなら，そのトップを占める高価格帯の先発メーカーのシェアを後発メーカーが一挙に現地化し安価な製品の供給を通じて市場を確保し，さらに現地化を進めながら価格帯を上げてボリュウムを増やし先発メーカーを駆逐していくパターン（「後発企業の新興国市場優位戦略」）の典型を見ることができるからである。したがって，本章の構成は，大きく2つに分かれる。第1は部品企業としてのラオスの位置付けの検討である。「タイプラスワン」の該当国としての自動車部品産業の現状の検討である。第2はラオス自動車輸出入と KOLAO の事例検討を通じた「後発企業の新興国市場優位戦略」の分析を行いたい。上記の第1の課題に関する先行研究としては，さしあたり西口・西澤（2014），鈴木（2009, 2014）が散見される程度であり，第2の課題に関しては残念ながらラオス市場に即した先行研究は見当たらない。

1. ラオス経済の発展と経済特区の特徴

1.1　ラオス経済の現状

ラオスの国土面積は24万 km^2 で，日本の約60%，本州とほぼ同じ面積で，人口は，約660万人で，東京都の人口の約半分である。ラオスの人口は西側のタイ国境のメコン川流域の平野部に集中している。反対に東側のベトナム，中国との国境は山岳部で人口過疎地域で，少数民族居住地域である。首都ビエンチャンは，南北に長いラオスの中間の西側国境のメコン川沿いにあって人口は79万人（2012年），ラオス総人口の1割強を占めている。1994年に第一タイ・ラオス友好橋が完成したことで，タイ側との経済交流が盛んになった。対岸のタイとの経済交流により国境経済圏が強化されてきた。ラオスでは，南部のサバナケートがビエンチャンに次ぐラオス第2の都市ということになる。ここでも2006年にタイとラオスをつなぐ2番目の第二タイ・ラオス友好橋が建設された。ビエンチャンは，ラオスの物資集散の起点であるのに対して，サバナケートは，タイからサバナケートを通ってベトナムに抜けることができる東西経済回廊の要衝地域であり，その意味で，サバナケートは，タイ・ベトナムの結節点である。

産業面で見れば，農業国のラオスは，2003年からセポン鉱山が稼働して以来銅と金の輸出量が増加を開始し，2006年以降金と銅の採掘が本格化するなかで，経済活動が積極化し，輸出入の増加，投資受け入れ件数と金額が上昇を開始した。

2012年の基本的な経済指標を見ておくこととしよう。鉱物輸出が本格化した2006年以降名目GDPは2007年の42.2億ドルから2009年には58.3億ドル，2011年には82.5億ドル，2013年には112.4億ドルへと上昇した。この間2.6倍の上昇である。しかし日本で比較すると島根県の約3分の1程度の経済規模である。次に1人当たりGDPをとってみると2007年の702ドルから2013年には1,660ドルへと2.3倍に増加した。増加率は高いがASEANの中では最後尾に位置する。実質成長率は2007年から2013年までの平均成長率をとると8.0%という高い成長率を記録した（World Bank 2007-2013）。このようにここ10年間に急成長を遂げたが，その経済規模は，ASEAN中では最下位にある。

主要な産業は，農業と鉱業で，銅，錫，アンチモン，タングステン，金などの鉱産資源に恵まれ，その輸出が国民経済を潤している。2006年以降鉱産物輸出が増加するなかで，国民経済も上昇機運にあり，それが家電やバイク，自動車をはじめとする大衆消費材の需要を下支えしている。

外国投資は，ラオスが外資に対する門戸を開放し始めた1989年から徐々に始まり，経済が好調さを示し始めた2006年以降増加を開始する。この間の累積投資では，ベトナムが第1位で410件47.7億ドル，以下第2位の中国が721件34.3億ドル，第3位のタイが519件で28.5億ドル，第4位の韓国が255件5.9億ドル，第5位のフランスが150件4.7億ドルと続く。国境を接する隣国3ヵ国が投資のトップ3位を占めている。日本は，第6位のノルウェーに次ぐ第7位で，79件3.4億ドルである。業種的には，最大の投資先が鉱業の38.7億ドルと発電業の31.5億ドルで，この2部門の累積投資額は71.3億ドルで，投資額累積139.4億ドルの51.2%と全体の半分以上を占めている。これに次ぐのが農業の21.3億ドルで，本章の中心課題である自動車・同部品産業は，いまのところ投資分野では10位以内にも入っていないのが現状である。

こうしたラオスの鉱業・農業偏重の産業構成および鉱業・電力偏重の投資構造は，この国の貿易構成にも同じような特徴をもたらしている。

貿易構造に変化が出てきたのは2004年以降のことだった。それまでは輸出3億ドル前後，輸入5億ドル前後で，経常収支は2億ドル前後の赤字という構造だったが，2005年以降から年々輸出入ともに拡大を開始し，2013年には輸出19.5億ドル，輸入24.6億ドルで5.1億ドルの貿易赤字を記録した。輸出の中身を見ると鉱物や木材が主体で，ASEAN域内が9.1億ドルで45.9%，ASEAN域外が10.4億ドルで52.3%を占めていた。国別輸出額では，タイが6.8億ドルで全体の34.5%，オーストラリアが5.4億ドルで27.5%，ベトナムが2.1億ドルで10.6%，ラオスと国境を接するタイとベトナムだけで輸出額の45%にのぼっていた。

他方輸入では，その中身を見ると電気製品，機械類，輸送機器，食料品などの工業製品が中心だった。地域内訳を見るとASEAN域内からの輸入は18.8億ドル，76.4%で，ASEAN域外は5.8億ドル，23.6%で，ASEAN域内からのそれが圧倒的比率を占めていた。国別で見れば，タイからの輸入が16.5億ドルで，輸入額の45.8%を占め，次いでベトナムが2.2億ドルで15.9%となっており，この両国で61.7%に達していた。ASEAN域外からの輸入のうち最もシェアが高いのが中国の3.6億ドルで輸入全体の14.6%を日本と韓国がそれぞれほぼ同じの7.8億ドルで各々3.1%，続いてEUの2.9億ドル，1.2%となっていた。ラオスの貿易構造は，典型的な原料輸出・工業製品輸入の後進国型であり，隣国のタイとベトナムが輸出入ともに大きな比重を占めているのである

図 7.1　ラオス周辺の主な SEZ 開発

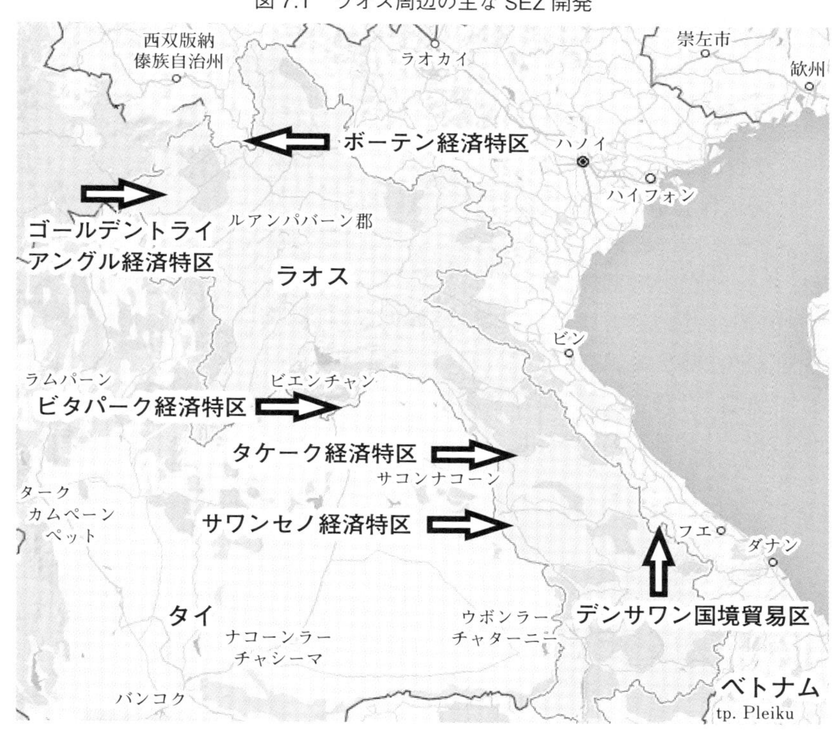

出所：ジェトロビエンチャン事務所山田健太郎，NNA.ASIA「アセアン一覧　工業団地＆インフラ MAP」を基に作成。

（ラオス財務省経済統計局）。

1.2　経済特区の建設と活動

1.2.1　経済特区概況

2000 年代以降国境地域で国境経済圏開発構想が具体化し始めた。ラオスの経済特区は，特別経済区と特定経済区に分類されるが，両者を含む経済特区一覧表を示せば図 7.1 であるが，大きくは，「ボーテン経済特区」，「ゴールデントライアングル経済特区」，「ビタパーク経済特区」，「タケーク経済特区」，「サワンセノ経済特区」，「デンサワン国境貿易区」に分けることができる。

「ボーテン経済特区」は，ラオスと中国の国境線のルアンナムター県ボーテンにある経済特区で，中国・ラオス国境の国道1号線の両側2キロを国境貿易区としている。当初は，国境貿易を前提とした工業化構想も生まれていたが，次第にカジノ運営に重点が移り，現在ではカジノ設備を伴ったホテルリゾートが中心である。

「ゴールデントライアングル経済特区」は，ラオス北西部にあって，タイ，ミャンマー，中国と国境を接する地域である。

「ビタパーク経済特区」は，ビエンチャン近郊の第一タイ・ラオス友好橋の完成に伴いタイのノンカイ県とつながり両者の交流が飛躍的に高まったため，経済特区が活動を開始した。ビタパークは台湾の南偉人開発有限公司とラオス商工省が共同出資したラオスビタ開発会社がデベロッパーで運営を行っている。

「デンサワン国境貿易区」は，ベトナムとラオスの国境地域での国境貿易地域である。ラオス国境国道9号線のドンハー村からベトナム国境までの14km（その後は19kmに変更）および9号線の両側1kmのセボン郡13村を対象とした貿易区である。

「サワンセノ経済特区」は，2006年に完成した第二タイ・ラオス友好橋との関連プロジェクトである。当初は政府資金で開発を進める予定だったが，途中から民間企業の開発に転換した。現在は政府とマレーシアの投資家の共同事業として展開されている（石田 2010, pp.217-251）。

1.2.2　経済特区概況

ラオス全土に新たに工業振興，投資誘致を目的に経済特区が設定されたわけだが，これらが順調に運んでいるか，と問われれば，多くの問題が胚胎されている。鈴木（2014, pp.43-54）の調査によれば，経済特区の入居企業数を見ても，2011年に開設されたビエンチャンの工業区の場合には，23社が入居しているが，中国系10社，台湾系4社，タイ系4社でこの3ヵ国企業で全体の80%近くを占めている。また進出業種を見ても商社活動，建設業務などが15社で全体の65%を占め，製造業に類するものは8社を数えるにすぎない。そのうち4社は繊維や雑貨，食糧関係で，機械組立業は，4社にすぎない。その4社の内訳を見れば日系2社が給湯器のワイヤーハーネスを組み立てているD社とペンチを生産しているLT社であり，残りは中国系のオートバイ，自転車を組み立てているHX社とMI社である。つまりは，ラオスを生産基地と考えて活動している企業はごく少数だということができる。

いま1つサワンセノ経済特区の状況も似たり寄ったりで，3ゾーンのうちAゾーンはデベロッパーが倒産したため廃止，Bゾーンはプノンペン経済特区を手掛けた日本・カンボジア合弁企業とラオス企業が合弁で建設したものであり，Cゾーンはマレーシア・ラオス合弁の開発区である。

Bゾーンは日系3社，タイ1社で，日系は輸送関係2社，カメラ組立2社となっており，Cゾーンは，35社が入居しているが，その国籍はラオス12社，マレーシア4社，タイ4社といった順で，上記4ヵ国企業で57%と半分以上を占めている。業種を見ても35社中23社，全体の66%が商社活動，建設業務などで，これに鉱山開発の2社を入れると71%に達する。つまりは製造業関係はほとんど進出していない。この中で製造業として目を引くのは，日系では自動車のシートカバーを生産するトヨタ紡織とオートバイを組み立てているマレーシア系のタンチョンくらいである。

製造業企業の進出が見られないというのが現状だが，その理由はいくつか考えられる。1つにラオス側の受け入れの条件が整備されていないという点がある。デベロッパーが倒産して経済特区ゾーンが廃止されるといったケースや通関作業が不十分で時間がかかるといったクレームが多発化していて投資家を引き付けるには，現状では不十分という点が見られることである。

つまりは，ラオス側で製造業が進出する基盤がまだ整備されていないというのが，最大の理由であろうが，いま1つの理由として，タイ側で「タイプラスワン」政策が当初想定されていたほど進行していない点が挙げられる。ラオス側に問題があるだけでなく，タイ側にも問題がでてきているのである。

2014年5月に政権の座に就いたプラユット・チャンオチヤ政権は，9月の国家立法会議での所信表明演説の中で，「経済活動の活性化」，とりわけ「国境貿易の促進」を強調した点が注目された。具体的には，ラオス，カンボジアを含む国境地域の経済特別区の整備が強調されたのである。その中で，特に重視されたのが重点5拠点の整備だった。その重点5拠点とは，ミャンマー国境のメソット，ラオス国境のムアン，カンボジア国境のアランヤプラテートとクロンヤイ，そして南部マレーシア国境のサダオであった（大泉 2014，pp.134-135）。本章で重要なのは，5拠点のうちラオスのサバナケートのメコン河対岸のムアンであろう。タイ政府がここを強化するということは，ラオスのサバナケートへの外資投資をタイ側に吸収するという意味を持っており，勢いラオス側の投資は減少するということとなる。タイ政府は，ラオスとの関係では，最優先地域のムアンに次いでノーンカーイとノックラボンを挙げており，ノーンカーイのメコン河対岸がビエンチャンであることを考えれば，ビエンチャン周辺の経済特区が投資減少の影響を受ける可能性が高い。しかもタイ政府がラオス人のタイでの就労の規制を弱めれば，ますますもってラオス側の経済特区の魅力は半減するであろう。したがって，「タイプラスワンの経済特区構想」は，タイ側とラオス側の双方の条件で，当初想定したほどには進行していないのである。

1.2.3　経済特区の自働車部品企業の動き

こうした経済特区の全体的状況を踏まえたうえで，次に経済特区での自動車部品企業の活動に関して検討してみることとしよう。自動車部品関連の企業は数社を数えるにすぎない。日系ではビエンチャン地区に進出したスタンレー電気，サバナケートに出たタイ矢崎系現地企業，トヨタ紡織が目立つ程度である。また韓国系ではKOLAOがサバナケートに組立工場DAEHANを有している。以下，これらの活動を見ておくこととしよう。

スタンレー電気のラオス工場はビエンチャン郊外にある。同工場はタイにあるスタンレー電気関係会社が50％以上出資して1994年2月に設立された。ここでは，主に2輪車向けの部品の組立を行っている。従業員は68名（2014年3月末時点）で，日本人は駐在していない。ランプは，ベトナムから部品を輸入して組み立てている。しかしそれだけではなく，ベトナムとタイから部品を輸入して組み立ててホンダに納入するが，そうして組み立てているのは，スタンレー電気の主力製品のランプだけではなく，メーター，ホイール，タイヤ，ハンドル，ブレーキ部品であり，半完成品にしてホンダに入れている。

タイ矢崎が技術提携を行うビエンチャンオートーメーションプロダクトはビエンチャン郊外にある。設立は2002年8月。これはタイ矢崎の100％子会社である。タイ矢崎の委託生産でワイヤーハーネスを組み立てている。

サバナケートにトヨタ紡織が設立されたのは2013年である。トヨタ紡織は「サワンセノ経済特区」の中心に平屋建ての社屋をもうけており，その中で350人の従業員が働いている。生産品目は，タイトヨタで生産される小型セダン「ヴィオス」と「カローラ」向けシート生地である。材料となるシート布や糸はタイから輸入し，同工場で縫製作業を行いシートカバーとして生産する。ラオスで生産されたシートカバーはタイへ輸出され，タイ国内のトヨタ紡織工場でシート骨格やクッションを組立て，自動車用シートとして納品される。

以上は，日系部品メーカーの動向だが，ここで韓国系のKOLAOの系列下の国産車ブランドの小型トラックとピックアップを生産するDAEHANを見ておくこととしよう。設立は2013年で，サバナケートのサワンパークの目の前に工場がある。KOLAOのオ・セヨン社長は現代・起亜がラオスで供給できない超廉価の小型トラックとピックアップを自社で生産し，韓国からの輸入車と合わせて供給車種のセグメントを広げ韓国シェアを拡大する方針だという（*"Why Laos is Hyundai Kia Country"*, Wall Street Journal, Oct. 30th 2013）。DAEHANは小型トラック「D-T1」や小型から中型トラックに属する「D-220」，そしてピックアップトラックの「EXTREME」を生産している。部品供給を見てみるとワイパーモーター，ブレーキシステム，ラジエーター，シートベルト，ガラス類はすべて中国からの供給である。そしてエンジン関連部品は韓国からの供給である。ラオスでは同社に部品供給できるサプライヤーは存在せず，しかも同社は塗装ラインを所有してはいないので，SKD生産を実施している模様である。現代・起亜の戦略は，相対的に高価格帯のセグメント車は韓国がラオスで享受する特恵関税を活用して廉価でラオスに輸出し，それより低い価格帯の廉価車はDAEHANでのCKD生産を実施し，全体としてラオス市場のマジョリティを確保する戦略であるように思われる。輸入車との関連に関しては次節で言及することとしたい。

2. ラオス自動車輸入状況と日韓シェア逆転現象

2.1 全体的状況

まず，ここではラオスの自動車普及状況に関して見ておくこととしよう。最初にお断りしておくことは，ラオスの自動車統計の整備は十分ではない。本章で使用するデーターは特に断らない限り Santiphab Suzuki Lao Factory からの提供に依拠している。

ところで，ラオスでは，公共のバス・電車等の交通手段がきわめて貧弱であるため，都市ではバイク，乗用車が主な移動手段に，農村ではトラックが主要な移動・運搬手段となっている。道路の舗装率は15%程度に過ぎず，特に地方農村の道路状況は劣悪であり（国際協力銀行 2014，p.114），鉄道もタイのノーンカーイからラオスの第一タイ・ラオス友好橋を渡ったタナレーン駅まで 3.5 キロの非電化単線路線があるだけで，まだ首都のビエンチャンまでは通じていない。他方，中国の昆明からビエンチャンまで南行する鉄道敷設工事が 2011 年から着工してはいるが，154 の橋と 76 のトンネル工事が必要であるため，膨大な費用の調達を前に中断されている（同上書，pp.116-117）。加えて，大都市と地方都市や農村との所得格差が大きいことを反映して，乗用車の需要は首都のビエンチャンとそれに次ぐラオス第 2 の都市のサバナケートに集中し，地方都市や農村の自動車普及率はきわめて低くかつそこではトラックが主体である。Santiphab Suzuki Lao Factory の資料によれば，2011 年のラオスの自動車登録台数は全体で 180,533 台だが，そのうち首都ビエンチャンには 93,681 台（51.9%）が，サバナケートには 17,371 台（9.6%）が，集中している。つまりは，全ラオスの登録自働車台数の 61.5%がこの 2 都市に集中しているのである。

そして，全体的な自動車普及状況を登録台数変化で見てみると 2005 年には 69,105 台だったのが，2008 年には 115,246 台と 10 万台の線を超え，2011 年には 180,533 台に達した。この間 6 年の間に 2.6 倍に急増したのである。では，この間の増加分の内容がなんであったのかを次に見てみることとしよう。

2.2 輸入動向

まず現状（2015 年現在）のラオスには自動車のアセンブリーメーカーとしては KOLAO 1 社しか稼働していないため，走行車両の大半は輸入車が主体となっている。また 2012 年以降は環境保護の観点から中古車の輸入が禁止されたため，同じ輸入車統計でも 2012 年以前は中古車を含んでいるが，以降はそれが含まれていない。

図 7.2　自動車輸入台数<新車・中古車込み>（2005 ～ 2013 年）

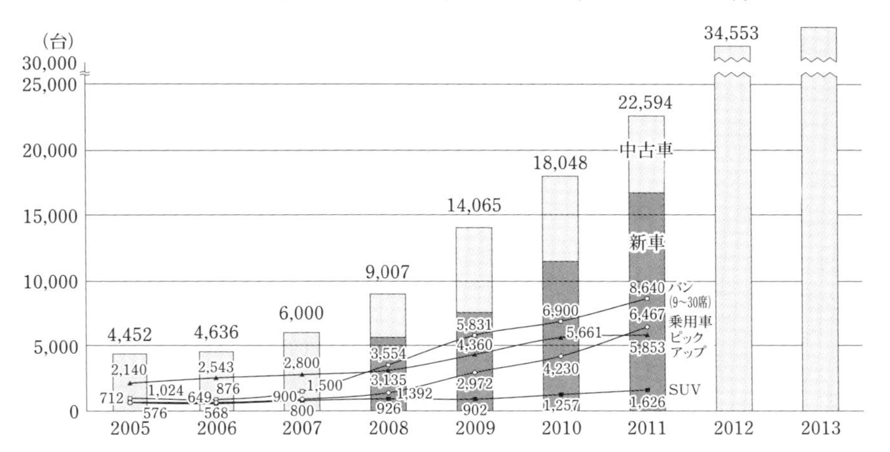

出所：2012 年までの数値は，新規登録台数は『FOURIN アジア自動車調査月報』80 号，2013 年 8 月，p.34 によるが，Santiphab Suzuki Lao Factory 資料で中古車分を加算した数値が表示されている。なお，2013 年の数値は同上書の年間販売台数から割り出した推定値。

図 7.2 を見ていただきたい。ラオスでの自動車輸入は鉱産物や木材の輸出に支えられて 2007 年以降図に見るように増加を開始した。新車と中古車を含んだ自動車の総輸入台数は，2005 年の 4,000 台余から 2008 年の 9,000 台余，2011 年には 2 万 2,000 台余へとこの 10 年間で 5 倍に増加した。新車・中古車全体での車種別輸入台数を見ると，2008 年まではピックアップトラックが輸入の中心だったが，2008 年以降はバンタイプが増加を開始し，それに引っ張られるように乗用車が増加し，両者が輸入の第 1 位と第 2 位を占め，ピックアップと SUV をはるかに引き離して市場のマジョリティを占め始めていることがわかる。

2.3　ラオス市場での日韓逆転

われわれはこの全体的動向を踏まえて，さらに 2008 年以降のラオス自動車市場での変化を詳しく見ておく必要がある。そのためには，ピックアップトラックとバンタイプ，乗用車のシェア逆転の内実を見ておく必要がある。まずは，新車に絞ってこの間の輸入動向を見ておくこととしよう。図 7.3 を見てい

図7.3　自動車輸入台数<新車>（2005～2011年）

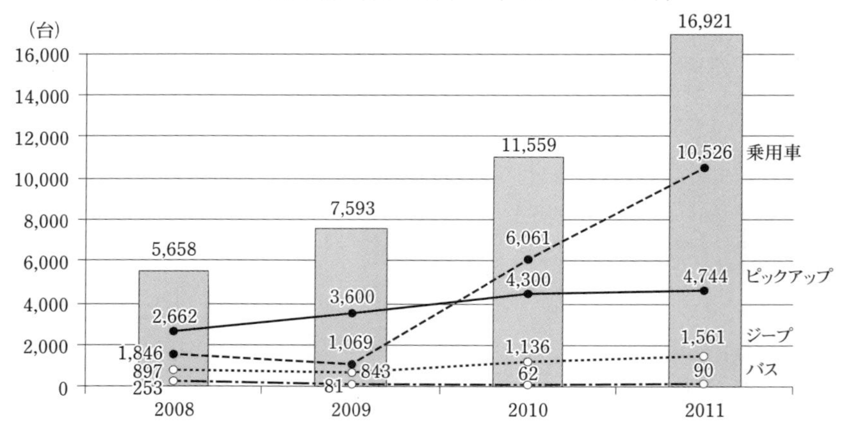

出所：『FOURINアレア自動車調査月報』80号，2013年8月，p.34。

ただきたい。

新車も2008年以降5,658台から2011年には16,526台へと2.9倍以上に増加している。その増加の中心を担ったのは，乗用車だった。ピックアップトラック，ジープ，バスが横ばい状況の中で，唯一乗用車だけが2008年の1,846台から1,069台，6,061台，10,526台と急増し，2011年には新車輸入第1位に躍り出るのである。

では，この乗用車輸入の内実は何か。それは2011年の国籍別新車販売台数でほぼ推察することができる。

図7.3を見ていただきたい。2011年の新車輸入のブランド別内訳を見てみることとしよう。韓国の現代と起亜が全体の41%でトップを占め，第2位がトヨタで33%，以下フォードが3%，いすゞが2%となっている。その他は21%だが，その中には中国製ブランド車やメルセデスベンツ，三菱自動車などが含まれ，文字通りブランド不明の車も含まれている。現代自動車の「AVANTE」（現地名「ELANTRA」，以下同じ），起亜自動車の「FORTE」（「CERATO」），トヨタ自動車の「HILUX VIGO」，等の人気が特に高い。そして，トヨタの新車の輸入主力はピックアップで，現代，起亜のそれは乗用車であろうと想定できるから，2011年のピックアップと乗用車の逆転が，同時に

図 7.3　国籍別自動車輸入台数＜新車＞（2011 年）

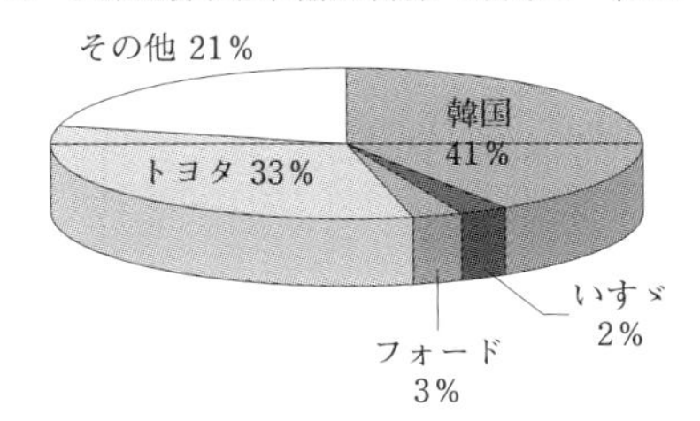

出所：Santiphab Suzuki Lao Factory 提供資料，2012 年。

またトヨタと現代，起亜の逆転劇だと想定することができる。

2.4　日韓逆転を生み出した市場条件分析

上記のような日韓逆転を生み出した条件は一体何か。まずは中古車についてだが，日本，韓国，台湾などの海外から輸入し，若干の修理や改良を加えて販売されるもので，この種の車両は 4,000 ドル前後の価格帯で，ビエンチャンでの交通手段や農村での交通手段や農産物運搬用として使用されてきた。しかし，この種の中古車は前述したように 2012 年以降輸入禁止となったため，韓国系現地企業の KOLAO は，サバナケートに新工場を立ち上げて廉価車の現地生産を開始したが，この点は後述する。

次に新車市場に考察を移すこととしよう。まずは，韓国や中国の輸入車の価格が廉価であることが挙げられる。新車では中国車が 1 万ドル，韓国車が 2 万ドルの価格帯で販売されているのに対して日本車は 2 万 5,000 ドル，タイの日系メーカー製の 1 トンピックアップトラックは 4 万ドルと割高であり，ために割安の韓国車や中国車に人気が集中している。しかもラオスでの 1 人当たり GDP の向上に伴い韓国車や中国車を購入する所得層が増加を開始しているのである。ラオスの購買者にとって日本車やタイ製の日系車は「高嶺の花」だが，韓国車，中国車であれば購入可能であることが挙げられる。この点は，かつて日本メーカーが，欧米先進国市場で，品質向上により下層セグメントから上方移行していったように，中韓自動車メーカーが，下層セグメントから入り，1 人当たり GDP の上昇とともに次第にシェアを拡大していった類似パターンをたどっている（新宅 2009，p.54）。さらに韓国系メーカーの KOLAO は後述す

表 7.1　自動車輸入関税税率表

No	車　種	輸入国	完成車		CKD（ノックダウン）車			物品税
			中価格帯 新車 100%（ドル）	中価格帯 中古車（ドル）	中価格帯 新車向部品 100%（ドル）	輸入関税	消費税	
	乗用車							
A	セダン <1,000cc							
1	<1,000cc	タイ	5,040	4,032	3,213	40%	60%	10%
2	<1,000cc	日本	5,760	4,608	3,672	40%	60%	10%
3	<1,000cc	韓国	2,520	2,016	1,607	40%	60%	10%
4	<1,000cc	中国	2,000	1,600	1,280	40%	60%	10%
B	セダン 1,001cc-2,000cc							
1	1,001cc-1,300cc	タイ	6,840	5,472	4,361	40%	62%	10%
2	1,301cc-1,600cc	タイ	7,000	2,600	4,463	40%	72%	10%
3	1,601cc-2,000cc	タイ	7,200	5,760	4,590	40%	72%	10%
4	1,001cc-1,300cc	韓国	4,500	3,600	2,296	40%	62%	10%
5	1,301cc-1,600cc	韓国	6,500	5,200	2,550	40%	72%	10%
6	1,601cc-2,000cc	韓国	8,000	6,400	2,755	40%	72%	10%
7	1,001cc-1,300cc	日本	7,560	6,048	4,820	40%	62%	10%
8	1,301cc-1,600cc	日本	7,700	6,160	4,909	40%	72%	10%
9	1,601cc-2,000cc	日本	7,920	6,336	5,049	40%	72%	10%
10	1,001cc-1,300cc	中国	3,600	2,880	2,304	40%	62%	10%
11	1,301cc-1,600cc	中国	5,200	4,160	3,328	40%	72%	10%
12	1,601cc-2,000cc	中国	6,400	5,120	4,096	40%	72%	10%

出所：Santiphab Suzuki Lao Factory 提供資料。

るようにラオスの中にディーラー網を拡大し，自動車金融サービスや自動車教習所の経営，免許供与など広範なサービスを展開して新興自動車購入者層を開拓しているのである。

日韓両国のシェア逆転を生み出した条件は，それだけにとどまらない。ラオス政府と韓国政府が締結した韓国企業への優遇関税政策によって韓国車は日本車と比較するとはるかに有利な条件でラオスへ輸入することができるのである。表 7.1 を参照願いたい。これは，ラオス政府が実施している各車種別の課税表である。輸入する場合，新車か中古車か，完成車かノックダウン（CKD）かで，その課税額が異なることがわかる（中古車は 2012 年以降輸入禁止によりこの項目から外れる）。問題は，エンジン排気量が 1,001cc-1,300cc の乗用車を取り上げた場合，タイから輸入した場合では 6,840 ドル，日本からだと 7,560 ドルなのに対して，同じエンジン排気量が 1,001cc-1,300cc の乗用車が中国からだとわずか 3,600 ドル，韓国からだと 4,500 ドルなのである。この数値が基準となって輸入関税，物品税，消費税が課されるので，課税率が同じであっても，購入にかかる税額は，中国，韓国に圧倒的に有利であり，逆に日本やタイから輸入する場合には非常に不利な情況に追い込まれている。こうした国別優遇差別格差が存在することは，工程間国際分業を積極化させるためにもマイナスの条件となり，日欧企業の分工場の拠点をミャンマーやカンボジアに移転させる動きを積極化させることにもなり，ラオスの国益を著しく削ぐ結果となるであろう。

3. 韓国現地メーカー KOLAO と「後発企業の新興国市場優位戦略」の展開

3.1 KOLAO のラオス事業展開

ラオスで積極的事業展開をしているのは韓国系メーカーであるが，それら韓国系メーカーの代表は KOLAO である。KOLAO, *Annual Report 2011, 2013* によれば，KOLAO は，1997 年 4 月 1 日に創立された。創設者のオ・セオンは，1964 年韓国生まれの 51 歳（2015 年現在）である。成均館大学卒業後，韓国の財閥企業 KOLON ベトナム支店で勤務した後 1990 年に単身ベトナムに渡り中古車販売会社を起こすが，しかしあまりに急速に事業を拡張した結果破たんし，1997 年にラオスに移り 1997 年 4 月にビエンチャンに General Motors を立ち上げ，韓国の中古車の販売事業を開始した。当時ラオスでは韓国中古車ブームが起きており，これに乗って急速に事業を拡大した。

2 年後の 1999 年 4 月に Kolao Development と社名を変更し，2000 年 10 月韓国の起亜自動車と，2001 年 6 月には現代自動車とラオスでの新車販売締結を締結し，2002 年には韓国を代表する現代自動車系列の部品企業の現代 MOBIS と販売契約を締結した。こうした一連の動きは，KOLAO が，ラオスにおける現代・起亜グループの販売代理店としての機能を拡大していることを物語っている。そして 2003 年にはオートバイ事業を開始し，ラオス各地に販売網を拡大していった。2009 年 4 月には奇瑞汽車と販売契約を締結し，その領域を拡大した。

同社は，設立当初から新車部門（流通），中古車部門（製造および流通），オートバイ部門（製造および流通），部品および A/S（アフターサービス）部門（流通およびサービス）の4つの事業部門を中心とし，いわば効率的な事業ポートフォリオの内容を構成する計画を推し進めてきた。

その後は新車輸入に切り替えて事業を拡張し，日本勢を圧倒してラオス自動車業界のトップに躍り出たのである。KOLAO は，単に自動車関連だけでなく金融や建設，農業，運輸事業も手掛け，グループのセールス額はラオスの GDP の5%に達するといわれている。

このグループの主力事業が，現代自動車のトラック輸入や現代や起亜の乗用車の新車輸入である。輸入台数は，2003年には1,148台にすぎなかったが，2010年には7,688台へと6.7倍にまで拡大し，2010年には KOLAO のシェアは35%のトヨタ，22%の中国系販売会社を抜いて36%とラオス第1の販売台数を達成することに成功した。KOLAO は，さらに政府と連携して自動車教習所や検査修理センターを開設して，アフターサービスにも力を入れて日本車と同等の品質であることを購入者に宣伝するよう努めてきている。また強烈な値下げ戦略や燃料費負担サービスを付加して，現代や起亜自動車の中古車から新車への買い替え促進を積極化させている。その結果として，同社は2009年時点で，事業総売上の39%を新車で，36%を中古車で，17%をオートバイで，残りの8%は部品とアフターサービスで占めるまでなった。

同社の主力事業とも呼べる新車部門は，現代自動車と起亜自動車から輸入している自動車への需要増大と相俟って，同社の金融機関の提供している自動車割賦金融による新車需要増加により，毎年約100%の成長ぶりを示している。また，オートバイセクターは，2009年には約40%の伸びを見せた。部品・A/S部門は，同年，会社の累積販売台数が増えるに伴い，部品ならびに有償 A/S の需要が増加し，約46%の売上が増えた。この結果，前述したように，同社の自動車市場占有率はトヨタの35%を抜いて37%とトップを記録し，オートバイでも日本ブランドの30%を凌駕して35%を記録した。

そして2012年から中古車の輸入が禁止されると，2013年からサバナケートに現地組立工場の DAEHAN を立ち上げて小型トラックの CKD 生産を開始した。同社における職員数は1,180人で，本社所在地はラオスのビエンチャンである。さらに2014年には韓国大手のオートバイメーカーのS and T（ヒョースン）を買収し，KPモーターと改名し，2輪車部門への進出志向を見せ始めている。

3.2　KOLAOのラオス事業展開の特徴

では，こういった同社の成長の理由はどこにあるのか。実は，KOLAOはラオスで先発企業だったわけではない。後述するラオス人経営者のKPグループ（Khambay Philaphandeth Company）は，1995年から自動車販売事業を展開していたが，KOLAOは，後発企業であるにもかかわらず，それを押しのけて急成長を遂げてラオストップの自動車販売・生産会社へと成長したのである。その理由として，韓国政府がラオス政府との間で韓国メーカーに関税特恵を与える協定を結ぶなど，官民挙げてのバックアップがあったことは否めない。

しかし，まず中古車輸入と新車輸入販売から入り，ラオス市場の中位以下の価格帯の市場シェアを確保して，中古車輸入禁止とともに現地CKD生産に切り替え，そのシェアをじりじりと上位の方に上昇させていき，やがてトップの日系メーカーのシェアを奪う戦略をとったのである。「日系顧客中心主義」（慶應義塾大学大学院経営管理研究科清水勝彦「日系企業のグローバル化に関する共同研究　新興国での成功への示唆に向けて」2014年1月1日）が強い日系メーカーに対し，中古車輸入からCKD現地生産で最大価格帯を確保する戦略をここでは「後発企業の新興国市場戦略」と呼んでおこう。それは，かつて中国二輪車メーカーが集中豪雨的にベトナム市場に輸出攻勢をかけ日系メーカーのシェアを一挙に奪ったもののホンダの現地生産戦略が効いて一過性のものに終わったこととはやや事情が異なる。こうしたKOLAOの戦略の背景には，2008年以降のラオス市場での日韓シェアの競争があり，逆転はその結果であった。この間，2011年まで続いた韓国のウオン安と日本の円高が韓国からの製品輸入に有利に働き，2011年の東日本大震災やタイの洪水による日本およびタイからの車輸入の減少が韓国車の需要を高めたことはKOLAOに有利に働いたことは間違いない。しかし，こうした戦略を可能ならしめたものは，KOLAOの「販売網の拡大」，「ワンストップ・サービス」そして2012年の中古車輸入禁止以降の生産の現地化戦略だった。

まず,「販売網の拡大」だが,同社は,2005年からKOLAOディーラーならびにフランチャイズ加盟販売店を開設し続けてきた。その結果として,2009年には,140ヵ所のディーラー・フランチャイズ加盟販売店を組織した。これと比較すると,中国・日本等のライバルメーカーの販売網は各々10ヵ所程度にすぎない。しかも,同社は,これからそのネットワークをさらに300ヵ所まで増やすことによって,売上増加を図るとともに,いわゆる市場力を強めていこうとしている。しかもKOLAOのショールームは,他社と比較すると明るく,かつ店員は製品知識に詳しく顧客サービスの訓練が徹底している。要は,このような「販売網の拡大」が同社の売上アップ,ひいては同社の成長と日韓逆転にそのままつながってきたのである。

そして,同社のもう1つの強みとして取り上げられるのが,「ワンストップ・サービス」であるが,これは,「生産・販売・A/Sおよび部品流通事業と,自動車割賦金融サービスを結び付けることで,金融支援による自動車購買,差別化したアフターサービス,中古車再購買および貸車のさまざまなサービスを提供」することを可能にしたものである。

要するに,「販売網の拡大」と「ワンストップ・サービス」が,同社の飛躍的発展をリードしてきたのである。その成果が「売上高」,「営業利益」などの上昇に現れ,その比率の上昇に表現されている。

しかし同社の戦略は,これだけにとどまらない。2013年以降は,中古車輸入禁止に対応して,小型・中型トラックのCKD生産を開始したのである。まずは,商用車の現地生産で,中位以下の価格帯をしっかりと固め,シェアの確保をした後,市場の状況いかんでは,現地生産の枠を広げつつ,ラオス市場に適合的な乗用車の現地生産に切り替えていく可能性を探すであろう。KOLAOは,その生産拠点をまずはラオス南部のサバナケートに定めたように見える。その意味するところは,ここがベトナムとタイを結ぶ東西回廊の中間点に位置しているということである。将来,東西回廊がより拡充されれば,ラオスのみならずインドシナ市場を展望しつつ製品供給が可能な位置取りが展望されるのである。

4. KP集団の事業展開

4.1 KP集団の事業展開

先のKOLAOと異なる軌跡を描いた企業がラオス人企業家集団のKP集団である。この集団は，Khambay Philaphandeth夫妻が1940年に設立したKhambay Philaphandeth Companyをもってその創業のスタートとする。KOLAOとは比較にならぬ長い事業史を有する。1995年以降は第二世代の親族たちがこの集団をリードしてKP集団を形成し，各事業体を傘下に収めるコングロマリットを形成している。したがって，KP集団の傘下企業は，数が多くその種類も多様である。同集団は，大きくは流通，自動車，農業，運輸の4部門に分かれるが，その売上を見ると（2008年），自動車関連が74％で全体の3分の2以上を占め，流通が18％でこれに次ぎ，農業関連が8％を占めている。つまりは，同集団にとっては自動車の販売が大きなウエイトを占めている。

なかでも三井，ニッセイ，KPの3社合弁で作られた，トヨタの自動車販売とパーツ供給を行うLao Toyota Service Cooporationと，KPとニッセイの合弁で作られた日本車とパーツの販売を目的としたKP-Nissei Cooperationが自動車関連では，同集団の核をなし，自動車関連の売上の98％を占めている。

このほかに，KP集団は，スタンレー電気との合弁で車載電球を生産するLao Stanley Cooperationを，ニッセイとの合弁でデジタルカメラ用の電子部品を組み立てるKP-NisseiMizuki Cooperationを，また日本ロジステックとの合弁でロジスチックスを目的にLogitem Laos GLKP Cooperationをそれぞれ立ち上げている。

4.2 KP集団の事業展開の特徴

KP集団の事業展開の特徴は，自動車部門を軸としながらも流通，農業に事業分野を拡大する戦略をとっており，各部門の独立性が強く，部門間相互連関に乏しい。したがって，自動車部門に関してみれば，KOLAOのように生産・販売・その際の金融クレジットサービス，運転免許支援，部品のアフターサービスといった関連性をもった事業展開がなされていない。せいぜいあるのは部品のアフターサービス程度で，ショールームもKOLAOと比較すると狭く，置かれている車の種類も少なく，どことなく見栄えがしない。つまりは，宣伝・サービス面で数段後れをとっている感が強い。

したがって，ラオス自動車市場で見れば，KOLAOの中位から上位に向けて市場シェアを拡大していく戦略に対しては，本来ならトヨタのハイエンド車を軸に上位から中位に向けて市場を拡大していく戦略をとるのだろうが，そうした戦略をとることもなく，その市場シェアを減退させてきているのである。2018年以降は，完成車のラオスへの輸入に関しては原則関税ゼロに近づく可能性も高いので，こうした変化に乗ってKP集団がハイエンド車の廉価販売でシェアを下方に拡大する戦略をとる可能性もないわけではないが，そのためにもKOLAOを上回る高レベルの「販売網の拡大」と「ワンストップ・サービス」が不可欠であろうと思われる。

5. 中国企業の動き

中国企業もラオス市場でのシェアを次第に伸ばしてきている。中心は商用トラックであるが，KP集団も中国のFOTON（福田）の代理店として，その販売に努めている。中国メーカーのトラックはたしかに低価格ではあるが，品質面では日本車や韓国車と比べて数段劣っており，ラオスの消費者は，多少は高価でも日本製，韓国製のトラックを購入するという。乗用車では，中国の奇瑞汽車のQQやBYDの輸入が増加してきている。しかし，現実には，中国とラオス国境を越えて密輸されるケースが多いといわれている。中国自動車メーカーもその地政的優位性を活用して急速にシェアを伸ばし，日韓両国企業のシェアを凌駕するときが来る可能性は否定できない。つまりは「後発企業の新興国市場優位戦略」の展開を担うのが，韓国系企業から中国系企業に代わる可能性も否定することはできない。

6. 「AEC2018」とラオス自動車産業

では，「AEC2018」はラオス経済全体にいかなる影響を与えるであろうか。

結論を先に述べればさほど大きな影響を与えることにはならないと想定される。なぜなら，ラオス経済を支えているのは鉱物資源や農産物，木材などであり，いずれもASEAN市場というよりは国際市場向けの製品であり，ASEAN内関税の動向は，さほど大きくは影響しないからである。むしろラオスから外洋に抜ける輸送路の整備と高速化いかんが，国際市場でのラオス農鉱産品の価格に影響を与えることが大なので，そちらのほうが大きな意味を持とう。

自動車・部品メーカーという意味では，ASEANのタイなどからラオスへの自動車輸入が積極化することが想定される。その意味では，1つはラオス政府と韓国政府の協定が改定される可能性である。「AEC2018」がラオスに適応されれば，こうした2国間協定になんらかの変更が加えられる余地が存在することである。しかし，この変化は，すでに現地生産を推し進めているKOLAOには大きな影響を与えることはないであろう。なぜなら同社はすでにサバナケートで海外部品の供給を受けてCKD生産を開始しており，「AEC2018」は，その部品輸入に優位に働くことが予想されるからである。むしろ問題は，ラオス政府内の各省庁間の連携が緊密ではなく，自動車育成方針が明示されていないことが，今後のラオス自動車産業の方向性を占う場合に大きな問題となると考える。さらにまた隣国であるタイの工業化政策の動向いかんがラオスの部品産業に与える影響に関しても観察しておく必要があるように思われる。

おわりに

以上，ラオス市場をめぐる日韓中自動車輸入動向を分析し，その中でのKOLAOの「後発企業の新興国市場優位戦略」の展開を検討した。そこでは，後発企業として進出した企業がいかにして先発企業を凌駕して市場を拡大していくかという実例をラオス市場に見出して，その内実を見てみた。この戦略は，2018年以降の「AEC2018」のラオス適応と同時に一定の変化が生まれる可能性がないわけではないが，しかしそれまでにある程度の基盤を築き上げたKOLAOのような場合には，その基盤を切り崩すということは困難なことだと想像される。いずれにせよ，グローバル競争の波は，例外なくこのインドシナ半島の奥深い位置にあるラオスにも押し寄せているのである。

付記：ここに逐一お名前はあげないが，ラオス日系企業のスタッフの方々，およびインタビューその他でVrasaykham Philaphandeth（いすゞラオマネージャー），山田健太郎（ジェトロラオス事務所），榎本勇太（自動車評論家）の諸氏の協力を得た。記して感謝したい。

◆参考文献

天野倫文・新宅純二郎（2010）『ホンダ二輪車のASEAN戦略―低価格モデルの投入と製品戦略の革新―』東大ものづくり経営研究センター。

石田正美編（2010）『メコン地域国境経済をみる』アジア経済研究所。

植田浩史「オートバイ産業」(2003) 大野健一・川端望編『ベトナムの工業化戦略』日本評論社。

大泉啓一郎（2014）「タイ・プラユット暫定政権の経済政策の行方」日本総研『環太平洋ビジネス情報』Vol.14，No.55，2014年11月（http://www.jri.co.jp/report/medium/publication/rim/2014）。

慶應義塾大学大学院経営管理研究科清水勝彦「日系企業のグローバル化に関する共同研究　新興国での成功への示唆に向けて」2014年1月1日（https://www.pwc.com/jp/ja/japan-knowledge/archive/assets/pdf/kbs-keio-globalization140131.pdf）。

国際協力銀行（2014）『ラオスの投資環境』。

新宅純二郎（2009）「新興国市場開拓に向けた日本企業の課題」『国際調査室報』第2号，2009年9月。

鈴木基義（2009）『ラオス経済の基礎知識』ジェトロ。

鈴木基義（2014）『ラオスの開発課題』JICAラオス事務所。

西口清勝・西澤信善（2014）『メコン地域開発とASEAN共同体』晃洋書房。

KOLAO, *Annual Report 2011, 2013.*

Kuroiwa, Ikuo（2016）“Thailand-plus-one: a GVC-led development strategy for Cambodia”, *Asia Pacific Economic Literature*, forthcoming.

Mya Than and Joseph L. H. Tan（edit.）（1997）*Laos' dilemmas and options: the challenge of economic transition in the 1990s*, New York.

Rigg, Jonathan（2005）*Living with transition in Laos: market integration in Southeast Asia*, London, New York.

World Bank（2007-2013）World Bank Statistical Data.

第8章　カンボジア自動車・部品産業の現状と課題

小林英夫

はじめに

本章の目的は，カンボジアを事例に産業黎明期にある新興諸国の工業化に果たす自動車・部品産業の役割と課題を明らかにすることにある。

2015年現在，カンボジアは農業を除くすべての産業が始発に近い段階にある。周知のようにカンボジアは，1979年にポル・ポトを駆逐してベトナムが擁立するヘン・サムリン政権が樹立され，中国やタイの支援を受けた反ベトナム3派＜シハヌーク派，ソン・サン派，ポル・ポト派＞と激しく対立する内戦状態が続いた。冷戦終結後の1991年のパリ和平協定の締結によって内戦は終結し，1993年の国連監視下での総選挙の結果，反ベトナムで，国父シハヌークの息子のラナリット率いるフンシンペック党と親ベトナム派で人民革命党の流れを組むフン・センの連立政権が誕生した。その後選挙の中で両派は激しく争うが，政争を武力ではなく選挙によって決着させるルールが維持されるなかで，カンボジアの経済建設，工業化の課題は，初めてその出発点に立つことができたということができる（Caroline Hughes and Kheang Un edited 2011，上田・岡田 2006）。

したがって，カンボジアは紛争の時代が終結してから20余年しか経過しておらず，同国の工業化の課題は緒に就いたばかりなのである。農業が主要産業のカンボジアではまだ製造業は繊維縫製業が中心で，自動車メーカーはおろか自動車部品メーカーも未熟な成長下で，移動，輸送手段たる自動車は，輸入車で占められているのが現状である。正確な統計はないが，カンボジアの自動車保有台数は30万～35万台（推定），年間販売台数が3万～3.5万台（うち中古車が90%，新車10%）であり，大半は輸入中古車が占めている（豊田通商カンボジア事務所，2015年3月11日ヒヤリング）。日本車が人気の中古輸入車だが，アメリカからの左ハンドルの日本車が輸入車および改造車の主力を占めている。

ところで，工業基盤そのものをこれから作りださねばならぬ1人当たりGDPが1,000ドル前後の「工業化初発段階国」にとって自動車・同部品産業の持つ意味は何か，を考察する素材としてカンボジアの事例の検討は重要である。ここで検証された「工業化初発段階国」での自動車産業の位置から導き出される結論は，他のミャンマー，パキスタン，バングラデッシュなどの類似の経済水準国の今後の発展方向に何らかの参考になるに相違ない。

こうした視点から，本章では，第1節でカンボジア経済の実情を概観すると同時に，外資受け入れの基盤である経済特別区（以下，経済特区と省略）の現状を考察し，そこを中心とした企業活動状況を考察すると同時に国内経済ネットワークとは相対的に独立して孤島のように散在する「点在型工業拠点」から構成される「工業化初発段階国」の諸特徴を検出する。ここでいう「点在型工業拠点」とは，経済特区，すなわち特定地域に限り特典を与え外資を導入することで一国経済とは相対的に独立した飛地経済を構築した拠点を指す。かつて1980年代には輸出志向工業化の拠点としてアジア各地に類似のものが作られ，先進技術のキャッチアップを通じて，飛地が飛地として終わるのではなく国民経済に吸収されてその強化の一翼を形成してきた（小林1992）。では，2015年時点のカンボジアで，果たしてこの「点在型工業拠点」が拡大し，国民国家統合を推進する方向に向かいうるのか，それともそうならないか。GMP推進下では「点在型工業拠点」の拡大が国民国家分権化の道をたどるのではないか。その際自動車部品企業は，セカンド・アンバンドリング（Baldwin 2011）の典型企業として，自国に完成車メーカーを抱える場合には，たしかに「点在型工業拠点」を相互に結合させて，一国産業体系の方向に収斂するベクトルとして働くが，逆の場合，つまりカンボジア，ラオス，ミャンマーの場合には，当該国でのその部品企業主体の特性故に分権化＝反統合のベクトルとして働く可能性が高いのではないか。そのことは，完成車メーカーの誘致やその安定的操業の持つ意味がASEANの安定的成長に大きな意味を持つことを示している。

第8章では，上記の問題意識を踏まえて，経済特区の現状とそこでの自動車部品産業の持つ意味，その将来展望を考察する。つまり，部品産業集積を通じて完成車生産をCKD（部品組立生産）から次第にCBU（完成車）生産へと進み，現地生産車が国内需要充足から輸出へと向かう本書第2章で扱うタイモデルと同一の道をカンボジアはたどりうるのか，あるいは別の道を歩む可能性があるのか否か，を検討する[1)]。

1. カンボジア経済概況と経済特区

1.1　カンボジア経済概況

カンボジアの国土面積は18.1万㎢で，日本の約半分で，人口は1,531万人（2014年度調査）で東京都の人口を若干上回る程度になっている。

まず「工業化初発段階国」のカンボジア経済の概況を見ておくこととしたい。ごく簡単にカンボジアの近年の経済指標を概観しておこう。2012年のGDPは，約142億ドルで，世界121位である。GDP産業別構成（2013年）を見れば，農林畜産漁業鉱業分野が35.9％で最も高く（うち農業は21.0％），以下製造業（16.3％），商業（9.6％），運輸・通信業（8.1％）と続いている。製造業も繊維・縫製・履物など繊維・雑貨産業が主体である。これはカンボジアが，農業を中心に，やっと工業化に着手し始める段階に達した証左であるといえよう。GDP成長率は2009年に急激に落ち込んだもののそれ以降は平均7％台を維持しており，1人当たりGDPも2014年には1,080ドル（IMF推計）と1,000ドルのラインをかろうじて超え，ラオス，ミャンマーとほぼ同一レベルである。

貿易も慢性的入超状況で，毎年14億ドルから15億ドルの赤字を記録している。輸出は主に欧米向けの衣料といった一般特恵関税品目で，輸入は工業製品や原料などである。工業原料を輸出し工業製品を輸入するという意味では，典型的な「工業化初発段階国」の貿易構造だといえよう。

ところで，カンボジアへの対外投資環境が整備されたのは1994年の投資法

1)　位置の選択という空間経済学的視点からglobal value chainを使ってカンボジア経済の位置と問題点を指摘したKuroiwa（2016）は，方法論や分析手法は筆者と若干異なるが，経済特区の位置どりがカンボジア政治に与える影響という視点では，筆者と共通した視点を持っている。合わせ参照願いたい。

と2003年の同法改正であった。1994年投資法でカンボジア開発評議会（CDC）の中にカンボジア投資委員会（CIB）が作られ，これが具体的な投資申請の窓口となった。そして2003年の改正で投資優遇措置であるQIP（Qualified Investment Projects，適格投資案件）が制定された。さらに2005年には「CDCの組織と機能に関するNO147」で経済特区制度の導入が定められ，CDC内にカンボジア経済特区委員会（CSEZB）が作られ，経済特区の内容を規定した「経済特区の設置と運用に関する政令148号」が定められた（道法2013）。

対カンボジア投資は，1996年にアメリカが最特恵待遇を認めたことから台湾，中国，香港からの縫製資本が進出したことをもって始まった（西口・西澤2014，pp.256-268）。その後製靴，雑貨などの分野に拡大し，経済特区が整備され始めるなど投資条件が整うにつれて2010年以降には日本からの投資も増加を開始した。カンボジア日本人商工会の会員企業数の推移を見ても2010年に50社だった正会員数は，2012年には104社と倍増し，2014年には152社と3倍に増加した（カンボジア日本人商工会，2015年8月）。認可投資実績を1994年から2014年までの累積で見ると金額ベースでは中国が第1位（111.04億ドル）で，以下韓国（55.47億ドル），マレーシア（28.25億ドル），イギリス（26.19億ドル），ベトナム（16.64億ドル），アメリカ（13.66億ドル），台湾（12.73億ドル），シンガポール（9.92億ドル），タイ（9.73億ドル），香港（9.19億ドル），日本（7.13億ドル），ロシア（6.20億ドル），イスラエル（3.10億ドル），フランス（3.10億ドル）の順で並んでいる。先頭投資国としての中国，韓国と比して日本は11位で，後発投資国として位置付けられている（JICAカンボジア事務所「カンボジア投資環境」2015年参照）。しかし，QIP認可状況を2005年から2012年実績で見ると該当する日本企業は40件で圧倒的であり，以下中国30件，台湾26件の順序になっている。当該時期におけるQIP認可実績を経済特区における製造業に絞った場合でもほぼ同じで日本が第1位40件，以下中国29件，台湾26件の順序となっていた（カンボジア開発協議会『カンボジア投資ガイドブック』2013年）。

1.2　経済特区概況

産業黎明期のカンボジアの工業化と投資問題を考える際，それを主導するのは，当面はカンボジア全土 34 ヵ所（2015 年現在）に設置許可された経済特区（Special Economic Zone）である。「工業化初発段階国」を主導する場合には経済特区の設置は不可欠であろう。外資依存で始動される当該国の工業化にとって，誘致条件の整備が第一前提だからである。その際，国家が厳しい制約をつけて経済特区を設置するベトナムのような場合もあれば，逆にカンボジアのように緩い条件で民間に運営を任せて展開する場合もある（石田 2010）。

カンボジアの経済特区というのは 2005 年 12 月に「経済特区の設置と運用に関する政令 148 号」に基づき設立されたもので，最低 50ha の土地を有し「輸出加工区」「自由商業地域」と特区内各工場をフェンスで囲うこと，管理事務所，特区管理事務所を設置し，必要なインフラが供給されていること，つまり下水施設，排水処理施設，固形廃棄物の貯蔵，管理所，環境保護施設などの必要設備が整っていれば認可されるというものである。そして一般的には入居企業に対しては法人税最大 9 年免除，原材料，建設資材，生産設備などの輸入関税免除，付加価値税免除の特権が与えられる。

経済特区は 2006 年 6 月に認可された「ポイペト経済特区」を手始めに認可はされたが未施工のものを含めて 2015 年現在で 34 ヵ所を数える。現在入居企業を擁して稼働している主だった経済特区は全部で以下に挙げる 8 ヵ所である。ごく簡単にその概要を紹介しておこう（図 8.1 参照）。

まずは「プノンペン経済特区」だが，この経済特区は 2006 年に開設された。プノンペン空港から 8km，首都プノンペンの中心地から 18km の地点にある。カンボジア華僑の林秋好が 78%，日系会社ゼファが 22% 出資の工業団地である。首都の人口密集地域に位置していることもあって，現在（2015 年）66 社の企業が入居している。入居企業数が最大の経済特区である。その内訳は，日本企業が 42 社，台湾系が 9 社，マレーシア系が 5 社，シンガポール系が 4 社，中国系が 4 社，アメリカ系が 2 社となっている。

次は「ポイペト経済特区」だが，2005 年に開設され，タイとの国境から約 20km ほどカンボジア側に入った場所にある。バンコクから車で 3 時間半，タイのレムチャバン港から約 250km であり，南部経済回廊に位置している。したがって，タイの労賃高騰に合わせて労働集約部門を移転する企業が進出を期待されている。2014 年 12 月時点でオーナング地区には台湾系を含め 6 社が入

図8.1　カンボジアの経済特区

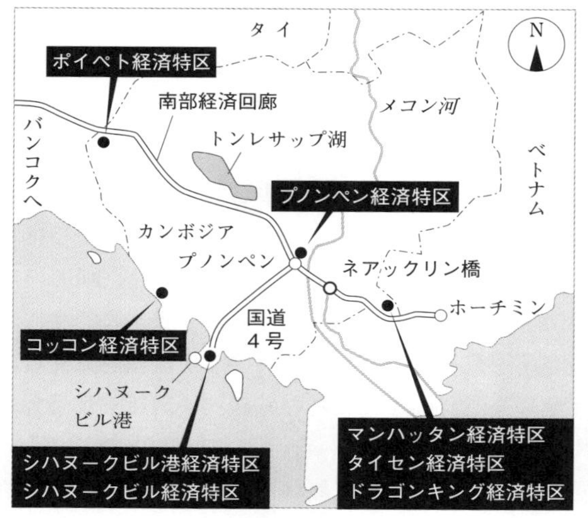

出所：「qBiz」西日本新聞経済電子版，2012年12月7日。

居しているが，2013年以降にSANCO CAMBO INVESTMENTによりサンコーポイペト経済特区が開設され，豊田通商により自動車部品専用パークが2016年初頭に稼働されることとなっている。

「コッコン経済特区」は，2006年に開設された。カンボジア南西部に位置し，バンコクから470km，プノンペンから297km，レムチャバン港から370km，シハヌークビル港からは233kmの位置にある。タイと比較すると労賃は低廉だが，人口が少なく，人員確保に問題を持つ。進出企業は5社で，日系の矢崎総業，ミカサ（バレーボールなどを生産）と韓国の現代自動車代理店のKHモーターとリー・ヨン・パット・グループが合弁で設立した「カムコ・モーター」（現代自動車車両のCKD生産），タイ系のKKNアパレル，ハナ電子部品が操業している。

「タイセン経済特区」は，2006年に開設された。カンボジア南東部に位置し，ベトナム国境のバベットから6kmの位置にある。ベトナムのホーチミン市まではベトナム国道22号線で86km，プノンペンまでは，カンボジア国道1号線で160kmの距離である。入居企業は24社で，手袋メーカーのスワニーなど縫製関連の日系企業11社が進出している。ホーチミン港を使っての部材や部品の輸入と完成品の輸出が可能である。

「マンハッタン経済特区」は2005年に開設された。国道1号線を挟んで「タイセン経済特区」の真向かいに位置する。したがって地理的条件や物資の搬出入は,「タイセン経済特区」と同一である。進出企業は33社で,ここにはポリ袋,バックなどを生産する日系企業のモロフジも入居しているが,大半は台湾,香港,中国,シンガポールなどの繊維,雑貨企業である。

「ドラゴンキング経済特区」は2012年に設立された。ベトナム国境から12kmの位置にある。ホーチミン市まではベトナム国道22号線で92km,プノンペン市まではカンボジア国道1号線で154kmである。部材・部品の輸入,完成品の輸出はホーチミン港を通じて行う。この経済特別区は開設されたばかりで,時計外装部品を生産する日本精密,縫製の東工コーセンなど3社が入居している。

「シハヌークビル経済特区」は2008年に開設された。この経済特区は,シハヌークビル港から12km,シハヌークビル空港から3km,プノンペンから212kmの地点にある。ここは中国系の経済特区である。78社入居しているが,日系はアスレ電子1社だけである。中国系企業の多くは,雑貨,縫製,皮革だが,自動車アセンブリーのQianlimaVehicleが操業している。

「シハヌークビル港経済特区」は,2012年にシハヌークビル港に隣接して開設された。シハヌーク空港から15km,プノンペンから国道4号線で230kmの位置にある。この経済特区は,日本政府の有償資金協力で,日本企業が設計,建設したものである。物流面ではシアヌークビル港直結のため輸送のリードタイムが短縮される優位点がある。開設直後のためまだ入居企業は少なく王子製紙,タイキ,IS-TECの3社のみだが,今後増加することが予想される(カンボジア開発協議会『カンボジア投資ガイドブック』2013年)。

1.3 経済特区から見た産業集積の地理的特徴

カンボジアの経済特区は以上のとおりだが,「点在型工業拠点」が生み出す「工業化初発段階国」の産業集積の諸特徴を検出するために,「点在」の所以であるその地理的位置から以下の3種類に分類することが可能である。すなわち,①西方のタイ国境に位置する「ポイペト経済特区」,「コッコン経済特区」と,

②ベトナム国境寄りの「タイセン経済特区」,「マンハッタン経済特区」,「ドラゴンキング経済特区」と,③カンボジア内陸だが首都プノンペン近郊にあり,行政拠点に近く,人口も密集している「プノンペン経済特区」およびカンボジアでコンテナ船が使える唯一の外港のシハヌークビル近郊の「シハヌークビル経済特区」,「シハヌークビル港経済特区」である。

①および②の国境隣接地域の経済特区は,隣国と自国の経済優位点を活用できるという利点を持っている。例えば,(i)タイに隣接する経済特区に関して見れば,カンボジアは自国の安価な労働力を提供する代わりにタイ側の安価な安定した電力を利用することができるし,またタイ側の整備された交通網を活用して製品を輸出入することが容易となる。(ii)ベトナムに隣接した経済特区に関して見れば,タイ同様にカンボジアの低廉な労働力とベトナムのインフラ,つまり安価で安定した電力供給とホーチミン港を活用しての原料輸入,製品輸出が容易となる。つまりは,カンボジア側は,先進隣国の長所の恩恵を受けることが可能となるのである。もっともカンボジアの人口密度を見た場合に,プノンペンおよびそれ以東の地域の人口密度は濃く,プノンペン以西は,西に行くほど密度が薄くなる。つまりはタイ国境周辺の人口密度は低く,カンボジアの低廉な労働力を活用するにはやや条件が悪い。特にコッコン経済特区においてはその傾向が顕著である。その点では,ベトナムに隣接する経済特区は,タイ側ほどではない。低廉で豊富なカンボジア人労働者の活用を目的にした縫製業者がこの地域に集中する所以である。タイ側に隣接する経済特区は,ASEANを代表する自動車および自動車部品産業の産業集積地であるタイの外延部を構成するその地理的特性を生かし,バンコク周辺までのインフラの整備を活用したそれらの衛星工場がこの地域に進出している。つまりは,ベトナム側には縫製企業が,タイ側には自動車部品企業が,それぞれ「ベトナムプラスワン」,「タイプラスワン」を求めてカンボジアへ進出しているということになる(石田 2010)。

カンボジアで,一番外資の進出条件がよく,その結果企業集積が進んでいるのが③の「プノンペン経済特区」である。カンボジアの中では,労働力の確保が容易で,技術者の確保も他の地域に比較して容易である。行政の中心地として政府機関も集中しており,さまざまな許認可作業の処理も便利である。問題は内陸に位置するため製品の輸出入にやや時間がかかるという点であろう。距離的にはプノンペンからタイ国境のポイペトまでが418kmと離れているが，ベトナム国境のバベットまでが178km，シハヌークビルまで200kmの距離である。しかし別の見方をすれば，プノンペンは陸路でバンコクとホーチミン市の中間に位置しており，かつメコン河とトンレサップ川の交流点に位置し，交通の要衝として交通網が集約される場所であることを考えると，この地理的位置は重要であろう。プノンペンの南に位置するシハヌークビル港周辺の2つの経済特区は，カンボジア随一の良港を擁して物資搬出入に優位なポジションを利用して「シハヌークビル経済特区」には中国企業が，「シハヌークビル港経済特区」には日系企業の入居が進み始めているが，コンテナ船の入港が不定期なのが問題である。

2. カンボジア経済特区から見た産業集積の2つの方向性

2.1 「工業化初発段階国」と経済特区

これまでの考察で，カンボジア全土34ヵ所の経済特区のうち，それらは，細かくは3類型に分類できることが判明した。自動車部品を中心としたタイ国境の経済特区（第1類型）と繊維・雑貨を中心としたベトナム国境の経済特区（第2類型），そしてその中間で両者を包含したプノンペン経済特区（第3類型）である。そこで，われわれは「工業化初発段階国」の課題を推進するカンボジアにとって，それぞれの経済特区がどのような意味を持っているのかを検証することをめざすこととした。「工業化初発段階国」の課題は，いうまでもなく経済特区の全国的拡大を通じたGDPの増加，1人当たりGDPの上昇，産業高度化へのシフトである。ここでは，第1類型の典型として「ポイペト経済特区」，「コッコン経済特区」を，第2類型のそれとして「マンハッタン経済特区」を，そして第3類型として「プノンペン経済特区」を取り上げ，その活動実態の検討を通じて全国的拡大の可能性を探ることとしたい。

2.2 「ポイペト経済特区」（第1類型）

2.2.1 「ポイペト経済特区」の概況

「ポイペト経済特区」には，現在2個の工業団地が稼働もしくは稼働準備をしている。1つはオーナング地区の工業団地で，表8.1に見るように6社が入居して稼働している。内訳は雑貨5社（宝石関連2社，アパレル関連2社，漁網1社），電子部品1社である。タイからの衣料関連の会社が1社入居を希望しているが，いまだ契約には至っていない。この6社が雇用するカンボジア人従業員は，合計で4,600名以上に及ぶ。宝石関連1社はカンボジアの原料を使用するが他の雑貨，電子部品は共に原材料はタイから持ち込まれ，そしてタイへ輸出される。その意味では，材料供給，製品販売でタイへの依存度が著しく高い。

同地で新たに2013年以降同じポイペト地区に豊田通商がリードする自動車部品専用のサンコーポイペト経済特区が開設され，2016年初頭の稼働をめざして準備を開始した。

この豊田通商主導のテクノパークは，カンボジア内だがオーナングよりはタイ国境に近い地点に建設され＜悪路だが車で約30分ほど離れている＞，長屋式の工場建屋を作ることで建設費を節約でき廉価な建屋を提供できる。長屋は3タイプのサイズの工場が8個用意されている。そして入居企業にはさまざまなソフト面でのサービス――たとえば給食（キャンテーン）・経理税務の代行，

表8.1　ポイペト経済特区進出企業概要

企業名	業種	従業員数	国籍
Campack Co., LTD.	宝石箱生産	800人	タイ
Hl-Tech Apparel (Cambodia) Co., LTD.	衣服	1,500人	カンボジア
ML Intimate Apparel (Cambodia) Co., LTD.	アクセサリー	N/A	カンボジア
Simmer Inter Co., LTD.	宝石加工	1,000人	N/A
Wireform Precision Parts Co., LTD.	電子部品	800人	タイ
Thai Industry Co., LTD.	漁業用ネット	500人	タイ
Thong Thai Co., LTD.	衣服	今後契約予定	

人材派遣，作業の一部をテクノパークで請け負う受託請負さらには輸出入・物流などの商社機能など――を受けることができる。これによって，入居企業は，立ち上げ後は生産に集中し，身軽な投資で垂直立ち上げが可能となり，ランニングコストが削減でき，その分部材や設備の円滑な調達が可能となるのである（豊田通商でのヒヤリング，2015年3月11日）。

当初ポイペトのサンコーポイペト経済特区に入居を予定している企業は，全部で16社が挙げられていた（豊田通商でのヒヤリング，2015年3月11日）。すべてがタイに生産拠点を有し，トヨタ系Tier1企業もしくはTier2企業で，タイ工場のサテライト工場として位置付けられていた（表8.2参照）。16社のうちTier1企業は7社で残りの9社がTier2企業であった。生産部品は，トランスミッション，ワイヤーハーネス，燃料タンク，エンジン部品など多岐にわたるが，いずれもそれらの部品のタイ工場での労働集約的工程の一部をカンボジアに生産移管する予定のものであった。

表8.2　サンコーポイペト経済特区入居予定企業

企業名	生産品目	カンボジアへ移管される作業工程		カンボジアでの生産に伴う加工前輸入材料品目	
		移管行程	移管元	材料品目	輸入元
A社（1次請け）	シフトノブ組立（トランスミッション）	外観検査 皮生地切断 加熱接着組立作業	タイ	皮生地 ノブ中核部品	タイ
B社（2次下請け）	グロメット（ワイヤーハーネス用）	箔押し（ホットスタンプ）冷却加工	タイ	合成ゴム	タイ
C社（2次下請け）	3次元チューブ（燃料タンク）	曲げ加工組立 ろう付け（将来計画）	タイ	結束素材菅	タイ
D社（2次下請け）	3次元チューブ（燃料タンク）	曲げ加工組立 機械による曲げ加工（将来計画）	タイ	結束素材菅	タイ
E社（2次下請け）	ワーヤーヘーネス（ランプ用）	圧入加工	ベトナム	樹脂部品 銅線 金属ベルト	タイ
F社（1次請け）	ステアリングホイール（ハンドル）	皮生地切断 縫製 曲げ加工組立	タイ	皮生地 ハンドル中核部品	タイ
G社（1次請け）	ワイヤーハーネス	組立 圧入 外観検査 通電検査	タイ	樹脂部品 銅線 金属ベルト	タイ

表8.2 つづき

企業名	生産品目	カンボジアへ移管される作業工程		カンボジアでの生産に伴う加工前輸入材料品目	
		移管行程	移管元	材料品目	輸入元
H社 (2次下請け)	燃料ポンプモジュール（エンジン用）	箔押し（ホットスタンプ） 機械加工 機能検査	インドネシア	金属 電子モジュール 樹脂部品パーツ	タイ
I社 (1次請け)	クランクシャフト (エンジン用)	機械による部品組立 検査	タイ	金属原料	タイ
J社 (1次請け)	クランクシャフト (エンジン用)	機械による部品組立 検査	タイ	金属原料	タイ
J社 (1次請け)	ウェザーストリップ（ゴム製防水・防音シール部品）	ゴム材料注入 ゴム材料冷却 検査	タイ	合成ゴム	タイ
K社 (2次下請け)	オイルポンプ	部品組立	タイ	樹脂合成部品 フレーム中核部品 チューブ	タイ
L社 (2次下請け)	コントロールケーブル（駐車ブレーキ用）	切断 部品組立	タイ	長被覆電線 結束金属管 結束素材菅	タイ
M社 (2次下請け)	シフトスピンドル (ギア)	圧入 部品組立	タイ	結束素材菅	タイ
N社 (1次請け)	燃料タンク	樹脂材料注入 加工	タイ	樹脂合成部品 チューブ 部品	タイ
ポイペトテクノパーク *1次請け部品企業数社からの支援あり。	車体鍵製品（自動車キーセット） シフトノブ（トランスミッション）	(第1次計画) 加熱接着組立 手作業による冷却後組立 縫製 部品組立 (将来計画) 機械による冷却後組立	タイ	アルミ塊（加熱前） ノブ中核部品 皮生地など	タイ

注：トヨタ向け部品サプライヤーによるカンボジアへの部品組立移管計画。
出所：豊田通商でのヒヤリング，2015年3月12日。

2.2.2 進まないタイ自動車部品企業のポイペト移駐

しかし2015年9月時点での工事進行状況を見ると先鞭を切ってサンコーポイペト経済特区入りを果たしたのはNHKであった。NHKカンボジアの設立は2015年4月で，2016年4月操業開始に向けて現在盛り土や建屋作りが開始されている。NHKは1939年に日本発条として横浜に誕生している。ばねや自動車内装品生産で事業を拡張し，1962年にはタイに合弁でNHKタイランドを設立した。現在アマタナコン工業団地ほかタイには合計3つの工場を所有して操業している。主要製品は，自動車用懸架ばね，シート，内装品，ブレーキデスクなど。懸架ばねといった安全保安部品とともに内装品など労働集約的な縫製部門を工程に持っている。今回カンボジアに生産移管するのは，同社の中でも最も労働集約的な自動車内装部品用の縫製カバー部門である。敷地面積2万3,520m²，延べ床面積1万2,000m²，資本金1億2,000万バーツ，NHKタイランド75%，チャイワッタナー25%出資の日タイ合弁企業である。ちなみに合弁相手のチャイワッタナーは，皮なめし，自動車用シートカバーの生産を手掛けているタイ現地企業である。

しかし，2015年8月現在入居予定企業は，NHKほか数社にすぎず，計画はスムーズには進行していない。その最大の理由は，2014年5月に誕生したプラユット・チャンオチヤ政権が進めるタイ国境地域の「経済活動の活性化」，その中でも「国境貿易の促進」にある。具体的にはタイ側が国境周辺の重点5拠点の整備をうち出したのである。この重点5拠点の中にカンボジア国境のポイペトと向かいあうタイのアランヤプタテートが含まれている（大泉2014, pp.134-135）。つまり，タイ政府の方針としてはトヨタ系Tier1企業もしくはTier2企業でカンボジアへの移駐を計画している企業は，カンボジア国境のタイ側への移駐が望ましく，タイ側へカンボジア労働者を呼び込む政策を展開するというのである。勢い，カンボジアの経済特区への入居の魅力は薄れてしまう。それがポイペト経済特区の入居企業数の激減と結び付いているのである。

ポイペトはカンボジアの北西部に位置し，プノンペンから国道5号線でトンレサップ湖の南を通って約407kmの地点にある。かつては鉄道がひかれていたが，内戦のため破壊され，現在は使われていない。プノンペン―ポイポト間は車で約6時間を要する。ポイペトの国境を挟んだタイ側はアランヤプラテートである。アランヤプラテートからタイの首都バンコクまでは，4車線の舗装道路が続いており，所要時間は3時間半程度である。鉄道も通じているが，日に2本程度しか運行していない。したがって，タイ側の輸送は主にトラック輸送が中心となっている。タイ側からの自動車部品は，トラックで国境まで運ばれる。カンボジアの労働者のタイ出稼ぎが認められれば，アランヤプラテートに進出するタイ企業は増加し，反面カンボジアへ進出する企業は減少するであろう。

2.3 「コッコン経済特区」(第1類型)

2.3.1 「コッコン経済特区」の概況

首都のプノンペンから車で国道4号線をタイ国境まで行く国境手前にコッコン経済特区がある。橋を渡ればタイ国境である。同経済特区に入居している5社は表8.3に示すとおりである。同経済特区の正面ゲートを入った左側に位置しているのが自動車セットメーカーのカムコ・モーターである。操業は2011年1月である。資本金は1,000万ドル。同社は韓国の現代自動車代理店のKHモーターとリー・ヨン・パット・グループの合弁で設立された。リー・ヨン・パット・グループというのはカンボジアの財閥企業の1つで，不動産，流通，商業部門に事業分野を広げているが，自動車部門では現代自動車と連携してコッコンで現地生産を行っている。カムコ・モーターの社長は韓国人である。工場現場の労働者は28名。7人乗りのSUV車の「サンタフェ」や12人乗りのバンタイプの商用車の「H-1」，そして小型トラックを組み立てている。部品は全量，韓国からタイのレムチャバン港経由で供給される。典型的なSKD生産で，ここでは組立を行うだけである。生産台数は，日産で3台，月産で約100台で，完成車は月に1回の割合でまとめてプノンペンの販売店に送られ，カンボジアで販売される(LYPホームページによる)。

コッコン経済特区には，表8.3に見るように自動車セットメーカーのカムコ・モーター以外にワイヤーハーネスを生産する矢崎，アパレルのKKNアパレル，バレーボルなどのスポーツ製品を生産するミカサ，そして電子部品を生産するハナ電子が操業している。これらの中で，ここでは，自動車部品ということで，矢崎を取り上げることとしよう。矢崎のカンボジア工場の設立は2011年11月である。タイ矢崎の100%子会社である。従業員は約3,000人(2015年10月現在)でワイヤーハーネスを生産している。日本人スタッフ3人とタイ人スタッフ13人で運営しているが，随時サポーターがタイから派遣される。原料，材料はタイの親会社から供給され，完成したワイヤーハーネスは全量タイの親会社に戻される。その意味では，完全なタイ矢崎の衛星工場である。

表 8.3　コッコン経済特区入居企業概要

企業名	業種	資本金 創業年	従業員数	企業情報等
Camko Motor Co., LTD.	自動車組立	10,000,000 ドル 2011 年	28 人	韓国・現代とカンボジア地場 LYP との合弁
Yazaki（Cambodia）Product Co., LTD.(矢崎)	自動車向けワイヤーハーネス生産	8,892,000 ドル 2012 年	3,035 人	日本・矢崎総業タイ現法，タイ矢崎出資
KKN Apparel Co., LTD.	アパレル	10,000,000 ドル 2012 年	2,386 人	タイ国籍企業
Mikasa Sports（Cambodia）Co., LTD.（ミカサ）	球技用ボール（当初はボール用チューブ生産後，タイに輸出）	5,120,000 ドル 2013 年	101 人	日本のスポーツ用品大手ミカサ出資
Hana Microlectronics（Cambodia）Co., LTD.	電子部品	27,000,000 ドル 2014 年	30 人	タイ国籍企業

2.3.2 「コッコン経済特区」とリー・ヨン・パット・グループ

コッコン経済特区の開発業者は，リー・ヨン・パット・グループである。コッコン経済特区では韓国現代自動車系列のカムコ・モーターと合弁で自動車組立事業を行っているが，同グループは，カンボジアで各種事業を手掛けている。カンボジアには，政商ともいうべき巨大企業グループが活動しているが，リー・ヨン・パット・グループもそうした企業の一角を占めるといえよう。主だった企業群には，ローヤル・グループ（キット・メング氏），ソキメクス・グループ（ソック・コン氏），モンリッティ・グループ（モンリッティ氏），リー・ヨン・パット・グループ（リー・ヨン・パット氏），カナディア・グループ（ポン・キアプセア氏）がその主だったものであろう。これらの企業軍は，いずれも政府と結合し利権を確保して，外国企業と合弁して情報，貿易，金融，観光，農業，不動産，建設といった分野に進出し，その支配権を握っているのである（西口・西澤 2014，p.97）。リー・ヨン・パット・グループもこうした企業群の一翼を占める。

同グループの創設者ともいうべき H. E. オカナ・リー・ヨン・パット（H. E. Okhana Ly Yong Phat）は，1958 年にコッコンで生まれている。若いころから商才を発揮し，ポル・ポト政権崩壊後の 1980 年代には貿易商として財を蓄積し，1992 年にはリー・ヨン・パット・グループを立ち上げ，2000 年にはコッコン地区開発の政府代表に任命されている。同時にこの年にフン・セン首相の経済顧問に任命され，政府との関係を深めていく。そして2001年にはカンボジア商業会議所の副会頭に就任した。まさに政商への道をひた走りに走っているのである。この間関係してきた事業を列挙すれば，第1はホテルやリゾート経営分野で，カジノを含む歓楽施設を備えたタイ国境のコッコン・リゾート経営，プノンペンホテルなどのホテル経営，第2がインフラや公共事業で，タイ国境とカンボジアを結ぶコッコン橋の建設や発電，給水施設の建設，甘蔗，ゴム農園の経営などである。第3が貿易・流通で，たばこ，飲料水，日常品の輸入・供給，コッコン地区の免税店経営を通じて輸入酒類の販売を行ってきた。第4が不動産経営で，コッコン経済特区の経営である。第5が，プノンペンTV局を通じたメディア部門への進出である（LYPホームページによる）。こうした産業分野の内的関連のない各種分野へのたこ足的投資活動は，カンボジア財閥のみならず「工業化初発段階国」の財閥に見られる一般的特徴である。問題は，こうした拡散投資が，国家の政策指導と絡んで一定の方向に収斂できるか，できないかに将来展望のカギがあるのだが，カンボジアの現状を見る限り，それは悲観的である。

2.4 「ドラゴンキング経済特区」（第2類型）

2.4.1 「ドラゴンキング経済特区」の概況

国道1号線のベトナム国境沿いのスバイリエンには2015年現在「タイセン経済特区」，「マンハッタン経済特区」，「ドラゴンキング経済特区」の3つの経済特区が稼働している。ここでは，この3つの経済特区の中で，一番歴史が新しく，かつ日系2社が入居している「ドラゴンキング経済特区」に焦点を当てて見てみることとした。ここに入居しているのは時計バンドやメガネフレームを生産するNS社と自動車部品・産業用繊維・衣料品を扱うT社の2社であり，いずれも日系企業である。カンボジア工場の立ち上げはNS社が2013年3月（稼働開始は2014年3月），T社のそれは2013年12月で，ほぼ時期を同じくしている。「ドラゴンキング経済特区」の開設が2012年12月だから，両社ともに開設ほどなく入居，立ち上げしたことになる。両社のカンボジア進出略史をごく簡単に紹介しておく。

NS社の日本での創業は1978年。海外進出は，最初は香港（1987年）で，中国での労賃高騰を受けてベトナムのホーチミン（1994年）へ展開，そしてさらにカンボジア（2013年）に分工場を設立した。T社も似たような軌跡をたどる。T社の日本での創業は1947年で工業用繊維製品を手掛けることに始まる。その後1953年に日中貿易専門商社として，日中貿易に力を傾注，1991年以降中国各地に合弁会社を設立，さらに2000年に入るとタイ・チョンブリ県（2012年）やベトナム・ハイフォン（2005年），インドネシア・ジャカルタ（2012年），カンボジア・スバイリエン（2013年）に工場を展開，タイでは自動車関連資材加工工場を，カンボジアでは衣料品縫製工場を立ち上げた。いずれも「チャイナプラスワン」の対象地としてベトナム，タイが選択され，その分工場としてカンボジアが選ばれたのである。

両社が，「ドラゴンキング経済特区」を選択した理由は，同区が国境から80kmでベトナムに接し，簡単な通関手続きで人とモノの交流が可能だからである。技術者の出入り，原料の搬入，完成品の搬出は，いずれもベトナム南部最大の港であるホーチミン港を利用して容易に行うことができる。こうして，ベトナムより3割程度安いカンボジアの人件費の利点を活用することが可能となるのである。NS社は，人手が必要な表面処理の加工を，T社は，勤勉な女子低賃金を活用できる縫製過程をここに移転させたのである。

2.4.2　繊維・雑貨企業のスバイリエン地区進出

次にカンボジア東南部のスバイリエン地区の「タイセン経済特区」，「マンハッタン経済特区」を見てみよう。

2012年2月に「タイセン経済特区」で稼働を開始した手袋を生産するスワニーの場合には，中国の労賃高騰で次の投資先を探したが，その際東南アジア各国の中でカンボジアの「タイセン経済特区」を選択した理由は，ホーチミン港を利用すれば簡単に原材料を搬入でき，完成品を搬出できるその「リードタイムの短さ」（牛山2012，p.103）が決め手だったという。レジ袋を生産するモロフジは，2011年7月に「マンハッタン経済特区」で生産を開始したが，同経済特区を選択した理由は，「陸路で国境を超えればホーチミン近郊の港湾から製品を輸送できるというベトナム国境近くが最適」（同上書，p.105）との判断で「マンハッタン経済特区」を選択したという。いずれもホーチミン港までの地理的近さが入居選択の決め手となったと述べている。「ドラゴンキング経済特区」入居の2社も同じで，進出理由にホーチミン港までの近さを挙げていた。「タイセン経済特区」には，先に挙げたスワニーを含めて23社（日系11社，他12社）が入居しているが，日系で見るとスワニーのほかに紳士服縫製のドーコ，手袋のヨークス，縫製の中山商事，ロンチェクター，トーワなどが入居している（「カンボジア経済特区（SEZ）マップ」2014年3月）。いずれにせよ繊維，縫製関係が大半である。また「マンハッタン経済特区」には，先に挙げたモロフジ以外に30社ほど入居しているが，ここには台湾・香港・中国系の繊維・アパレル関連企業が多数進出している（同上）。つまりは，スバイリエン地区の3つの経済特区は，ベトナム経済圏の一翼に包摂される形でその周辺部分を構成し始めているのである。

もっともそうとばかりいえない動きもある。たとえば時計バンドやメガネフレームを生産するNS社の場合には，本社機能<デザイン・営業>は日本に残しながら，作りの部分はベトナムとカンボジアに生産移管し，ここで製品の「ユニット化」を行い，完成品をホーチミン経由で日本に送り出す方策を推し進めている。そうなると，ベトナムとカンボジアの両工場で製品一貫生産体制ができるということになる（『アジア・マーケット・レビュー』2015年1月15日，pp.32-33）。こうしたことが進行すると，ベトナム・カンボジアへの技術蓄積が進む可能性も出てくることが想定される。

2.5 「プノンペン経済特区」（第3類型）

2.5.1 「プノンペン経済特区」の概況

2006年に開設されたプノンペン経済特区は，カンボジアの中では最も長い歴史と実績を持つ経済特区である。ゲートを入るとすぐ入り口に管理事務所があり，その奥にはメインストリートに沿って奥に進むにつれて第1期から第3期までの工事が進行し，工場が並んでいる。ここには日本以外に台湾，マレーシアなど合計66社が入居しているが，本章では自動車部品関連企業を中心に見てみよう。

まずは，デンソーである。経済特区のゲートの入り口の左側にはデンソーカンボジアの第2工場用の敷地が建設を待って広がっている。同社は2013年3

月に設立され，同年7月に生産を開始した。まだ2年とたってはいない。デンソー ASEAN センター（DIAS）の100%出資企業である。資本金は1,000万ドルでスタートしたが2013年5月に1,900万ドルに増資した。現在（2015年2月）の従業員は85名で，生産品は二輪車用のマグネットセンサー，ディーゼル車用のディーゼルフィルターレベルスイッチ，窓ガラス洗浄用のウオッシャーホースの3品である。

立ち上げ時点ではマグネットセンサーだけだったが，1年後の2014年6月にはディーゼルフィルターレベルスイッチを，さらに2015年の1月にはウオッシャーホースの組立を実施した。3製品ともに部品の全量をタイから持ち込み，カンボジア工場で組み立てた後再び全量タイへ戻す，つまりはデンソータイ工場の分工場的機能を果たしている。タイからの部品はコンテナで陸送されてくるが，通関手続きを含めて2日を要する。この工場には日本人駐在員は一人もいない。2名のタイ人と残りはカンボジア人で工場を運営している。

マグネットセンサー，ディーゼルフィルターのレベルスイッチ，窓ガラス洗浄用のウオッシャーホースの3品は，いずれもタイ工場の労働集約的工程をカンボジアに移したもので，タイから供給される部品を組み立て，ハンダ付け，検査までの工程を担当してタイに戻す，工程間国際分業そのものである。2015年8月現在プノンペン経済特区の入り口正面入って左側に第2工場を準備中であり，これが完成すれば，現在の借工場から移転しマグネットセンサー，ディーゼルフィルターレベルスイッチ，ウオッシャーホースのタイからの部品を生産移管してカンボジアでの現調率を高めていく計画である。

同じ工場の一部にG. S. ELECTECHカンボジアの工場が同居している。同社は2012年11月に設立された。G. S. エレクテックの100%出資企業である。現在（2015年2月）の従業員は70名で，生産品はタイG. S. ELECTECHに供給する燃料関連ワイヤーとベトナムでスズキが生産している150ccの二輪車用のワイヤーハーネスのリードワイヤーを生産している。電線に付属品を組み込んでコネクターに挿入し，これに端子を装着して完成であるが，部品は，日本，台湾，インドネシア，タイなどから供給される。30人で1直体制で生産を実施している。タイの分工場的機能を持ちながらもベトナムはハノイのデンソーマニュファクチャリングベトナムに2週間に1度の割合で40フィートコンテナでベトナムへ搬送している。なお，日本人駐在員は2名でGM以外に経理担当のマネージャーが常駐している。G. S. ELECTECHの事例は，プノンペン経済特区は，一方でタイの分工場的機能を果たすと同時に，他方でベトナムの分工場的機能も果たしていることを示している。現在（2015年8月）では「AEC2018」といった経済共同体の動きがあり，国をまたぐ物流・関税がどうなってくるのか，関心を持ってみている」（『FOURINアジア自動車調査月報』107号，2015年11月，p.17）という。

MSカンボジアの日本本社は，主に自動車部品加工のロールフォーミングを行ってトヨタに納入している。2011年の東日本大震災以降トヨタより分工場の設立を要請されたのが直接のきっかけでカンボジア工場の建設に着手した。それ以前から中国で海外事業を展開してきた。バブル崩壊後の1995年に天津に工場を建設しさらには2000年に上海に工場を建設したが，2004年ころにコピー製品が横行したため，上海工場を閉めて天津に機能を集中した。2009年には中国での人件費が向上したためベトナムへ進出した。ここは賃貸工場であった。その後2011年問題との関連でカンボジア，ミャンマー，インドネシアで工場を探したが，カンボジア以外では適当な工場が見つらなかった。2012年に土地を購入し，2013年9月に工場を操業させた。カンボジア工場では，主に建築資材であるフレーチング（ステンレスのどぶ板），ルーフドレイン（樋のごみ取り）などを生産し，自動車部品としては車のエンブレムを仕上げている。

もう1社事例を挙げよう。それは，栃木県に本社を持つNKカンボジア工場である。エンジン部品のギア，シフトの熱処理用バスケット＜治具＞を作る鋳造品を生産している。2012年に設立，2013年11月完成，2014年2月に量産スタートした。現在の雇用者は56名，間接要員6名，直接要員50名。全量日本へ戻す。多品種少量生産なので受注後に生産に入る。これまでは中国に外注してきたが，納期の関係で現地生産が必要となり，カンボジアを選択して生産を開始した。カンボジアでのパイオニアをめざす。

2.5.2　タイとベトナムの双方向に向く「プノンペン経済特区」

他の経済特区と異なる「プノンペン経済特区」の特徴は，首都に近接し，政府機関との連携がとりやすく，国際空港を有し，かつ人材が首都に集中しているがゆえに，相対的に優秀な人材が確保しやすいといった利点があることである。こうした優位な点を反映し，「プノンペン経済特区」には，他の経済特区と比較にならない66社という多数の企業が入居している。第2節2.5.1では，主に日系の自動車関連企業を紹介したが，ここではやや視点を広げて入居企業の実態を見ておこう。1つは企業の国籍を見たときに日本が圧倒的であるが(43件)，台湾，マレーシア，シンガポールなど15ヵ国に及ぶ。2つに，進出企業の業種をみると雑貨業が圧倒的だが（28件），衣料，食糧，化学，製造業（輸送機器，電機，機械）など，多岐にわたることである。中小企業が多いが，それでも小型モーターを生産しているミネビアは6,600余名の従業員を擁しているし，住友電装は1,400名の従業員をもって操業している（『西日本新聞』2013年11月29日)。3つには，この経済特区に入居している企業は，タイとベトナムの双方向に向いていることである。換言すれば，タイとベトナムからのサプライチェーンの末端にカンボジアの工場が位置付けられているという点である。第2節2.5.1で挙げたG. S. ELECTECHカンボジアの例は，その1つだが，多くの企業は，材料の搬入先と製品の搬出先をタイのレムチャバン港とベトナムのホーチミン港に依存しているのである。その意味では，第3類型の「プノンペン経済特区」は，タイとベトナムの双方向に向いた両国のサプライチェーンの末端に位置しているということができる。

3.「点在型工業拠点」拡張の方向性

第2節で第1類型から第3類型までの経済特区の動向を検討した。第1類型は，当初予定した「タイプラスワン」政策が進行しないままに，「タイプラスタイ周辺」政策が現実に進行し，カンボジアサイドから見れば，国境を越えた労働力のタイへの提供にとどまって，カンボジアの工業化の進行には必ずしも寄与する方向には進展していないことがわかる。また，第2類型で見れば，「ベトナムプラスワン」政策が急速に進展して，カンボジア東南部地域がホーチミン経済圏の一環に包摂されつつあることがわかる。第2類型の典型分析に取り上げたNS社の事例が示すように，サプライチェーンも技術移転もベトナム側の主導で展開されており，カンボジア側の主導性は著しく低いことがわかる。

問題は第3類型の動向いかんであろう。第3類型は，カンボジアの中心にあって首都として行政機構に近接し労働力の確保が容易である利点を有しており，各種の産業が集積されている地域である。経済特区に入居している企業数も他と比較して圧倒的に多い。しかし，第1類型が自動車部品，第2類型が繊維・アパレル・雑貨に集中しているのと比較すると，特定の産業に特化しているわけではなく，分散化している。第3類型がいかに拡張する可能性があるか，その拡張に自動車部品産業がどうかかわるのか，が今後のカンボジアのような「工業化初発段階国」の経済推進を規定する要因となろう。

4. 拠点拡張の方向と自動車部品産業

では，第3類型のプノンペン経済特区の自動車産業は今後拡大をしていく可能性はあるのか。デンソーは，2006年にはデンソー第2工場をプノンペン経済特区に開設する予定であり，現在工事着工中である。さらに2015年以降「10社程度の自動車部品企業の入居が予定されている」（上松裕士電話インタビュー，2015年6月24日）ことを考慮すると，今後同経済特区が拡張されていく可能性は高い。ただし，その拡張の方向性と自動車部品企業の位置という点で見ると，その比重は必ずしも高いものではない。そう考えてみるとカンボジアでは，繊維・雑貨・アパレルといった産業が大きな比重を占める時代がしばらく続くことが予想される。

5.「AEC2018」とカンボジア産業

では，来たるべき「AEC2018」との関連で，カンボジア経済はいかなる影響を受けるであろうか。「工業化初発段階国」での経済自立の推進という課題から見れば，「AEC2018」は決してプラス要因としては働かないことが考えられる。輸入製品がカンボジア市場を席巻してしまい，国内産業がその萌芽のうちに摘み取られる可能性が生まれるからである。自動車・部品産業という点で見れば，完成車メーカーをカンボジアで育成するには困難な条件が多い。関税障壁がなくなればタイからの輸入車がカンボジアに輸入されることは間違いないからである。しかし，部品産業に関しては，タイ政府の政策で一時的にタイとカンボジア周辺のタイ国境側に部品拠点が増加するとしても長期的に見れば，タイプラスワン政策でカンボジアへと部品企業が労働集約的生産拠点を移転させることは間違いあるまい。そして「点在型工業拠点」は外部経済との結合で一定の拡大を遂げるであろうが，それには，相当の時間を要するであろう。

そしてカンボジア経済は，その内的連関性が欠落したままでタイとベトナム両国の経済圏に分断され，南部回廊の整備とともにカンボジアが通過点と化す可能性すら包含されている。反面で南部回廊が整備されることで人流の活性化が生まれ，アンコールワットなどが観光地として，これまで以上に注目される可能性が高い。とまれ現在，カンボジアの産業を支えている農業と米の輸出という点を考えれば，そして米市場が国際市場と結合していることを考えれば，「AEC2018」との連関性は希薄だといわざるをえない。むしろ南部回廊の整備とともに米の輸送コストが削減され，その分国際競争力が増すことが期待されているのである。

しかし「工業化初発段階国」の経済推進という課題にとって，決定的に大きい問題は，カンボジア社会の汚職体質問題であろう。ASEAN 内でも最悪と称されるカンボジアの汚職の広がりは，正常な工業化推進の最大の障害となっている。この点の解決こそが，カンボジア工業化の第一歩といえるかもしれない。さらにまた，2013 年 1 月からカンボジア政府は日本を模して法的体系を整備したが，未だに中央と地方では，そうした法解釈をめぐりトラブルが多発化し，弁護士同伴で企業経営に当たらなければならない状況にある。こうした点の克服も早急に解決されなければならない。

付記：逐一注記はしていないが，2015 年 3 月 11 日　デンソーカンボジアおよび G. S. ELECTECH カンボジア（プノンペン経済特区入居企業），丸三金属カンボジアおよびジェトロ，JICA ヒヤリング調査をベースに調査結果を盛り込んでいる。関連した企業の皆様の協力に感謝したい。また，山田康博（JETRO バンコク所長）黒岩郁雄（日本貿易振興機構アジア経済研究所・バンコク研究センター），初鹿野直美（日本貿易振興機構アジア経済研究所・バンコク研究センター）の諸氏には貴重なコメントをいただいた。また，榎本勇太（自動車評論家），パンジャイ・サスシット（早大院生）の諸氏には資料収集で協力を得た。期して感謝したい。

◆参考文献

『アジア・マーケット・レビュー』1915年1月15日。

石田正美編（2010）『メコン地域　国境経済をみる』アジア経済研究所。

上田広美・岡田知子（2006）『カンボジアを知るための62章』明石書店。

牛山隆一（2012）「CLMにおける日本企業の事業展開」日本経済研究センター編『アジア「新・新興国」CLMの経済』。

大泉啓一郎（2014）「タイ・プラユット暫定政権の経済政策の行方」日本総研『環太平洋ビジネス情報』Vol.14，No.55，2014年11月（http://www.jri.co.jp/report/medium/publication/rim/2014）。

カンボジア開発協議会（2013）『カンボジア投資ガイドブック』。

小林英夫（1992）『東南アジアの日系企業』日本評論社。

田口左信（2012）「カンボジアにおける自動車・自動車部品産業」西村英俊編『アセアンの自動車・同部品産業と地域統合の進展』東アジア・アセアン研究センター。

西口清勝・西澤信善（2014）『メコン地域開発とASEAN共同体』晃洋書房。

日本経済研究センター編（2012）『アジア「新・新興国」 CLMの経済』。

日本経済研究センター（2014）『メコン圏経済の新展開』。

初鹿野直美（2013）「経済成長の歩みとフン・セン政権の四辺形戦略」『アジ研ワールド・トレンド』No.219。

道法清隆（2013）「投資環境整備」『アジ研ワールド・トレンド』No.219。

道法清隆（2014）『カンボジアの経済，貿易，投資環境と進出日系企業について』JETRO。

Baldwin, Richard（2011）“21st Century Regionalism: Filling the Gap between 21st Century Trade and 20th Century Trade Rules”, Center for Economic Policy Research/Policy Insight No.56 May, http//www.cept.org

Caroline Hughes and Kheang Un（edit.）（2011）*Cambodia's Economic Transformation*, Copenhagen.

Kuroiwa, Ikuo（2016）“Thailand-plus-one: a GVC-led development strategy for Cambodia”, Asia Pacific Economic Literature, forthcoming.

The Daily ANN タイ版　2015年3月5日。

第9章　ミャンマーの自動車・自動車産業

高原正樹

はじめに

日本の戦後賠償プロジェクトによって産声をあげたミャンマー自動車産業であるが，軍事政権化で国際的な孤立化を深めるなかで，外資企業による技術協力が停止され，工業省傘下企業による国産車づくりが細々と続けられてきた。軍事政権が開放政策をとるなかで，1998年にはスズキと国営企業との合弁による組立工場も立ち上がったが，外貨不足によって部品輸入は計画したようには認められず，2010年には合弁契約満了をもってプロジェクトも終了を余儀なくされた。

ミャンマー国民は結局，高価格の輸入中古車に依存せざるをえない時期を長く強いられたが，2011年に誕生した民政下，安全面への配慮から古い型式の中古車の買い替えのための輸入を緩和したことを契機として，徐々に規制は緩和されている。2014年にはミャンマーは日本にとって最大の中古車輸出相手国となり，路上には日本ブランドの中古車があふれ，日常的な渋滞が社会問題化している。外国自動車メーカーは，富裕層の新車への買い替え需要を見込み，相次いで新車ショールームを開設している。

一方，外資の自動車製造分野への投資は，中古車輸入規制の緩和，インフラ面での課題，そしてミャンマーに裾野産業が存在しない等の問題から一向に進まない。現在はスズキが独資100%で再進出し，孤軍奮闘しているものの，激増する輸入中古車との厳しい勝負を余儀なくされている。

しかし，最近では日系企業の中に，近隣国の労働集約的な作業を切り出して，ミャンマーで自動車部品製造を行うところが現れたり，また，ティラワ経済特区の工業団地が2015年9月に開業を迎えるにあたって，インフラ面での課題が解消されるとの期待が高まり，日系のラジエーター製造会社やスズキが入居を決定するなど製造分野でも動きが現れ始めた。

ミャンマー政府は，中古車輸入の緩和による自動車保有を望む国民からの支持の拡大と，外資による自動車製造業投資による工業化の両立を狙いたい考えだが，2つの政策はたびたび相反する性格を有するものであり，今後，ミャンマーの自動車政策を構築していくにおいて，総合的な，かつ慎重な議論が要されることになる。

ASEAN経済共同体（AEC）の創設によって，ミャンマーは2018年から域内関税を完全撤廃することになるが，AEC下で，近隣自動車製造国にとっての単なる市場となって終わるのか，それとも自動車製造や近隣自動車製造国のサプライチェーン化による工業化を果たすことができるのかは，工業団地や道路等の各種インフラ整備も当然ながら，ミャンマー政府の政策いかんにかかっているといえよう。

1. 自動車産業の概況

1.1　日本の戦後賠償プロジェクトとしてスタート

ミャンマーの自動車産業は，日本の戦後賠償とともに始まった。1948年にイギリスから独立したミャンマー（当時ビルマ）は，1954年，東南アジアの他国に先駆けていち早く日本と平和条約，賠償・経済協力協定を締結した。日本の他国に対する賠償条件がより優れていたことから，ミャンマーは追加賠償を要求し，1963年には再協定が締結され，日本は1965年から12年間にわたって総額1億4,000万ドルの供与および3,000万ドルの借款を約した。

日本からの賠償によって，ミャンマー東部にバルーチャン水力発電所が造られるとともに，いわゆる「4プロジェクト」と呼ばれる製造工場が建設された。農機具については久保田鉄工（クボタ），家庭電器は松下電器がそれぞれ担当するとともに，自動車分野においては，1962年に日野自動車製3.5トン/6.5トントラックをノックダウン生産するための自動車製造会社（Myanmar

Automobile and Diesel Engine Industries: MADI）が工業省傘下に設立され，バス，トラックなどの大型自動車については日野自動車が，乗用車などの小型自動車は東洋工業（マツダ）が技術供与を行い，商用車を中心に国内生産が始動することとなった。

マツダは1960年代からV型2気筒エンジンのB360（軽四輪トラック）とB600（軽四輪トラック）およびオート三輪のK360/T600をミャンマーに輸出していたが，国内販売終了後の1973年にはMADIはマツダの生産設備の委譲を受け，B360/K360の現地生産に着手した。その後は1988年までMADIでの現地生産が行われていた。

日野自動車は1950年に開発したTH10型ベースのトラックのノックダウン部品を供給し，1962年から1988年までMADIにて商用トラック（TH10型ベース），バスの生産を行った。

この時期，海外生産技術に依拠した大型工場には，自動車のほか，農業機械，電気機器やタイヤ工場などが含まれる。タイヤ工場はチェコスロバキアの設備と技術によって建てられ，乗用車やトラック向けに年間25万個が生産されるに至ったが[1)]，外貨の不足から新技術を取り入れる余裕がなかったこともあり，導入当初からの技術や設備を維持して生産を続ける姿勢がとられ，新たな技術が取り入れられることはなかった。

1988年，全国的な民主化要求デモにより，26年間続いた社会主義政権が崩壊したが，国軍がデモを鎮圧するとともに国家法秩序回復協議会（SLORC）を組織し，政権を掌握。軍事政権が権力支配を行うなかで，ビルマは国際社会において孤立化を深めた。自動車生産に関わる海外との技術提携は終了し，組み立て生産用部品の輸入も停止され，MADIにおける海外企業の技術供与による自動車製造は中止に追い込まれた。

1990年には総選挙が実施され，アウン・サン・スー・チー女史率いる国民民主連盟（NLD）が圧勝したものの，政府は民政移管のためには堅固な憲法が必要であるとして，政権移譲を行わなかった。軍事政権下，海外企業からの技術供与は途絶えながらも，MADIは工場数を拡大し，独自に乗用車，ピック

1） 2012年6月21日，ヤンゴン市内で開催された“New Myanmar Investment Summit”におけるTin Tin Htoo, Deputy Director, Ministry of Industryの講演資料より。

アップトラック，SUV，電気自動車，建設機械，20トントラック等の製造を行った。MADI以外の自動車製造は，ミャンマー工業省との合弁もしくはミャンマー民間資本のみが認可された。

1.2　スズキ，外資として初の組立工場立ち上げ

軍事政権は，開放政策の一環として自動車製造での外資との合弁・技術提携を促進した。ミャンマー政府は特にスズキ（静岡県浜松市）がインドをはじめとするアジア各国の自動車産業発展のために努力している点を高く評価し，スズキに協力を依頼し，スズキは第2工業省傘下工場の技術レベルや機械設備の調査や，ミャンマー重工業公社（MHT）の技術者の日本国内工場への招聘等を経て，1998年11月にMADIとの合弁でMyanmar Suzuki Motor1 Co., Ltd.を立ち上げた（表9.1）。出資者は4者（スズキ60%，トーメン（当時）5%，SPA（タイ・スズキの四輪車をミャンマー国内で販売）5%，MADI 30%）。

スズキは四輪車・二輪車を並行生産・販売し，第1段階ではSKD生産形態として，四輪車は日本，インドネシア，ベトナムから，二輪車はタイからの部品供給を受けて組み立て生産を開始した（製造車種：二輪車－ヴィヴァ，四輪車－ワゴンR（1,000cc），キャリイ（1,000cc））。

しかし，ミャンマー政府の製造企業に対する部品輸入のための外貨割当は厳しく，2010年にMADIとの合弁契約期間満了によって会社を清算するまで，

表9.1　Myanmar Suzuki Motor Co., Ltd.の概要（設立当時）

会社名称	Myanmar Suzuki Motor Co., Ltd.
会社設立日	1998年11月16日
事業形態	日本・ミャンマー合弁
資本金	100万ドル（当初）
出資比率	日本側：スズキ60%，トーメン（当時）5%，SPA 5% ミャンマー側：MADI30%
出資内容	日本側：現金 ミャンマー：現物（土地）
事業内容	四輪（ピックアップトラックおよびワゴン），二輪の製造，販売
事業規模	初年度SKD各モデル200台，2年目からCKD
工場立地	ヤンゴン市内サウスダゴン工業団地
工場敷地	1,900 m^2
操業開始	1999年1月

出所：“Myanmar Focus” 1999年8月号。

部品輸入申請に対する認可率は50％未満にとどまり，10年余の合弁事業を通じての累計生産台数は四輪車約6,000台，二輪車約11,000台と生産台数の大幅拡大は適わなかった。

一方，軍事政権は市場開放を進めるなかで，完成車の輸入を一部自由化し，1990年代半ばには自動車輸入（主として日本からの中古車）が急増した。しかし，ミャンマー政府は完成車輸入を政府の支配下に置くべく，1999年4月以降はTC（Trade Policy Council）の許可を得た完成車以外の輸入を禁止した。同時に完成車の独占輸入販売権は国営系企業に付与され，非常な高価格での輸入完成車販売を行ったため，自動車は広く普及することはなかった。

2. 自動車産業の現況

現在，ミャンマーではスズキが独資100％で再進出し，ピックアップトラックおよび乗用車生産を手がける以外には，工業省傘下の国営工場で自国ブランドやTATA（インド），福田汽車（中国）ブランドでの非常に少数の自動車生産が行われているのみである。ミャンマーでは裾野産業が発達していないことから，原材料調達が難しく，自動車生産は100％部品輸入による組立生産に頼らざるをえない。

ミャンマー企業としては，Super Seven Stars社が2010年に初めて地場企業として自動車組立工場を立ち上げ，福田汽車（中国）の技術供与を受けて軽トラック生産を開始したものの，生産は低調で2015年に生産は停止している。そのほか，ミャンマー企業の中には中国や韓国から部品を輸入して小規模な組立を行う事例も多数見られたが，中古完成車輸入の大幅緩和によって組立事業の停止を余儀なくされた。いまではSuper Seven Stars社を含め，多くの小規模自動車組立事業者が中古車・新車輸入ディーラーに転換している。

2.1 国営工場の生産台数は急減

国営自動車製造会社であるMADIは2011年1月，農業機械を生産する同じ工業省傘下のMyanmar Agricultural and Manufacturing Industriesと合併し，No.1 General Heavy Industries Enterpriseへと再組織された。その後，2012

年4月にはNo.1 Heavy Industries Enterpriseへと改名している。

現在，No.1 Heavy Industries Enterpriseは傘下に3つ（ヤンゴン，トンボ，マグウェイ）の自動車工場を有し，非常に少量の自動車生産を行っている。

No.1 Heavy Industries Enterpriseから入手した資料によれば，2007年度以降，2010年度に開始した中国の奇端汽車（Cherry）の技術供与を受けたQQ3モデル生産が順調に伸び，2011年度には3工場合わせて1,930台を生産するに

表9.2　No.1 Heavy Industries Enterpriseの自動車生産台数（2007～2014年度）

No.（11）工場（ヤンゴン）	2007年度	2008年度	2009年度	2010年度	2011年度	2012年度	2013年度	2014年度	計
6.5 Ton Diesel Truck（4x2, 4x4）	271	153	119	50	8	-	-	-	601
6.5 Ton（Fire Fighting/ Oil Tanker/ Water Bowser）	38	37	91	33	6	1	5	-	211
Myanmar-Mini	-	-	-	30	962	1,128	2	-	2,122
Estate Wagon（EW-1, EW-2）	-	-	98	100	15	-	-	-	213
Myanmar Station Wagon（II, III）	-	-	140	-	-	10	-	-	150
Myanmar Electric Vehicle	-	-	21	39	10	-	-	-	70
Myanmar Royal Lounge	-	-	-	100	-	5	-	-	105
Bus	-	-	-	-	5	1	59	-	65
25 Ton（Truck, Tractor, Dump Truck）	-	-	-	6	2	9	-	14	31
25 Ton（Fire Fighting/ Oil Tanker/ Water Bowser）	-	-	-	9	5	11	2	7	34
Mobile Vocational Training Unit（Unattached Cargo Truck）	-	-	-	-	-	-	-	2	2
計	309	190	469	367	1013	1165	68	23	3604

No.（12）工場（トンボ）	2007年度	2008年度	2009年度	2010年度	2011年度	2012年度	2013年度	2014年度	計
Myanmar Double Cab/Myanmar Single Cab	-	134	750	825	727	385	268	-	3,089
Sport Utility Vehicle	-	-	-	101	80	-	1	-	182
Myanmar Station Wagon	100	121	33	244	45	-	-	-	543
X-2000（1/2 Ton, 1/4 Ton）	292	73	5	-	-	-	-	-	370
(1/4) Ton（S, Van）Suzuki	-	509	-	-	-	-	-	-	509
計	392	837	788	1,170	852	385	269	0	4,693

No.（13）Heavy Industry（マグウェイ）	2007年度	2008年度	2009年度	2010年度	2011年度	2012年度	2013年度	2014年度	計
21 Ton（6x2, 6x4）Truck	-	-	-	6	45	32	-	14	97
Foton Light Truck	-	-	-	-	-	-	-	200	200
29 Seater Bus	-	-	-	50	20	30	10	-	110
Myanmar Station Wagon II	-	-	80	-	-	-	-	-	80
25 Ton Dump Truck	-	-	-	-	-	18	18	7	43
計	-	-	80	56	65	80	28	221	530

注：各年度は4月～3月。
出所：No.1 Heavy Industries Enterprise

いたった。しかし，2012年度で同モデルの本格生産は停止され，また，2012年からの大幅な中古車輸入規制緩和のあおりを受けて，2013年度には計365台，2014年度には計244台と，生産台数は急減している。

2010年からは，マグウェイのNo.(13)工場でTATAの技術協力を得てトラックの生産を開始し，年間1,000台の生産を予定したものの，実際の生産台数は毎年数十台にとどまっている。同じNo.(13)工場で2014年度から福田汽車の協力を得て生産を開始した軽トラックは，同年度に200台が生産され，2014年度の3工場での総生産台数（244台）の82%を占めた。

2.2 日本からの中古車輸入が激増

ミャンマー政府が外貨準備不足から厳しい完成車輸入規制を継続したことで，車両価格は長期にわたり異常に高いまま推移した（たとえば，2010年で，10年落ちのクラウンが20万ドル，新車のランドクルーザーが40万ドル）。2008年以降，商用車の輸入は一部自由化されたものの，乗用車，SUV，MPV，ミニバス，ワゴン車に対しては依然として輸入許可証の発行を規制した。

2011年9月からは，政府は古い車両の所有者が3,500ドル以下で1995～2002年の中古車に買い替える場合，「廃車証明書」と引き換えに輸入許可証を出すことを発表した。廃車用に交換された車は，道路輸送当局に車両登録証と一緒に渡され，その後，所有者は車の輸入許可証を与えられる。以降，段階的に輸入許可証の発行が緩和されてきている[2)]。

ミャンマーへの中古車の輸入を大きく加速化させたのが2012年5月の規制緩和である。購入許可証が撤廃され，ミャンマー国民であれば1人1台までほぼ自由に中古車を購入することが可能となった。ミャンマー国民は日本車を好んで購入する傾向があり，路上を走行する自動車のほとんどが日本車で，自動車は右側通行であるが右ハンドル車が改造されることなく，そのまま利用されている。2010年に日本のミャンマーへの自動車輸出台数（新車も含む）が乗用車4,535台，トラック2,916台にすぎなかったのが2014年には乗用車10万2,212台，トラック5万7,000台に激増し，2014年には日本にとってミャンマー

2) 一般財団法人日本自動車研究所『ミャンマー連邦共和国における自動車登録・検査インフラの整備に係る実現可能性調査』（2014年3月）。

図9.1　日本の対ミャンマー自動車輸出台数

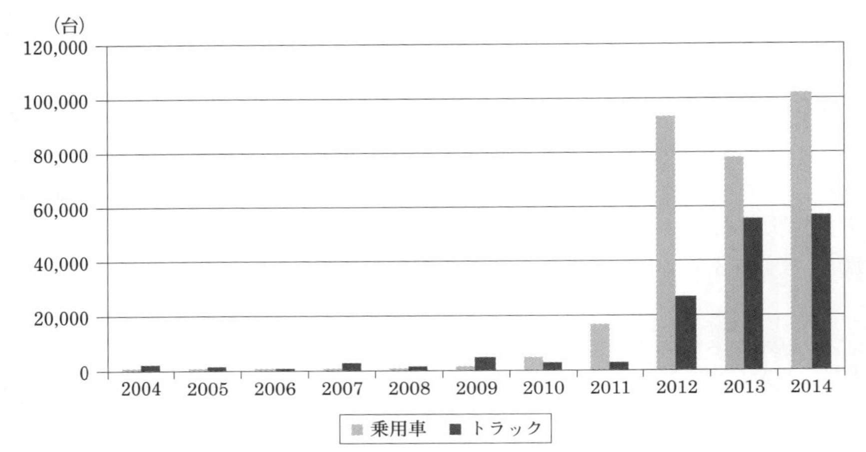

出所：日本税関。

は初めて最大の中古車輸出相手国となった（図9.1）[3)]。

ミャンマー国内の登録乗用車台数も急激に増加しており，2010年度（4月～3月）に27万9,000台だったのが，2013年度には43万4,000台にまで達している。[4)]

2.3　外国メーカーは新車市場の獲得狙う

ミャンマーでは，外資企業による中古車・新車の輸入が禁止されてきた。ただし，地場企業との合弁に限り，販売後のアフターサービスを提供することは認められてきた。

豊田通商は1996年3月にミャンマー市場におけるトヨタ自動車販売の総代理店となってきたAye & SonsとともにT.T.A.S.（Toyota Tsusho Aye & Sons Co., Ltd.）を立ち上げ（豊田通商75%，Aye & Sons社長のU Aye Zaw氏25%出資），ミャンマー唯一のメーカー系サービスショップとして，中古車向けのスペアパーツの販売や車両整備などを手掛けてきた。ただし，T.T.A.S.は外資企

3)　日本中古車輸出業協同組合（JUMVEA）の統計によれば，2014年の日本からミャンマー向けの中古車輸出台数は16万437台で，ミャンマーが最大の中古車輸出相手国であった（2位のロシア向けは12万8,312台）。

4)　ミャンマー中央統計局 “Selected Monthly Economic Indicators” 各月号。

表 9.3　ミャンマーの完成車輸入制度の緩和経緯

2011 年 9 月 19 日	登録から 20 〜 40 年の中古車をスクラップした自動車保有者に対し，1996 〜 2007 年販売モデルの中古車輸入を許可。ただし，FOB 価格は 5,000 ドル以下
2011 年 9 月 29 日	ミャンマーの銀行に 10 万ドルの預金のある会社（ミャンマー 100%資本）に対して，自動車販売センターの開設，1 回の輸入につき 50 台まで輸入を許可。車齢は 2007 年以上
2011 年 11 月 29 日	外貨を稼ぎ，ミャンマーに口座を持つ会社（ミャンマー 100%資本）に対して，完成車輸入を許可。輸出－輸入グループ，ホテルとツアー会社，船員，海外出稼ぎ労働者，政府関連研究者，大使館職員，企業家に対して割り当てにより許可
2012 年 2 月 24 日	すべての市民に対して，3 トン以上の左ハンドル商用車および 15 人以上のバス輸入を許可
2012 年 4 月 2 日	自動車輸入登録税を，一律 100%からエンジン排気量により 50 〜 120%に変更。商用車，トラック・バスは 5%
2012 年 5 月 7 日	ミャンマーの銀行で外貨口座を持つ市民に対して，2007 〜 2012 年モデルの中古車輸入を許可
2012 年 6 月 1 日	ミャンマーの銀行で外貨口座を持つ市民に対して，3 トン以下の商用車輸入を許可
2012 年 7 月 1 日	ミャンマーの銀行で外貨口座を持つ市民に対して，2000cc 以下のタクシー輸入を許可：輸入関税 3%，商業税 25%，輸入登録税 0% = 合計 28%

出所：Myanmar Engineering Society，山本（2013）。

業にあたることから自動車の輸入販売が認められず，T.T.A.S. の敷地内にショールームを有するミャンマー資本 100%の Aye & Sons Ltd. がトヨタ車の輸入販売を行ってきた経緯がある。

しかし，ミャンマー政府の自動車輸入規制の緩和を受けて新車の輸入規制が緩和され（表 9.3），2013 年末に新車のショールーム販売が認められたこと，また，今後，富裕層による中古車から新車への買い替え需要が見込まれることから，外国自動車メーカーによって，提携先ミャンマー企業による新車ショールーム，また合弁での併設サービスセンターの開設が相次いでいる。

2013 年 5 月の三菱自動車による新車ショールーム開設以降，日産，マツダ，トヨタ，フォード，メルセデスベンツ，ジャガー／ランドローバー，シボレー，BMW，現代，起亜等が続々とショールームの開設を手掛け，なかにはアジア最大のショールームをヤンゴンに設置する自動車メーカーも現れた。高関税措置によって新車の価格は依然として非常に高く（トヨタカムリ：約 12 万ドルなど），外資系企業等の需要を除き，ミャンマー顧客は富裕層に絞られざるをえないものの，各メーカーは新車市場獲得のためにしのぎを削っている。

また，ミャンマー商業省は 2015 年 3 月に外資の新車輸入販売に関する新たな通達（20/2015）を発表し，①ミャンマー地元企業との合弁，②暦年で300台までの輸入，③10万ドルの預託金などを条件として外資による新車輸入販売を認めることとした。ミャンマーでは2002年以降，外国企業（1%でも外国資本が入ったミャンマー会社は外国企業として扱われる）による貿易業が認められなかったが，これが条件付きながらも可能となった。ミャンマーで新車販売を手がけたい日系企業は，「画期的な通達」としてこれを評価し，新車輸入・販売のための合弁会社設立に向けた動きを進め始めている[5)]。

ただ，現状，年間販売台数に制限があり，また新車販売は左ハンドル車しか認められていないことから，さらなる規制緩和を求めるとともに，合弁形態では品質保証や納期コントロールに問題があることから，早期に外資100%による輸入・販売認可を獲得したい方針である。

3. 主要企業分析

3.1　独資100%で再進出を果たしたスズキ

スズキは2010年にMADIとの合弁契約終了後，独資100%での会社設立による製造再開を模索してきた。2013年1月に外国企業として初めて独資での自動車製造販売会社設立が認可され，同年5月からは旧会社の工場設備を利用し，キャリイ（ピックアップトラック）の製造を開始している。販売価格を中古車と勝負できる価格帯に抑えたうえで，1年2万マイルのメーカー保証を付け，輸入中古車との差別化を図る。しかし，現地生産車がMT車であるのに対し，日本製中古車はAT車を含めて装備の選択肢も多く，新車販売には苦慮するものの，生産能力と同様の年間1,800台の販売をめざしている（表9.4）。

スズキは現在の工場に加え，2015年9月に開業したヤンゴン南東部のティラワ経済特区への進出を決定した。約20haの土地を確保し，2017年の稼動をめざす。現在製造するトラックの中古車両の輸入関税率が低く，国内市場での厳しい競争を余儀なくされていることから，新工場では乗用車（エルティガ）生産を手掛ける予定である。安価な小型車製造に強みを持つスズキは，これまでインドなど新興国にいち早く進出することで，市場獲得を果たしてきたが，

5）　日本貿易振興機構（ジェトロ）『通商弘報』（2015年5月20日）。

表 9.4　Suzuki（Myanmar）Motor Co., Ltd の会社概要

所在地	ミャンマー連邦共和国ヤンゴン市
設立認可取得日	2013 年 1 月 31 日
生産開始	2013 年 5 月
資本金	700 万ドル（スズキ出資比率 100%）
四輪生産車種	キャリイ（ピックアップトラック）（左ハンドル，1.0ℓ GE 搭載），エルティガ
生産開始月	2013 年 5 月
生産能力	1,800 台／月
部品調達先	日本，ベトナム

ミャンマーにおいても同様の戦略を推し進めている[6)]。

また，スズキのほか，インドの TATA は 2010 年 3 月，インド政府から 20 億ドルのローン供与を受け，ミャンマー中央部のマグウェイで大型トラックを製造するための合弁契約を MADI と締結した。年間 1,000 台の生産から開始し，5,000 台／年の生産能力を持つ予定だったが，2014 年度の生産台数はたった 14 台にとどまり，生産を開始した 2010 年度から 2014 年度までの 5 年間の累計生産台数が 100 台程度と，生産は非常に低調である。

TATA は同時に地場の Apex Greatest Industrial Co., Ltd. と 3S 店（新車販売とアフターサービス，部品販売の 3 つの機能を備える店舗）の店舗展開のためのディーラーシップ契約を締結し，2013 年 4 月にはヤンゴン市内に初の 3S 店舗を開店[7)]，外資によるミャンマーでの 3S 店展開の先駆けとなった。

外国企業としては，スズキ，TATA 以外にも，日産自動車はマレーシアで日産車の組立・販売を手がけるタンチョン・グループに委託する形で，2016 年中に小型車「サニー」の生産を開始する意向を表明しており，2013 年 8 月には投資認可も取得した。ヤンゴンから北へ約 70km 離れたバゴー管区に約 32ha の土地を取得し，ミャンマー最大の自動車工場建設を予定している。

ミャンマーでは中古車輸入規制が大幅に緩和され，販売価格も大幅に低下したことにより，外国企業にとって，国内での新車製造のインセンティブは低下している。現状，スズキ，TATA 以外にはミャンマーで自動車製造を手掛ける外国企業はなく，後続企業による投資に期待したいところである。

6）日本経済新聞電子版（2015 年 4 月 4 日）。
7）www.tatamotors.com.mm

3.2　インドネシア工場のサプライチェーン化図るアスモ

ミャンマーの自動車部品分野において製造を行う唯一の外国企業が日系のアスモ（静岡県湖西市）である（表9.5）。デンソー子会社で自動車用小型モーターのアスモは，子会社のアスモインドネシアとの共同出資で新会社を設立し，2014年1月から自動車用小型モーターの関連部品の製造を開始した。ヤンゴン市内にレンタル工場を確保し，インドネシア工場の生産設備を移管する。主に手作業の組み立てを手がけ，2015年には売上高3億4,000万円をめざす。当面はインドネシア工場の生産を補完する役割だが，ミャンマーでの自動車生産の拡大を見越して拠点を確保する。生産の拡大に合わせ，自社工場の建設も予定する[8)]。

表9.5　ASMO Myanmarの会社概要

会社設立	2013年9月
操業開始	2014年1月
所在地	ミャンマー連邦共和国ヤンゴン市
資本金	200万米ドル
出資比率	アスモ50%，AINE50%
投資額	100万米ドル
生産品	自動車用小型モーターの関連部品
売上規模	3.4億円（2015年予定）
従業員	195人（2015年予定）

また，2013年より，豊田合成は，タイで生産するトヨタ車向けにミャンマーでのエアバッグ縫製事業に乗り出した。生産は豊田通商と長年の関係があるミャンマー縫製大手のUMH社が担い，毎月3万5,000～4万ユニットを製造し，タイ向けに輸出している。

3.3　自動車部品分野は外資のCMP制度利用に期待

自動車用小型モーターの関連部品を製造するアスモも豊田合成によるエアバッグ製造も，いずれもミャンマー特有の委託加工制度（CMP制度）をうまく活用した事例である（CMPは加工にかかわるCutting, Making and Packingの略）。CMPは，自ら製造，もしくは協力企業に製造を委託し，対価はオーダー元か

8)　日本経済新聞電子版（2013年10月2日）。

ら受け取る委託加工費（CMP Charge）となり，商品を製造して利益を得る形態とは異なる。CMP制度を利用する企業として登録することで，原材料の輸入免税が享受可能という恩典を得ることができることが大きい（原則，完成品は100％輸出）。外国企業は自社工場を有する場合でも，自社工場とCMPによる契約を締結し，自社手配で原材料（生地／副資材）を輸出し，ミャンマー側では免税で輸入を行う。また，日本向けに輸出する場合には，ミャンマー製品には特恵関税が適用されるというメリットもある。

同制度は，ミャンマーの安価な労働賃金に着目した労働集約的産業，特に縫製業分野で長らく利用されてきたが，縫製品以外にも，医療用針工場（日系），デジカメのレンズ工場（台湾系）など付加価値の高い分野での活用も目立ってきており，今後はアスモや豊田合成のように，ASEAN内に有する自動車製造工場から労働集約的な作業を切り出し，ミャンマーの安価な賃金を活用して部部品加工を行うような事例が進むことも見込まれる。

4. 自動車産業の将来

4.1 ティラワ経済特別区の開発に期待

ミャンマーが結果的に外国自動車企業の製造部門投資を阻んできたのは，前述の中古車輸入の大幅緩和に見られるような自動車政策だけによるものではない。ミャンマーでは製造業にとって不可欠なインフラに関わる課題が多いことから，総じて外国企業の製造業投資は低調である。ミャンマー日本商工会議所（JCCM）会員企業数は301社（2016年4月末現在）にのぼるが，その中でもミャンマーで実際に製造業に携わるのは20社程度にすぎない。

ミャンマーは労働コストが安価であり，また，労働者も真面目で勤勉であるなど，人材に対する評価は非常に高いものの，①電気不足および電気の質の悪さ，②進出先となるべき適切な工業団地の不足，といったインフラ上の課題が長らく本格的な製造業投資を阻んできた。

しかしながら，ヤンゴン市から南東約20kmに立地するティラワ経済特区が日本・ミャンマー両政府の協力によって開発され，日系商社等による工業団地の造成，円借款を活用したガス火力発電所建設が進むなど，本格的な製造業投資を阻むインフラ上の課題は解決されつつある。同経済特別区は2015年9月に開業し，外国企業の入居交渉は順調に進んでいる。これまでミャンマーへの製造業投資の主流となってきた労働集約的な縫製業は同経済特別区では逆に少数派となり，食品，電気機器，包装材など，過去ミャンマーでは見られなかった高付加価値分野の製造業が主流となりつつある。

自動車関連ではスズキの第2工場のほか，中国，インドネシアでラジエーター製造を手がける江洋ラヂエーター（愛知県名古屋市）が進出し，2015年9月に開業した（製品は全量輸出）。ミャンマーの自動車・部品製造企業を迎え入れるインフラ面での整備は進みつつあるといえる。

4.2 2018年域内関税撤廃を睨み，整備進む

ミャンマー政府の自動車政策の問題による国内市場を睨んだ製造業投資が困難としても，インフラ上の課題が解決されつつあることで，前述のアスモや豊田合成の例に見られるような，近隣他国の製造拠点から特に労働集約的な製造部門を切り出し，ミャンマーに移管することでサプライチェーン化を図る動きが生じることは十分に期待できる。先進ASEAN各国の製造業が賃金上昇圧力に悩まされるなかで，ミャンマーの安価な労働力は引き続き大きな魅力である。

2015年末のAEC創設によって，ミャンマーは2018年までに域内関税の完全撤廃を求められることになる。裾野産業が未発達であることから，自動車生産は，部品の100%を輸入に依存する組立生産とならざるをえないが，2018年以降は完成車の関税が大きく低減されることが予見され，組立生産の関税面でのメリットが大きく低下することになる。また，現状の中古車輸入政策が維持されるのであれば，量産を期待することは難しく，外資による組立製造分野への新規進出は限定的になろう。一方，タイに集積する自動車製造企業にとっては，タイ国境付近に工場を構えることで，タイの安定的な電力を使用し，ミャンマーの安価な労働力を活用できるのであれば，労働集約的な製造・加工業を行うタイ工場の分工場を設置することで，AECのメリットの享受が十分に可能と考えられる。

AEC後の動きを見込んでか，タイ国境近くのミヤワディでは，ミャンマー

企業が中心となって工業団地整備が進んでいる。肝心のタイ・ミャンマー間の陸路交通についても，これまで物流のボトルネックとなっていたミャンマー側のダウナ山麓－コーカレー間を迂回する新道路が2016年6月に開通し，今後は陸路物流の活発化が期待されるなど，ミャンマー側も2018年を見据えて着々と準備を進めている。

また，タイに集積する自動車関連企業にとっては，バンコクから西方約300kmに位置し，インド洋に面したミャンマーのダウェー（経済特区として指定済み）も大きな魅力である。タイ国境からダウェーまでの道路が整備され，また工業団地や深海港が開発されることで，より安価な労働コストを利用したタイ自動車製造・加工業の進出が期待される。タイの自動車製造企業にとっては，マラッカ海峡の通過が不要となる，西側への輸出ゲートウェイとしての利用が期待される。ダウェー開発については，日本，ミャンマー，タイの3ヵ国で開発協力に関する覚書に署名したところではあるが[9]，プロジェクトはあまりに巨大であり，企業が実際に投資行動を起こすことができるようになるまでには，まだまだ長い時間がかかろう。

おわりに

ミャンマーでは2011年9月以降，中古車の輸入規制が大幅に緩和されたことで，自動車市場の9割は中古車が占めるものと推察される[10]。ミャンマーで自動車を製造する場合，輸入中古車を相手として競争せざるをえない。ミャンマー政府の各車種別の関税評価額見直しによる輸入中古車の販売価格の低下や，製造のための部品輸入時の関税恩典が小さいことから，外国自動車製造企業による生産意欲はまだ小さい。

既述のように，ミャンマーでは工業省系の工場で古い形式の自動車を少量生産している以外には，スズキとTATAが生産を行うのみである。天然ガスと

9） 日本，ミャンマー，タイの3ヵ国は2015年7月4日，ダウェー経済特区の開発協力に関する覚書に署名。日本政府がミャンマー，タイ両政府による特別目的事業体（SPV）に出資し，専門家派遣などを通じて特区の計画づくりを支援することが謳われた。

10） ミャンマー運輸省によれば，2012年度の輸入中古車のメーカー別内訳はトヨタ73%，ホンダ9%，日産7%，三菱3%，スズキ3%，その他5%と，日系メーカーが95%を占めた。

農産品輸出頼みのミャンマーでは，これまで工業化が図られておらず，国内に調達可能な部品もないことから，自動車製造においては，部品を全量輸入する組み立て生産を強いられている。

ミャンマーにおいてこれまで，自動車政策＝自動車輸入政策であり，安全面の問題からの古い形式の車種の買い替え促進を契機とし，国民の自動車保有要望に応える形で輸入規制を緩和してきた。ソーテイン大統領府上級大臣が「自動車とスマートフォンの保有は国民の生活が裕福になった証」[11]と述べるように，与党政権への国民の支持を高めるための政策であり，決してミャンマー国内産業の発展を念頭に置いたうえでの政策ではなかったといえる。

一方，外国自動車企業にとっては，中古車が大量に輸入され，関税評価額の見直しによって販売価格が急速に低下するなかで，国内製造に対して優先的な税恩典やノックダウン用の部品輸入関税に恩典を得ることができず，国内に製造を支える裾野産業が皆無という状況では，製造を目的とした外国企業の投資を誘致することは非常に困難であるといわざるをえない。よって，外国企業の投資に牽引される形での国内裾野産業の発展も期待することは難しい。

政権運営の観点から，中古車輸入の急激な規制は国民の批判を惹起しかねず，慎重にはならざるをえないものの，すでに実施済みの安全面の配慮および渋滞緩和を理由とした新車の輸入に関する左ハンドル規制やヤンゴン市内で自動車購入時の車庫証明提出などを契機として，徐々に中古車輸入を規制していくことにより，外国企業の製造投資が可能となるような土壌を醸成していくことが肝要と思われる。

同様に新車輸入に関しても，AEC域外輸入車に対する高関税の賦課など，製造業投資を促すような施策の実行が不可欠と考えるが，既述のように外国自動車企業各社は，人口約5,150万人の国内市場獲得に重きを置くことで，新車販売を目的としたショールームの開設を加速化させている。輸入中古車と競争するために販売価格の低下，すなわち新車に対する関税の低減が強く希望されていることから，同じ外国自動車メーカーであっても，ミャンマー政府に求める政策は決して一様ではない。ミャンマー政府は，2015年3月には新車輸入を手がける外国自動車メーカーの声に応える格好で，ミャンマー企業との合弁

11） “ASEAN-MYANMAR FORUM”（2015年3月23日）での発言。

での新車輸入に道を開いたこともあり，製造投資を望む外国自動車企業に寄り添う形で政策の舵を急に切り直すことは当面は難しいものと想像される。

しかし，良い兆しとしては，ミャンマー商工会議所連盟（UMFCCI）が中心となり，ミャンマーの中古車輸入業者団体，外国製新車ディーラー団体に外国企業も加えて，ミャンマーの自動車政策を議論する「自動車政策委員会」（Automobile Policy Drafting Taskforce）が2015年5月に立ち上がったことが挙げられる。同委員会では，①中古車・新車輸入，②自動車組み立て，③自動車部品，④政策・規制，⑤安全基準，⑥サポーティング・サービス（アフターセールス，教育含む）の6分野でワーキンググループを設置し，ミャンマーにとって最適な自動車政策を策定して，政府に提言を行う予定である。ミャンマー側は中古車・新車輸入に関わる業界が占めるが，ミャンマーの工業化に視点を置いた，大局的な自動車政策が策定されることを期待したい。

◆参考文献

一般財団法人日本自動車研究所（2014）「ミャンマー連邦共和国における自動車登録・検査インフラの整備に係る実現可能性調査」。

尾高煌之助（2014）「ミャンマー工業化論：序論的考察」PRIMCED Discussion Paper Series No.56，一橋大学経済研究所。

日本弁護士連合会編（1994）『日本の戦後補償』明石書店。

『FOURIN アジア自動車調査月報』97号，2015年1月。

山本肇（2013）「ミャンマー自動車産業の政策と展望〜ラストフロンティアの夜明け」『アジア自動車シンポジウム　黎明期のミャンマー自動車市場』2013年12月。

第10章　ASEAN地場自動車部品サプライヤー育成に向けた課題
――タイ・ベトナム企業アンケート調査の結果から――

植木　靖

はじめに

自動車産業は，2～3万点ともいわれる部品から構成される自動車を効率的に生産するため，完成車メーカーを頂点とするピラミッド型の裾野産業を形成している。裾野産業には，鉄・非鉄やガラス，石油化学などの素材，鋳造・鍛造・プレスなどの素材加工，自動車を制御する電気・電装部品などの生産に関連する産業が含まれている。自動車の電子化・情報化の進展に伴い，近年では電子部品やソフトウェアの重要性が増している。このように関連産業の裾野が広く，経済波及効果が大きいため，開発途上国の工業化戦略において，自動車産業の育成が重視されている。

自動車生産の裾野産業を構成するのは，完成車メーカーと直接取引するTier1サプライヤー，Tier1サプライヤーと取引するTier2サプライヤー，Tier2サプライヤーと取引するTier3サプライヤーといった階層的な取引関係にある企業群である。日本の完成車メーカーは，長期継続的な取引関係にあるサプライヤーと製品開発や原価削減で協力し，競争力を高めてきた（経済産業省2014)。

一方で近年，日本の完成車メーカーは海外生産を加速させている。日本自動車工業会によれば，2007年に日本企業による海外生産台数（1,185万6,942台）が日本国内での生産台数（1,159万6,327台）を逆転した。2014年には，日本国内における自動車生産台数が977万4,665台であるのに対して，日本企業によ

図10.1　原材料・部品の現地調達の難しさ

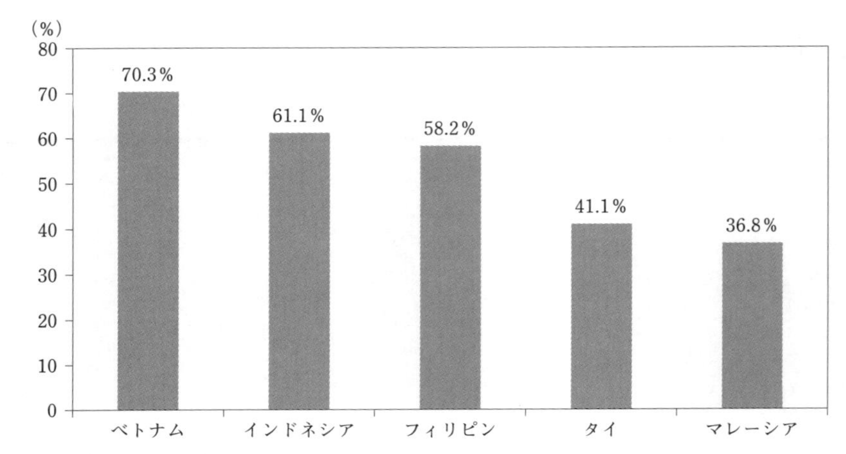

出所：日本貿易振興機構（2014）。

る海外生産台数は1,747万6,219台に達しており，その半分以上の911万2,629台がアジアにおいて生産された。

完成車メーカーによるアジア生産拡大は，海外市場での日本車需要増に低コストでこたえようとするものである。現地での生産コスト削減や自動車産業振興策・自由貿易協定（FTA）活用のためには，完成車メーカーは部品の現地調達率を高める必要がある。ただし，アジア各国で現地調達率を高めていくことは必ずしも容易なことではない。図10.1には自動車産業以外の企業からのデータも含まれるが，裾野産業が未発達なベトナムやインドネシア，フィリピンでは，半数以上の企業が原材料・部品の現地調達に困難を感じている。

そこで以下では，ASEANにおける自動車生産国の自動車部品サプライヤーの現状を概観する。さらに，日本の完成車メーカーのASEAN生産拠点のうち，タイとベトナムにおける自動車関連裾野産業の地場企業を比較する。最後にまとめとして，ASEANにおける地場部品サプライヤー開発の課題を検討する。

1. 裾野産業形成

ASEANにおける自動車関連裾野産業の現状を国際比較可能なデータでまとめることは容易ではない。日本政策投資銀行（2015）がマークラインズから得た情報に基づいて作成したデータによれば，タイに2,180社（うち日系が910社），インドネシアに746社（日系410社），マレーシアに589社（日系156社），フィリピンに319社（日系147社），ベトナムに221社（日系191社）の自動車部品サプライヤーが操業している。このデータから，ASEANで完成車生産の一大拠点となっているタイに続き，インドネシアやマレーシアでも一定規模の自動車部品産業の集積が形成されつつこと，さらには各国の自動車部品産業において日系部品サプライヤーが重要な役割を果たしていることがわかる。

日本の完成車企業の海外生産拡大に伴い，自動車部品企業の海外進出も増えてきた。日本自動車部品工業会（2014）によれば，2013会計年度における海外生産法人数は1,949社，海外売上高は10兆1,704億円に達している。地域別にはアジアの重要性が増している。海外生産法人の半数以上の1,265社がアジア（中国527社，ASEAN 519社）に設立され，海外生産子会社による売上高の半分以上の5兆3,767億円がアジア（中国2兆1,270億円，ASEAN 2兆7,533億円）の現地法人によるものである。

日系自動車部品サプライヤーのASEAN進出は，ASEAN諸国による貿易投資政策や自動車産業振興政策，それらに対応した完成車企業による調達戦略に影響されてきた（川辺2007）。多くの先発ASEAN諸国は，工業化初期にあたる1960年代に輸入代替政策を採用し，1980年代以降の輸出促進政策への転換後もローカルコンテント規制を併用した。ローカルコンテント規制は，完成車メーカーに対して部品の現地生産，現地調達を促し，完成車メーカーがTier1サプライヤーに海外進出を促す要因の1つとなった。

ASEANが輸出促進と地域経済協力に動き出した1980～1990年代以降は，完成車・部品生産の域内分業を容易にするブランド別自動車部品相互補完流通計画（BBCスキーム）やASEAN産業協力（AICO）スキーム，ASEAN自由貿易地域（AFTA）等の制度が規定する原産地規則が，完成車メーカーだけでなく Tier1 サプライヤーの現地調達戦略に影響するようになった。また，地域統合に伴う域内市場での競争激化に備え，日本の完成車メーカーや Tier1 サプライヤーは，トヨタ生産方式やジャスト＝イン＝タイムといった日本式管理手法の現地サプライヤーへの普及に努めた。しかし，短期間で日本並みの管理方式に対応できるのは，結局のところ日本国内で長期継続的な取引関係がある日本企業であり，結果として，日系自動車部品メーカーの海外進出の動きは Tier2 以下のサプライヤーにも広がった。

ただし，多くの中小企業から構成される Tier2 以下のサプライヤーが，完成車メーカーや Tier1 サプライヤーの海外展開と歩調を合わせて，現地生産をできるわけではない。Tier1 サプライヤーは現地下請け企業の活用が必要になろうが，日本の完成車メーカー・サプライヤーが要求する品質，価格，納期を満たせる現地企業は多くはない。

完成車メーカーが ASEAN に効率的な生産ネットワークを構築するためには，完成車メーカーや Tier1 サプライヤーが要求する品質，コスト，納期（QCD）を満たせる地場サプライヤーの育成が不可欠である。ただし，自動車産業は裾野が広く，民間努力だけによる地場企業支援には限界がある。そのため，タイをはじめとする先発 ASEAN 諸国では，日本と ASEAN 各国との 2 国間協力や官民協力等を通じ，地場サプライヤーの育成が進められてきた。今後，こうした地場サプライヤー育成努力は，一定規模の自動車産業を有する先発 ASEAN 諸国だけでなく，自動車産業振興を目指す後発 ASEAN 諸国でも求められることになる。

2. 地場企業開発の現状

より効果的で効率的な地場サプライヤー育成支援策の策定・実施には，地場企業の現状把握が必要である。しかし，地場企業に関する詳細な統計情報は，官庁統計からは入手困難である。本節では，東アジア・アセアン経済研究センター（ERIA）が 2013 年度にタイ（バンコク周辺）とベトナム（ハノイ，ホーチミン周辺）で実施したアンケート調査に基づき，両国の自動車関連外資系企業，地場企業の現状について概観する。なお本節での分析は，アンケートに回答した少数の企業から得られたデータに基づくため，本節の分析には両国の状況把握の正確性において限界がある。一方でアンケート調査のデータには，企業レベルのQCD改善能力や改善活動，そのための企業間協力といった官庁統計では得られない情報を提示できる利点である。

2.1　アンケート調査

本節では，自動車関連企業を「プラスチック・ゴム製品」，「金属製品」，「自動車・同部品」製造を主要な事業活動とする企業と定義する。自動車関連企業に「プラスチック・ゴム製品」と「金属製品」を含めたのは，間接的に自動車部品製造に関係している可能性のある企業や，将来的に自動車部品製造に参入する可能性のある企業も分析対象にするためである。分析に利用したデータは，在タイ，在ベトナムの166社に対するアンケート調査から得られた。調査国別には，在タイが81社，在ベトナムが85社である。資本国籍別には，地場企業（地場資本100%）が121社，外資系企業（合弁を含む）が45社である（表10.1）。

回答企業の従業員規模は，表10.1に示した11カテゴリーに分類される。これによれば，全回答企業の従業員規模中央値は100～199人の範囲にある。調査国別には，在タイ企業の中央値が50～99人であるのに対して，在ベトナム企業が100～199人と，在ベトナム企業のほうが在タイ企業より従業員規模が大きい。資本国籍別には，地場企業の中央値50～99人に対して外資系企業は300～399人であり，地場より外資系企業の従業員規模が大きい傾向にある。この傾向はタイとベトナムに共通する。ただし，地場企業と外資系企業との規模格差はタイの方がベトナムより大きい。タイの地場企業と外資系企業の中央値は20～49人，400～499人であり，ベトナムの地場企業と外資系企業の中央値は100～199人，300～399人である。したがって，ベトナム地場企業はタイ地場企業よりも規模が大きい傾向にある。

生産品目別には，52社（全回答企業の31%）がプラスチック・ゴム製品，63社（38%）が金属製品，51社（31%）が自動車・同部品に分類される。調査国別には，在タイ企業の21社（在タイ回答企業の26%）がプラスチック・ゴム製品，25社（31%）が金属製品，35社（43%）が自動車・同部品を主に製造している。一方で在ベトナム企業の31社（在ベトナム回答企業の37%）がプラス

表10.1　従業員数

	タイ			ベトナム			タイ・ベトナム		
	地場	外資	小計	地場	外資	小計	地場	外資	総計
1～19人	26	0	26	0	1	1	26	1	27
20～49人	8	1	9	7	0	7	15	1	16
50～99人	13	1	14	9	3	12	22	4	26
100～199人	10	3	13	18	7	25	28	10	38
200～299人	2	2	4	6	3	9	8	5	13
300～399人	0	0	0	2	3	5	2	3	5
400～499人	2	1	3	1	3	4	3	4	7
500～999人	3	2	5	3	7	10	6	9	15
1,000～1,499人	2	1	3	1	1	2	3	2	5
1,500～1,999人	0	0	0	1	1	2	1	1	2
2,000人以上	0	4	4	7	1	8	7	5	12
合計	66	15	81	55	30	85	121	45	166

出所：2013年度ERIAアンケート調査。

チック・ゴム製品，38社（45%）が金属製品，16社（19%）が自動車・同部品に分類される。自動車部品産業の集積状況を反映し，タイと比べてベトナムの回答企業に占める自動車・同部品製造の割合が低い。

資本国籍別には，地場企業の39社（地場回答企業の32%）がプラスチック・ゴム製品，50社（41%）が金属製品，32社（26%）が自動車・同部品に分類される。外資系の場合，これらの数値は順に13社（外資系回答企業の29%），13社（29%），19社（42%）であり，地場企業に比べて外資系企業に占める自動車・同部品の割合が高い。

主要生産品目別に外資系企業の割合を見ることで，この傾向はより明らかになる。回答企業に占める外資系企業の割合は，自動車・同部品では37%であるのに対して，プラスチック・ゴム製品と金属製品ではそれぞれ25%，21%にすぎない。特にベトナムでは，自動車・同部品に占める外資系企業の割合が高く，同製品を主要生産品目とする在ベトナム回答企業の63%が外資系である（表10.2）。

なお，全回答企業の平均年齢は18.2歳である。調査国別には，在タイ回答企業は22.1歳，在ベトナム回答企業は15.0歳と，両国での自動車産業の歴史の違いを反映した年齢差を確認できる。全回答企業を資本国籍別に分けた平均年齢は，地場企業が18.4歳，外資系企業が17.8歳であり，地場と外資系とで

表 10.2　主要生産品目

	タイ			ベトナム			タイ・ベトナム		
	地場	外資	小計	地場	外資	小計	地場	外資	総計
プラスチック・ゴム製品	17	4	21	22	9	31	39	13	52
	(81.0)	(19.0)	(100.0)	(71.0)	(29.0)	(100.0)	(75.0)	(25.0)	(100.0)
金属製品	23	2	25	27	11	38	50	13	63
	(92.0)	(8.0)	(100.0)	(71.1)	(28.9)	(100.0)	(79.4)	(20.6)	(100.0)
自動車・同部品	26	9	35	6	10	16	32	19	51
	(74.3)	(25.7)	(100.0)	(37.5)	(62.5)	(100.0)	(62.7)	(37.3)	(100.0)
自動車関連	66	15	81	55	30	85	121	45	166
	(81.5)	(18.5)	(100.0)	(64.7)	(35.3)	(100.0)	(72.9)	(27.1)	(100.0)

注：回答企業数と回答企業に占める割合（%）。外資には合弁企業も含まれる。
出所：2013 年度 ERIA アンケート調査。

表 10.3　平均企業年齢

	タイ			ベトナム			タイ・ベトナム		
	地場	外資	平均	地場	外資	平均	地場	外資	総平均
プラスチック・ゴム製品	14.3	41.3	20.0	18.9	9.7	16.2	17.0	19.4	17.6
金属製品	16.6	24.0	17.3	16.7	10.6	14.9	16.6	12.7	15.8
自動車・同部品	25.9	30.0	27.2	15.5	11.5	13.0	23.5	20.3	22.1
自動車関連	19.4	32.2	22.1	17.4	10.6	15.0	18.4	17.8	18.2

出所：2013 年度 ERIA アンケート調査。

大差ない。ただし，各国別に見ると状況は異なる。在タイ回答企業の場合，地場の平均年齢は 19.4 歳，外資系は 32.2 歳であり，海外直接投資がタイの工業化で主導的な役割を果たしてきた歴史と一致する結果となっている。在ベトナム回答企業の平均年齢では，地場の 17.4 歳に対して外資系は 10.6 歳と若く，2000 年代以降の外資流入増を反映した結果となっている（表 10.3）。

タイとベトナムとで自動車関連産業の歴史は大きく異なるが，タイとベトナムの地場回答企業の平均年齢はそれぞれ 19.4 歳，17.4 歳と大差ない。この情報は，次節で概観する両国地場企業間の能力改善状況の違いが企業年齢，すなわち個別企業の学習期間以外に起因するのかを考察する際に役立つ。

2.2　プロセス改善

地場部品サプライヤーが日系自動車生産ネットワークに参入するには，顧客である日系完成車メーカーや Tier1 サプライヤーが指定する仕様の製品を，顧客が要求する原価以下で生産し，定められた納期に顧客に納品することが求められる。これらの条件はどの産業のどの顧客でも同じである。しかし日系自動車産業は，他産業や他国籍の企業に比べて，サプライヤーに対して特に厳しい条件を課すうえ，継続的な改善を求める。

ASEAN 地場企業の多くは，日系やその他外資の顧客からの要求を満たせる能力を有しておらず，地場企業の能力向上が課題となっている。有効な地場サプライヤー育成・支援策の策定には，そうした顧客企業と取引関係がある企業と取引関係がない企業の能力水準を計測・比較し，取引関係のない地場企業に必要な能力向上を個別の経営課題別に数値化する必要がある。ただし企業能力を客観的に評価し，高精度に数値化するために必要なデータは，企業秘密にかかわることもあり入手困難である。

こうした制約を考慮して，アンケート調査では，回答企業が 2012-2013 年に達成したプロセスイノベーション，プロダクトイノベーションについて企業に質問している。あわせて，アンケート調査では，改善のための取り組みや技術情報源についても質問した。本節の分析では，企業の能力水準を直接的に計測するのではなく，能力の改善度に関する指標を用いて，回答企業の能力を考察する。

プロセス改善度は，回答企業による 11 種類のプロセスに関する主観的評価に基づき，4 段階に数値化されている（改善が全くない場合は 0，大幅に改善された場合は 3）。さらに，回答企業全体のプロセス改善度の総合指標として，それらの数値の合計値が計算されている（表 10.4）。

プロセス改善度の合計値の全回答企業平均は 14.1 である。調査国別には，在タイ回答企業の平均値は 17.7，在ベトナム回答企業は 10.6 であり，2 国間で 7.1 ポイントもの差がある。全回答企業を資本国籍別に分けた平均値は，地場企業が 14.6，外資系企業が 12.6 であり，地場と外資系とで 2.0 ポイントの差がある。

各国別では，在タイ地場企業と外資系企業のプロセス改善指標は，それぞれ 17.6，18.0 と大差ない。在ベトナム企業では，地場 11.0 に対して外資系 9.9 と地場企業のほうが 1.1 ポイントだけ高い。わずかな数値差であるが，外資系企

表 10.4 プロセス改善（2012-2013 年）

	タイ			ベトナム			タイ・ベトナム		
	地場	外資	平均	地場	外資	平均	地場	外資	総平均
(1) 不良品生産	1.8	1.9	1.9	1.3	1.4	1.3	1.6	1.5	1.6
(2) 不良品出荷	2.0	1.7	2.0	1.0	0.8	0.9	1.6	1.1	1.4
(3) 原材料・燃料投入	1.5	1.9	1.6	0.7	0.6	0.7	1.2	1.1	1.1
(4) 労働投入	1.3	1.3	1.3	1.0	0.8	1.0	1.2	1.0	1.1
(5) 新製品投入リードタイム	1.3	1.2	1.3	0.9	0.9	0.9	1.1	1.0	1.1
(6) 計画外生産ライン停止	1.4	1.6	1.5	1.0	0.8	1.0	1.2	1.1	1.2
(7) 負傷・事故	1.9	1.8	1.9	0.9	1.1	1.0	1.4	1.4	1.4
(8) 配送遅延	1.9	1.9	1.9	1.4	1.1	1.3	1.7	1.4	1.6
(9) 価格引き下げ	1.4	1.2	1.4	0.8	0.7	0.8	1.1	0.9	1.1
(10) 品質のばらつき	1.5	1.9	1.6	1.2	1.1	1.2	1.4	1.4	1.4
(11) 生産品目切り替え時間	1.4	1.7	1.4	0.8	0.6	0.7	1.1	1.0	1.1
(1)～(11)の合計	17.6	18.0	17.7	11.0	9.9	10.6	14.6	12.6	14.1
サンプル数	66	15	81	55	30	85	121	45	166

注：2012-2013 年の 2 年間の改善度に関する 4 段階リッカート尺度（「全く改善なし（＝0)」,「ほとんど改善なし（＝1)」,「わずかに改善（＝2)」,「大幅に改善（＝3)」）による主観的評価。
出所：2013 年度 ERIA アンケート調査。

業をキャッチアップするための努力を地場企業が行っていることがわかる。

一方で，タイ地場（17.6）とベトナム地場（11.0），在タイ外資系（18.0）と在ベトナム外資系（9.9）との間に大きな差が確認される。このように，プロセス改善指標は，資本国籍別よりも調査国別で差が大きく，在タイ企業が在ベトナム企業よりも際立って高い。上述したように，在タイ企業と在ベトナム企業とで企業年齢に大差ないことから，企業レベルの経験年数の差だけでは説明できない要因，たとえば自動車関連企業集積が両国間で企業間能力の差を生み出す要因になっている可能性があるといえる。

11 種類のプロセス改善状況を個別に地場企業と外資系企業とで比較すると，不良品出荷（地場 1.6，外資系 1.1）や配送遅延（地場 1.7，外資系 1.4）の削減で地場企業の改善指標が外資系企業に比べて高いことがわかる。地場企業の不良品出荷削減度が外資系企業より高い点は，タイ（地場 2.0，外資系 1.7）とベトナム（地場 1.0，外資系 0.8）に共通する。ベトナムにおいては，労働投入（地場 1.0，外資系 0.8），計画外生産ライン停止（地場 1.0，外資系 0.8），配送遅延（地場 1.4，外資系 1.1）面でも，地場企業の改善指標が外資系企業に比べて高い。ただし，全 11 種類プロセスでベトナム地場企業の改善状況はタイ地場企業を下回る。不良品生産，配送遅延，品質のばらつきを除いた項目で改善度は1以下と，ほとんど改善が見られていない。ベトナム地場企業は一定のQCD改善努力を行っているが，在タイ企業をキャッチアップできるだけの成果を十分にあげられていない。

2.3　プロダクト改善

アンケート調査では，新製品導入をプロダクト改善と定義し，2012-2013年の2年間に新製品を導入したか否かを回答企業に質問している。また，アンケート調査では，新製品を，①回答企業がすでに持っている技術によるものと，②回答企業にとって新しい技術を用いたものとにタイプ分けしている。

表10.5のとおり，回答企業の29.5%が既存技術による新製品を導入している。資本国籍別には，地場企業の28.9%，外資系企業の31.1%が既存技術による新製品を導入しており，地場と外資系とで導入した回答企業の割合は大差ない。調査国別の導入率は，在タイ企業は33.3%，在ベトナム企業は25.9%であり，在タイ企業の割合が在ベトナム企業に比べてやや高い。タイにおいては，地場と外資系とで導入率は33.3%と同じであり，ベトナムでは地場23.6%に対して外資系30%と，外資系企業の導入率が地場系をやや上回っている。

新技術による新製品を導入している回答企業の割合は22.3%であり，既存技術による新製品の導入率より低い。資本国籍別の導入率は，地場企業が23.1%，外資系企業が20.0%であり，地場と外資系とで大差ない。国別の導入率は，在タイ企業32.1%に対して在ベトナム企業は12.9%であり，在タイ企業と在ベトナム企業とで20ポイント近い差がある。タイにおいては，地場企業の導入率は33.3%と，外資系の26.7%をやや上回る水準にある。ベトナムでは逆に，地場10.9%に対して外資系16.7%と，外資系企業の導入率が地場系をやや上回っている。

このように在ベトナム企業は，在タイ企業同様に新製品の導入に努力している。しかし，自社にとって既知の技術をベースにした新製品にとどまっており，新製品導入に伴う新技術導入は在タイ企業に比べて少ない。こうした違いはタイとベトナムの地場企業間での比較で顕著である。新しい製品技術や製造技術の円滑な導入に必要な能力をベトナム地場企業は構築する必要がある。

表 10.5　新製品導入（プロダクト改善）

	タイ			ベトナム			タイ・ベトナム		
	地場	外資	小計	地場	外資	小計	地場	外資	総計
既存技術による	22	5	27	13	9	22	35	14	49
新製品	(33.3)	(33.3)	(33.3)	(23.6)	(30.0)	(25.9)	(28.9)	(31.1)	(29.5)
新技術による	22	4	26	6	5	11	28	9	37
新製品	(33.3)	(26.7)	(32.1)	(10.9)	(16.7)	(12.9)	(23.1)	(20.0)	(22.3)
サンプル数	66	15	81	55	30	85	121	45	166
	(100.0)	(100.0)	(100.0)	(100.0)	(100.0)	(100.0)	(100.0)	(100.0)	(100.0)

注：2012-2013 年の 2 年間に新製品を導入した回答企業数と回答企業に占める割合（%）。
出所：2013 年度 ERIA アンケート調査。

2.4　内部資源形成

上述したプロセス改善，プロダクト改善の実現には，企業内外の資源活用が必要である。改善活動に必要な資源は多様であるが本節では，内部資源の源泉としての研究開発活動と品質改善活動，外部資源導入のための企業間技術支援活動について概観する。

研究開発活動の指標として，アンケート調査では研究開発費の支出の有無を企業に質問している。表 10.6 にあるとおり，回答企業の 63.9% が研究開発費を支出している。資本国籍別には，地場企業の 59.5%，外資系企業の 75.6% に研究開発費の支出実績がある。調査国別には，在タイ企業の 56.8%，在ベトナム企業の 70.6% が研究開発費を支出している。この結果は，両国企業の平均的な能力に比べて回答企業の能力が高いことを示唆する。在ベトナムの回答企業は，同国でも特に優良な企業と見なすことができる（表 10.6）。

このようなデータの問題を理解したうえで，タイとベトナムそれぞれについて研究開発支出を行っている企業の割合について地場と外資系とで比較すると，タイにおいては地場 51.5% に対して外資系 80.0% であり，地場と外資系とで差がある。ベトナムにおいては，地場 69.1% に対して外資系 73.3% と，研究開発支出を行っている企業の割合は地場と外資系とで同程度である。

品質改善活動の指標として，アンケート調査では 5S（整理・整頓・清掃・清潔・しつけ）や QC サークル（品質管理に取り組む小集団活動）の有無等を企業に質問している。表 10.7 にあるとおり，回答企業の 65.7% が 5S 活動を行っている。資本国籍別には，地場企業の 63.6%，外資系企業の 71.1% が，調査国別

表10.6　研究開発活動

	タイ			ベトナム			タイ・ベトナム		
	地場	外資	小計	地場	外資	小計	地場	外資	総計
研究開発費あり	34	12	46	38	22	60	72	34	106
	(51.5)	(80.0)	(56.8)	(69.1)	(73.3)	(70.6)	(59.5)	(75.6)	(63.9)
研究開発費なし	32	3	35	17	8	25	49	11	60
	(48.5)	(20.0)	(43.2)	(30.9)	(26.7)	(29.4)	(40.5)	(24.4)	(36.1)
サンプル数	66	15	81	55	30	85	121	45	166
	(100.0)	(100.0)	(100.0)	(100.0)	(100.0)	(100.0)	(100.0)	(100.0)	(100.0)

注：研究開発に支出した回答企業数と回答企業に占める割合（%）。
出所：2013年度ERIAアンケート調査。

表10.7　品質改善活動

	タイ			ベトナム			タイ・ベトナム		
	地場	外資	小計	地場	外資	小計	地場	外資	総計
5S	49	13	62	28	19	47	77	32	109
	(74.2)	(86.7)	(76.5)	(50.9)	(63.3)	(55.3)	(63.6)	(71.1)	(65.7)
QCサークル	44	10	54	25	25	50	69	35	104
	(66.7)	(66.7)	(66.7)	(45.5)	(83.3)	(58.8)	(57.0)	(77.8)	(62.7)
QCサークル情報の社内共有	32	8	40	16	14	30	48	22	70
	(48.5)	(53.3)	(49.4)	(29.1)	(46.7)	(35.3)	(39.7)	(48.9)	(42.2)
改善提案	52	10	62	23	14	37	75	24	99
	(78.8)	(66.7)	(76.5)	(41.8)	(46.7)	(43.5)	(62.0)	(53.3)	(59.6)
サンプル数	66	15	81	55	30	85	121	45	166
	(100.0)	(100.0)	(100.0)	(100.0)	(100.0)	(100.0)	(100.0)	(100.0)	(100.0)

注：品質管理活動を行っている回答企業数と回答企業に占める割合（%）。
出所：2013年度ERIAアンケート調査。

では在タイ企業の76.5%（地場74.2%，外資系86.7%），在ベトナム企業の55.3%（地場50.9%，外資系63.3%）が5Sを導入している。調査国にかかわらず，地場企業より外資系企業の方が5Sを行っている。

QCサークルの普及率は，回答企業全体で62.7%と5Sの普及率と大差ない。資本国籍別では，地場企業は57.0%，外資系企業は77.8%である。調査国別の普及率は，タイで66.7%，ベトナムで55.8%である。タイでは地場，外資系とも66.7%であるが，ベトナムでは地場の45.5%に対して外資系は83.3%であり，地場と外資系とで40ポイント近くの差がある。

QCサークルの成果を社内で共有している回答企業の割合は42.2%であり，これはQCサークルを実施している企業の約70%に相当する。地場と外資系ではそれぞれ39.7%，48.9%であり，タイとベトナムでは49.4%，35.3%である。

この地場企業とベトナムでの普及率の低さを反映し，ベトナムでは地場企業の29.1％だけでQCサークルでの経験が社内共有されている。

改善提案制度は，59.6％の回答企業により採用されている。資本国籍別の普及率は，地場企業62.0％に対して外資系企業53.3％であり，5SやQCサークルと異なり，改善提案制度は地場企業で採用されている傾向がある。特にタイにおいては，地場企業での普及率が78.8％と，外資系企業の66.7％を12.1ポイント上回っている。ベトナムでは，改善提案制度を導入している企業は地場，外資系ともに半数以下である。

2.5 企業間技術支援

プロセス改善，プロダクト改善に必要な資源を社外から取り入れる経路のうち，生産ネットワークを通じた知識移転に着目する。この経路を通じた知識移転によるアンケート回答企業の能力改善には，①納品先から回答企業への技術支援を通じた回答企業の能力改善と，②（回答企業から仕入先への技術支援を通じた）仕入先の能力改善による回答企業の能力改善，の2種類あると想定できる。アンケート調査では，納品先から回答企業への技術支援と回答企業から仕入先への技術支援の有無を企業に質問している。本節ではさらに，この2つの知識移転経路を組み合わせることで，企業間技術支援が生産ネットワークの上流から下流へ連鎖しているか，つまり納品先から支援を受けている企業は仕入先を支援する傾向にあるかを概観する。

表10.8が示すように，回答企業の36.7％が納品先からなんらかの技術支援を受けている。資本国籍別には，納品先から支援を受けている企業の割合は，地場企業の35.5％に対して外資系企業は40.0％であり，地場と外資系の差は4.5ポイント程度である。調査国別では，在タイ企業の48.1％，在ベトナム企業は25.9％であり，両国間で22.2ポイントもの差がある。各国別に見ると，地場と外資系とで差があり，特にタイでは支援を受けているのは地場系の45.5％に対して外資系は60.0％に及ぶ。ベトナムは外資系でも30.0％であり，地場企業は23.6％にすぎない。

一方で，仕入先に技術支援している回答企業の割合は27.7％であり，技術支援を受けている回答企業の割合より低い。資本国籍別では，地場と外資系でそ

表10.8　企業間技術支援

	タイ			ベトナム			タイ・ベトナム		
	地場	外資	小計	地場	外資	小計	地場	外資	総計
納品先から支援授与	30	9	39	13	9	22	43	18	61
	(45.5)	(60.0)	(48.1)	(23.6)	(30.0)	(25.9)	(35.5)	(40.0)	(36.7)
仕入先へ支援供与	25	7	32	7	7	14	32	14	46
	(37.9)	(46.7)	(39.5)	(12.7)	(23.3)	(16.5)	(26.4)	(31.1)	(27.7)
サンプル数	66	15	81	55	30	85	121	45	166
	(100.0)	(100.0)	(100.0)	(100.0)	(100.0)	(100.0)	(100.0)	(100.0)	(100.0)

注：技術支援を受けている・行っている回答企業数と回答企業に占める割合（%）。
出所：2013年度ERIAアンケート調査。

れぞれ26.4%，31.1%であり，地場と外資系との差は4.7ポイントにすぎない。納品先からの支援と同様，在タイ企業（39.5%）と在ベトナム企業（16.5%）との間で差が大きく，両国間で23.0ポイントの差がある。在タイ企業のうち支援を供与しているのは，地場企業で37.9%，外資系企業で46.7%である。同様に，在ベトナム企業の場合，地場企業の12.7%，外資系企業の23.3%が仕入先に支援を行っている。このように，タイ，ベトナムいずれにおいても，仕入先に支援供与している地場企業の割合は外資系の割合を下回っている。

最後に表10.8と同じデータに基づき，企業間技術支援が連鎖しているかを考察する。表10.9は，仕入先を支援している回答企業を，①納品先から支援を受けている企業と，②支援を受けていない企業，の2グループに分けている。したがって，表10.9の「納品先から支援授与あり」（3行目）の回答企業数と，表10.8の「納品先から支援授与」（3行目）の回答企業数は同値であり，表10.9の「納品先から支援授与なし」（6行目）の回答企業数は，表10.8のサンプル数（7行目）から「納品先から支援授与あり」（3行目）の回答企業数を引いた値と同じである。

表10.9が示すように，仕入先へ支援供与している回答企業数の割合は，納品先から支援授与されている企業では59.0%であるが，納品先から授与されていない企業では9.5%にすぎない。したがって，企業間技術支援が連鎖している傾向にあると考えられる。このような傾向は，地場，外資系いずれにおいても観察されるが，特に在タイ企業で顕著に現れている。在タイ企業の場合，納品先から支援を受けている企業の約77%が仕入先を支援している。これに比

表 10.9　企業間技術支援の連鎖

	タイ			ベトナム			タイ・ベトナム		
	地場	外資	小計	地場	外資	小計	地場	外資	総計
納品先から支援授与あり	30	9	39	13	9	22	43	18	61
仕入先へ支援供与	23	7	30	2	4	6	25	11	36
	(76.7)	(77.8)	(76.9)	(15.4)	(44.4)	(27.3)	(58.1)	(61.1)	(59.0)
納品先から支援授与なし	36	6	42	42	21	63	78	27	105
仕入先へ支援供与	2	0	2	5	3	8	7	3	10
	(5.6)	(0.0)	(4.8)	(11.9)	(14.3)	(12.7)	(9.0)	(11.1)	(9.5)

注：技術支援を受けている・行っている回答企業数と割合（%）。
出所：2013 年度 ERIA アンケート調査。

べて，納品先から支援を受けていない企業が仕入先を支援している企業の割合は著しく低い（表 10.9）。

在ベトナム企業のうち外資系企業には，在タイ企業と似た傾向が確認されるが，支援関係にある企業の割合は在タイ企業ほど高くはない。仕入先を支援している企業の割合は，納品先から支援を受けている企業の 44.4% であるのに対して，納品先から支援を受けていない企業では 14.3% にすぎない。同様に，地場企業の割合は，納品先から支援を受けている企業で 15.4%，支援を受けていない企業で 11.9% である。在ベトナム企業，特に地場企業の多くは，企業間の支援関係に入り込めていないことが示唆される。

3. 地場部品サプライヤー育成に向けた課題

ASEAN 地域統合が進展するなか，自動車産業がタイとインドネシアに集中するのか，それともベトナムなどの後発国にも発展の可能性はあるのか。

ASEAN のほとんどの国で外資系メーカーが完成車組立を行っている現在，こうした問いに対する答えは，裾野産業の発展可能性で決まってくると考えられる。

第 1 節の冒頭で言及された日本政策投資銀行（2015）の分析によれば，ASEAN 各国間で部品サプライヤーの集積に差がある。また，非日系部品サプライヤー数は，タイの 1,270 社に対してベトナムでは 30 社にすぎない。ASEAN 後発国は，国内の完成車組立が継続・発展できるよう，自動車部品産業への外資誘致と同時に地場部品サプライヤー育成に努める必要がある。

タイとベトナムを比較したアンケート調査の結果は概ね，両国間にある自動車部品産業の発展格差を再確認させるものである。ベトナム地場企業は QCD や製品の改善のために一定の努力を行っているが，タイ地場企業をキャッチアップできるだけのスピードで十分な成果をあげられていない。

自動車部品では，個別企業による地道で継続的な改善活動と長期継続的な取引関係を基盤とした企業間連携を通じて，サプライヤーの能力構築が進んでいく。ベトナムの地場部品サプライヤーは，改善活動と企業間連携の両面で，タイ地場企業に遅れをとっている。

ベトナムの脆弱な裾野産業では，地場サプライヤーが必要とする人材の確保は難しく，知識移転に積極的な納品先に出会う機会も少ない。卵と鶏のどちらか先かの議論になるが，自動車関連産業の集積が小さいことは，ベトナムで地場サプライヤーが育たない一因となっている。

同時に，企業間の協力関係の弱さも自動車産業発展の制約になっている。納品先から技術支援を受けていても，仕入先に技術支援をする地場企業はベトナムでは少ない。企業間連携が生産ネットワークに広がらなければ，産業全体の能力レベルは高まらない。

ベトナムで企業間連携が連鎖にならないのは，ビジネス慣行や組織文化の問題もあろうが，地場企業の能力の低さが影響している。能力のない企業に他社の支援は無理である。ベトナム企業は，5S や QC サークルといった従業員全体のレベルアップに向けた活動の採用率でタイ企業を下回り，新製品導入も既存技術に依存する傾向にある。

おわりに

本章におけるタイとベトナムの比較分析は，後発国企業に対する能力構築支援の重要性を再認識させるものである。生産ネットワークに参画することで，地場企業は学習機会を得られるが，後発国企業にはそのようなネットワークの参入機会は限られるうえ，多くの企業が参入に必要な能力を有していない。

したがって，新しい製品技術や製造技術の円滑な導入に必要な能力や組織文化を地場企業は構築する必要がある。タイ地場企業も，日本を含めた外国からの国際技術協力により，国際生産セットワークに参画するための能力を構築してきた。日本の官民による技術協力は，5SやQCサークルといった日本的生産方式の普及に熱心であり，タイにおいても一定の成果をあげている（藤本2002）。自動車生産ネットワークがASEAN各地に広がり始めている現在，日本的生産方式の基盤となる5SやQCサークルといった地道な品質管理活動をASEAN地場企業に根付かせる官民あげての努力や国際協力が求められている。

◆参考文献

川辺純子（2007）「タイの自動車産業育成政策とバンコク日本人商工会議所―自動車部会の活動を中心に―」『城西大学経営紀要』第3号，pp.17-36。

経済産業省（2014）『自動車産業適正取引ガイドライン』。

日本自動車部品工業会（2014）『海外事業概要調査（2014年）』。

日本政策投資銀行（2015）「AEC発足後のASEAN自動車産業の考察～多様性への対応等で高度な経営力が必要に～」『今月のトピックス』No.226-1（2015年3月17日）。

日本貿易振興機構（2014）「在アジア・オセアニア日系企業実態調査（2014年度調査）」。

藤本豊治（2002）「タイ国自動車産業の技術力向上に向けて」『赤門マネジメント・レビュー』1巻5号（2002年8月）。

あとがき

ASEANはいま大きな曲がり角を迎えている。2018年にはCLMV諸国に対する優遇措置も終了し，AEC2015で宣言されたASEAN経済共同体が実体を明らかにする。2000年以降たゆまなく追求してきた6億人を擁する，中国，インドに次ぐアジア第3の巨大な市場がここに一応の完成を見るのである。そしてTPPの交渉が完了した今となっては，ASEAN経済共同体はさらなる高みを目指して努力を重ねていくこととなる。本書で明らかにしたようにこのASEANは，巨大な消費市場の誕生であるとともにセカンドアンバンドリングが作用する国際的工程間分業に支えられた巨大な生産基地の誕生でもある。そしてASEANをして巨大な生産基地たらしめている産業の1つこそが，第7巻で分析している自動車・自動車部品産業なのである。タイ，マレーシア，インドネシアを中心とした1980年までの輸入代替工業化に支えられた分厚い部品産業の集積のうえに，1990年代以降の輸出志向工業化の政策転換が上積みされ，産業集積がASEAN全域に拡散するなかで，ASEANは見事な国際分業のネットワークが形成されつつあるといえるのである。この間ASEAN各国が推し進めたASEANネットワークの形成が，こうした自動車・部品産業の国際分業を広げるうえで重要な役割を演じたことはいうまでもない。ベトナムに代表されるようにASEANは全体としてジニ係数の改善に成功してきた。しかし，これまで分厚い部品産業集積を持ち，その頂点にセットメーカーを持つタイ，マレーシア，インドネシア，ベトナム，フィリピンとそれらの国々の部品供給基地となっていくカンボジア，ラオス，ミャンマーのCLM諸国の分離が明確になりつつあることも指摘しておかなければならない。このASEAN内の分離は，単に自動車生産国と部品供給国の分離にとどまらず，自動車生産国と称された国々の中でも，タイ，マレーシア，インドネシア3か国のトップ集団とベトナム，フィリピンといった追随2ヵ国との間に差異を生み出し始めている。この間のASEANの共同市場・共同生産基地構想は，その内部にグローバルサプライチェーンのネットワークを広げると同時に，そのネットに取り込まれた地域とそこから外れた地域の地域間差異活用しながら，「集中と分散」運動を通じた地域の色合いの濃度の相違を生み出しつつある。

こうしたASEANネットワークの形成は，自動車生産の面でも伝統的な完成車生産（CBU Complete Built-up）と同時にCKD（Complete Knock Down）生産の2類型の生産方式を生み出し，長期にわたり併存させる状況が生まれつつある。急速なモータリゼーションの進行とそれに伴う需要の拡大に直面しながらも，生産台数が急速に伸びない中で，将来有望市場ゆえに増加のチャンスをうかがい生産を継続する後発企業の廉価セグメント車による追い上げ戦略がCLM諸国を中心に一定の広がりを維持してきているのである。AEC2018の具体化とともにグローバルサプライチェーンの一翼にCLM諸国が包摂されるなかで，単なる部品基地のみならずCKD生産が先行自動車生産国以外で一層広がることが予想される。

とまれ，さまざまな「化ける」可能性を秘めながら躍動しているのが，今日のASEANであるといえよう。

本書は，ERIA事務総長であり早稲田大学自動車部品産業研究所客員教授でもある西村英俊と同研究所の元所長で現顧問をしている早稲田大学名誉教授の小林英夫が協力して，ERIAと早稲田大学自動車部品研究所のスタッフとその関係者を動員して調査，執筆活動を行った成果の集積である。制作に1年以上の年月を要したが，その成果の評価は，読者諸兄の厳しい判定を待つほかはない。最後に，ともすれば遅れがちな執筆陣を励まし，完成まで進めるうえで努力をいただいた勁草書房編集部の宮本詳三氏に執筆陣を代表してお礼を申し上げたい。

2016年6月

西村　英俊

小林　英夫

索　引

ナ　行

ハ　行

マ　行

ヤ　行

ラ　行

執筆者紹介（執筆順，*編者）

西村英俊（にしむら　ひでとし）*
1952年大阪生まれ。1976年東京大学法学部卒業。通商産業省入省。1981年7月米国イェール大学大学院修了（MA）。現在，東アジア・アセアン経済研究センター事務総長。早稲田大学客員教授，明治大学国際総合研究所フェロー，インドネシア・ダルマプルサダ大学客員教授。専門，東アジア経済統合，産業政策。主要著作，「東アジア経済統合と進むべきアセアンの道」『早稲田大学アジア太平洋討究』22巻，2014年，「東南アジア自動車部品企業の現状と地域統合」『自動車部品産業研究所紀要』第9号，「輸出自主規制に関する一考察」『通商政策研究』No.6，1983年，ほか。

小林英夫（こばやし　ひでお）*
1943年東京生まれ。1966年東京都立大学法経学部卒，1971年東京都立大学博士課程修了。現在，早稲田大学名誉教授，早稲田大学自動車部品産業研究所顧問。専攻，アジア経済論・アジア企業論・日本近現代史。主要著書，『戦後アジアと日本企業』（岩波書店，2001年），『産業空洞化の克服』（中公新書，2003年），『BRICsの底力』（筑摩書房，2008年），ほか。

木村福成（きむら　ふくなり）
1958年東京生まれ。1982年東京大学法学部卒業，1991年ウィスコンシン大学マディソン校にて経済学博士号（Ph.D.）取得。現在，慶應義塾大学大学院経済学研究科委員長・経済学部教授，東アジア・アセアン経済研究センター（ERIA）チーフエコノミスト。専攻，国際貿易論，開発経済学。主要著作，『通商戦略の論点：世界貿易の潮流を読む』（文眞堂，2014年（馬田啓一氏との共編著）），『検証・金融危機と世界経済：危機後の課題と展望』（勁草書房，2010年（馬田啓一氏，田中素香氏と共編著）），『国際経済学入門』（日本評論社，2000年），ほか。

浦田秀次郎（うらた　しゅうじろう）
1950年埼玉県に生まれる。スタンフォード大学経済学部大学院Ph.D取得，ブルッキングズ研究所研究員，世界銀行エコノミストを経て，現在，早稲田大学大学院アジア太平洋研究科教授，東アジア・アセアン経済研究センター（ERIA）シニア・リサーチ・アドバイザー。専攻，国際経済学。主要著作，『国際経済学入門（第2版）』（日本経済新聞出版社，2009年），『日本のTPP戦略：課題と展望』（共編著，文眞堂，2012年），『アジア地域経済統合』（共編著，勁草書房，2012年），ほか。

黒岩郁雄（くろいわ　いくお）
1960年高知県生まれ。1987年早稲田大学大学院経済学研究科修士課程修了，1995年米国ペンシルバニア大学地域科学部博士課程（Ph.D.）修了。現在，日本貿易振興機構アジア経済研究所上席主任研究員。専攻，アジア経済論，地域経済分析，産業連関分析。

Paritud Bhandhubanyong（パリタッド　パンチュバンヨン）
1954年タイ王国バンコック生まれ。1977年チュラロンコン大学工学部修士課程修了，タマサート大学MBA卒，1983年東京大学金属工学科博士課程修了。現在，パンヤピバット（正大管理）大学専任講師，タイ国立科学技術開発機構（NSTDA）顧問。専攻，鋳鉄鋳鋼疲労と破壊靭性，総合品質管理，全員参加保全，工業経営。

山田康博（やまだ　やすひろ）
1948年京都府生まれ。1972年旧大阪外国語大学（現大阪大学）外国部学部卒業，日本貿易振興会入会。現在，東アジア・アセアン経済研究センター（ERIA）事務総長特別補佐官（CLMV担当），都立産業技術大学院大学客員教授。専攻，メコン地域経済論，社会経済史。主要著作，『東アジア新時代とベトナム経済』（共著，文眞堂，2010年），ほか。

磯野生茂（いその　いくも）
1974年東京生まれ。2003年東京大学大学院経済学研究科博士課程単位取得退学。現在，日本貿易振興機構（ジェトロ）アジア経済研究所研究員。専攻，空間経済学，東アジア・アセアンの経済統合。主要著作，『経済地理シミュレーションモデル－理論と応用－』アジア経済研究所研究双書No.623（共編，2015年），ほか。

穴沢　眞（あなざわ　まこと）
1957年横浜生まれ。1987年北海道大学大学院経済学研究科博士後期課程単位取得退学。現在，小樽商科大学商学部教授。専攻，開発経済学，マレーシア経済，多国籍企業論。主要著作，『発展途上国の工業化と多国籍企業―マレーシアにおけるリンケージの形成―』（文眞堂，2010年），「マレーシアの自動車産業―国民車メーカーを中心として―」（平塚大祐編『東アジアの挑戦―経済統合・構造改革・制度構築―』アジア経済研究所，2006年），「発展途上国製造業企業の多国籍化―マレーシアの事例をもとに―」『商学討究』（小樽商科大学）第62巻第2・3合併号，2011年，ほか。

福永佳史（ふくなが　よしふみ）
1979年米国生まれ。ハーバード大学ロースクール修了（法学修士），タフツ大学フレッチャー法律外交学院修了（国際関係学修士）。現在，経済産業研究所コンサルティングフェロー。専攻，アジア経済統合，国際経済法。主要著作，『ASEAN経済共同体と日本』（文眞堂，2013年，共著），『現代ASEAN経済論』（文眞堂，2015年，共著），『ASEAN Rising』（東アジア・アセアン経済研究センター（ERIA），2015年，共著），ほか。

金　英善（きん　えいぜん）
2011年，　早稲田大学アジア太平洋研究科博士後期課程修了。博士（学術）。現在，早稲田大学自動車部品産業研究所次席研究員・研究院講師。専攻，アジア経済論，国際経営論。主要著作，『現代・起亜と現代モビスの中国戦略』（文眞堂，2015年），『日韓自動車産業の中国展開』（共著，国際文献印刷社，2010年），『トヨタvs現代』（共著，ユナイテッド・ブックス，2010年），『現代がトヨタを越えるとき』（共著，筑摩書房，2012年），ほか。

高原正樹（たかはら　まさき）
1965年新潟生まれ。新潟大学法学部法学科卒業。現在，独立行政法人日本貿易振興機構（ジェトロ）総務部総務課長（前ヤンゴン事務所長）。

植木　靖（うえき　やすし）
1999年アジア経済研究所（IDE-JETRO）入所。国連ラテンアメリカ・カリブ経済委員会（2002～05年），IDE-JETROバンコク研究センター（2007～12年）勤務を経て，現在，東アジア・アセアン経済研究センター（ERIA）エコノミスト（2014年より）。大阪大学博士（国際公共政策）。

ERIA=TCER アジア経済統合叢書 第7巻
ASEANの自動車産業

2016年7月25日　第1版第1刷発行

編著者　西村英俊（にしむらひでとし）
　　　　小林英夫（こばやしひでお）

発行者　井村寿人

発行所　株式会社　勁草書房（けいそうしょぼう）

112-0005 東京都文京区水道2-1-1　振替 00150-2-175253
（編集）電話 03-3815-5277／FAX03-3814-6968
（営業）電話 03-3814-6861／FAX03-3814-6854
日本フィニッシュ・牧製本

ISBN978-4-326-50423-7　Printed in Japan

http://www.keisoshobo.co.jp

ERIA=TCER アジア経済統合叢書（全10巻）

西村英俊・浦田秀次郎・木村福成 監修

東アジア・ASEAN経済研究センター（ERIA）における研究成果を日本語で紹介するシリーズ。グローバル・ヴァリュー・チェーンの高度な利用を中心に据えた開発戦略を実践するASEAN・東アジアの現状を，最新の理論動向を踏まえながら分析し，将来に向けての課題を議論する。学術的発信のみならず，広くASEAN・東アジアで実務に携わる方々の参考に資することを目指す。

当面考えている内容は以下の通りである。

第1巻　ASEAN経済共同体に向けて：経済統合の現状
浦田秀次郎・Ponchiano Intal 編

第2巻　アジア総合開発計画：物的インフラ整備
木村福成・植木靖 編

第3巻　ASEAN・東アジアの自由貿易協定網
浦田秀次郎・Lurong Chen 編

第4巻　グローバリゼーションと企業活動
浦田秀次郎・Dionisius Narjoko 編

第5巻　技術とイノベーション
木村福成・植木靖 編

第6巻　タイ・プラスワンの企業戦略とその課題
石田正美・山田康博・梅崎創 編

第7巻　ASEANの自動車産業
西村英俊・小林英夫 編

第8巻　東アジアにおける貧困撲滅と社会保障
木村福成・Fausiah Zen 編

第9巻　自然・人為的災害と経済開発
木村福成・澤田康幸 編

第10巻　東アジアにおける省エネルギーと緑の成長
木村福成・木村繁 編